SQL编程思想

基于5种主流数据库代码实现

董旭阳◎著

電子工業出版社
Publishing House of Electronics Industry
北京•BEIJING

内 容 简 介

本书基于作者十多年的工作经验和知识分享，全面覆盖了从 SQL 基础查询到高级分析、从数据库设计到查询优化等内容，通过循序渐进的方式和简单易懂的案例分析，透彻讲解了每个 SQL 知识点。本书采用了最新的 SQL:2019 标准，紧跟产业发展趋势，帮助读者解锁最前沿的 SQL 技能，同时提供了 5 种主流数据库的实现和差异。最后，本书还介绍了最新的 SQL:2019 标准对文档存储（JSON）、行模式识别（MATCH_RECOGNIZE）、多维数组（SQL/MDA）以及图形存储（SQL/PGQ）的支持。

本书适合需要在日常工作中完成数据处理的 IT 从业人员，包括 SQL 初学者、拥有一定基础的中高级工程师，甚至精通某种数据库产品的专家阅读。

图书在版编目（CIP）数据

SQL 编程思想：基于 5 种主流数据库代码实现 / 董旭阳著. —北京：电子工业出版社，2021.10
（高效实战精品）
ISBN 978-7-121-42140-2

Ⅰ. ①S… Ⅱ. ①董… Ⅲ. ①SQL 语言－程序设计 Ⅳ. ①TP311.132.3

中国版本图书馆 CIP 数据核字（2021）第 194655 号

责任编辑：董　英
文字编辑：李云静
印　　刷：河北鑫兆源印刷有限公司
装　　订：河北鑫兆源印刷有限公司
出版发行：电子工业出版社
　　　　　北京市海淀区万寿路 173 信箱　　邮编：100036
开　　本：787×980　1/16　印张：21.75　字数：470.8 千字
版　　次：2021 年 10 月第 1 版
印　　次：2021 年 10 月第 1 次印刷
定　　价：89.00 元

凡所购买电子工业出版社图书有缺损问题，请向购买书店调换。若书店售缺，请与本社发行部联系，联系及邮购电话：（010）88254888，88258888。

质量投诉请发邮件至 zlts@phei.com.cn，盗版侵权举报请发邮件至 dbqq@phei.com.cn。

本书咨询联系方式：010-51260888-819，faq@phei.com.cn。

前言

数据库，尤其是关系型数据库，是现代企业存储和处理数据的主要方式。目前主流的关系型数据库包括 MySQL、Oracle、Microsoft SQL Server、PostgreSQL 以及 SQLite 等。虽然这些数据库系统的具体实现有所不同，但它们都使用 SQL 作为访问和操作数据库的标准语言。

SQL（Structured Query Language，结构化查询语言）作为访问和操作关系型数据库的标准语言，不但应用广泛，而且简单易学。掌握 SQL 已经成为 IT 行业和数据分析从业者必不可少的技能之一。在设计之初，SQL 就考虑了非技术人员的使用需求，因此 SQL 语句均由简单的英语单词组成，主要的 SQL 语句只有几个，很多时候甚至只需使用一个 SELECT 语句。

也许正是由于它的简单易用，以致很多人都认为 SQL 只有简单的增删改查（CRUD）功能。但实际上，早在 1999 年 SQL 就支持了通用表表达式（WITH 语句）和递归查询、用户定义类型以及许多在线分析功能。随后它又增加了窗口函数、MERGE 语句、XML 数据类型、JSON 文档存储、复杂事件和流数据处理以及多维数组等功能。最新的 SQL 标准正在定制与图形存储相关的功能。

虽然 SQL 是基于关系模型开发的语言，但是在经过几十年的发展之后，它早就不再局限于关系模型了。我编写本书的目的就在于，希望能够帮助大家了解并学习现代化的 SQL 语言和编程思想，而不仅仅局限于掌握传统 SQL 所提供的简单功能。

本书内容

本书共 18 章以及 1 个附录。

第 1 章简单回顾了数据库和关系型数据库的基本概念、什么是 SQL 以及它的主要特性和设计思想。

第 2 章介绍了 SELECT 语句的基本检索、数据过滤、排序显示以及限定查询结果数量等，同时还讨论了 SQL 语句中的代码注释方法。

第 3 章介绍了如何通过 SQL 函数进行数据处理，如何利用条件表达式（CASE）实现逻辑处理功能。

第 4 章介绍了如何利用 SQL 中的聚合函数对数据进行汇总。SQL 聚合函数通常和分组操作（GROUP BY）一起使用，因此我们还介绍了数据的分组汇总以及汇总后的数据过滤。

第 5 章介绍了数据库中的空值（NULL）问题及其解决方法。

第 6 章介绍了如何使用连接查询（JOIN）获取多个表中的关联数据，包括两种 SQL 连接语法以及内连接、左/右/全外连接、交叉连接、自然连接和自连接等类型。

第 7 章介绍了各种类型的子查询以及相关的运算符。

第 8 章介绍了如何使用 SQL 集合运算符，将两个或多个查询结果集组合成一个结果集。

第 9 章介绍了如何利用通用表表达式（Common Table Expression）简化复杂的子查询和连接查询，实现树状结构数据的遍历，提高 SQL 语句的可读性和性能。

第 10 章介绍了 SQL 窗口函数的定义和参数选项，以及各类窗口函数的作用。

第 11 章介绍了数据操作语言（DML），包括数据的插入（INSERT）、更新（UPDATE）、删除（DELETE）以及合并（MERGE）。

第 12 章介绍了数据库中事务的概念、事务控制语句以及并发事务的隔离问题。

第 13 章介绍了数据库设计过程中的常用技术，同时还介绍了如何为表中的字段选择合适的数据类型，以及数据库常见对象（数据库、模式和数据表）的管理。

第 14 章介绍了索引的原理，讲解了如何通过执行计划查看 SQL 语句的执行过程，以及常用的查询优化技巧。

第 15 章介绍了另一个重要的数据库对象：视图（View）。

第 16 章介绍了数据库存储过程（Stored Procedure）和存储函数（Stored Function）的基本概念。

第 17 章介绍了一种特殊的存储过程/函数：触发器（Trigger）。

第 18 章介绍了 SQL 标准的一些最新发展趋势，包括文档存储（JSON）、行模式识别（MATCH_RECOGNIZE）、多维数组（SQL/MDA）以及图形存储（SQL/PGQ）。

附录 A 列举了常用 SQL 语句的语法说明和对应的章节，方便读者快速查看相关内容。

本书中涉及的一些示例表和初始化数据，读者可通过“读者服务”获取，使用说明可以参考相关目录中的 README.txt 文件。

本书特点

本书主要有两个特点：**新**和**全**。首先，本书基于最新的 SQL:2019 标准，紧跟产业发展的趋势，可帮助读者解锁最前沿的 SQL 技能。其次，本书全面覆盖了从 SQL 基础查询到高级分析、从数据库设计到查询优化等知识点，并且提供了 5 种主流数据库的代码实现，包括：

- MySQL 8.0
- Oracle Database 21c
- Microsoft SQL Server 2019
- PostgreSQL 14
- SQLite 3.36

由于 SQL 语言的通用性，本书内容大多数情况下也适用于其他数据库系统。

读者对象

数据库工程师或 DBA、数据分析师或数据科学家、开发人员或测试人员、产品经理或运营人员、SQL 爱好者或希望了解不同数据库实现的专家，都可以通过本书获得 SQL 技能和编程思维的提升。

致谢

感谢电子工业出版社给予我写作本书的机会，尤其是董英编辑，正是她的热情推荐才让我下定决心完成本书，同时也让我实现了写一本书的愿望。在本书的审稿和修订过程中，文字编辑李云静的认真负责令人印象深刻，在此一并致谢。

感谢我的家人，他们在本书撰写之际给予了我很多鼓励。

由于本人水平有限，书中难免有不足或遗漏之处，欢迎广大读者批评、指正。

读者服务

微信扫码回复：42140

- 免费获取本书配套脚本和相关视频
- 加入本书读者交流群，与作者互动
- 获取【百场业界大咖直播合集】（持续更新），仅需 1 元

目录

1

第 1 章 一切皆关系

本章首先简单地回顾一下数据库和关系型数据库的基本概念，然后介绍什么是 SQL 以及它的主要特性和设计思想。

本章涉及的主要知识点包括：

- 数据库的发展历史和数据库管理系统。
- 关系型数据库的基本概念和组成。
- SQL 标准的历史、SQL 语法特性以及面向集合的编程思想。

1.1 数据库

数据库（Database）是由许多相关数据构成的集合。数据无处不在，数据库也是如此。例如，手机上的联系人列表就是一个简单的数据库；我们的银行账号就存储在银行数据库中；我们在网络上购物时，浏览的是各种电商产品数据库，同时我们的浏览和购买行为也被存储到了电商后台的用户行为数据库中。可以说，几乎所有的信息系统都有一个对应的数据库。

1.1.1 数据库的发展历史

数据管理技术的发展经历了人工管理和文件管理阶段之后，大约在 20 世纪 60 年代进入了数据库管理阶段。早期的数据库系统按照存储模型可以分为层次数据模型（Hierarchical Data Model）和网状数据模型（Network Data Model）。

层次数据模型使用树状结构表示数据对象以及它们之间的联系，类似于现代操作系统中的文件目录结构。层次模型是数据库系统中最早出现的数据模型，典型的代表是 IBM 公司的 IMS（Information Management System）数据库。

网状数据模型采用网状结构表示数据对象及它们之间的联系，一个节点可以有一个或多个下级节点，也可以有一个或多个上级节点，两个节点之间甚至可以有多种联系。网状数据库反映了现实世界中实体之间更为复杂的联系，典型的代表是 DBTG 系统。

层次数据库和网状数据库的数据独立性和抽象程度有限，导致用户编写应用时必须了解数据存储的细节，其实现过程比较复杂。为了解决这些问题，1970 年 6 月 IBM 公司的研究员 Edgar Frank Codd 博士在 *Communications of the ACM* 上发表了著名的论文 *A Relational Model of Data for Large Shared Data Banks*，随后创建了关系数据模型。

关系数据模型（Relational Data Model）具有严格的数学理论基础，采用关系（二维表）表示数据对象以及它们之间的联系，概念非常简单，易于理解和使用。同时，关系数据模型提供了较高的抽象级别，用户只需通过声明式的 SQL（结构化查询语言）对数据进行访问和处理，而不用了解具体的数据存储和访问方式。

关系型数据库经过几十年的发展和应用，已经成了数据库领域的主流产品，应用范围非常广泛。目前主流的关系型数据库包括 MySQL、Oracle、Microsoft SQL Server、PostgreSQL 以及 SQLite 等。

随着互联网的发展和大数据的兴起，市场上出现了各种各样的非关系型（NoSQL）数据库。NoSQL 代表 Not only SQL，表明它们是对传统关系型数据库的补充和升级，而不是为了替代关系型数据库。NoSQL 数据库主要用于解决关系型数据库在某些特定场景下的局限性，例如复杂的数据结构、海量数据存储和水平扩展性问题；但是它们同时也会为此牺牲某些关系型数据库的特性，例如对事务强一致性的支持和标准 SQL 接口。

常见的 NoSQL 数据库包括以下几类：文档数据库（例如 MongoDB）采用灵活的模式结构，

适用于存储半结构化的文档数据；键值数据库（例如 Redis）使用简单的键值方法来存储数据，可以提供高性能的数据结构缓存；宽列存储数据库（例如 Cassandra）提供了动态列存储功能，适合于需要存储大量数据的情况；图数据库（例如 Neo4J）基于数学中的图论算法，适合大量复杂关系网络的分析；全文搜索引擎（例如 Elasticsearch）可以提供强大的全文搜索功能。

2011 年，美国 451 Group 的分析师 Matthew Aslett 在其论文中首次提出了 NewSQL 的概念。NewSQL 是一类新型的关系型数据库，它们不但拥有传统关系型数据库的事务强一致性和标准 SQL 接口，同时也具有 NoSQL 数据库对海量数据的可扩展性和高性能。

Google 公司随后陆续发布了 Spanner/F1 系统的论文，首次实现了关系模型和 NoSQL 的可扩展性在超大集群规模上的融合。基于这一启发，Cockroach Labs 开发了 CockroachDB 分布式数据库，PingCAP 公司开发了 TiDB 数据库，阿里巴巴开发了 OceanBase 数据库。另外，还有一些采用优化引擎的 NewSQL 数据库系统，例如 MySQL Cluster。

与此同时，传统的关系型数据库厂商也在积极拥抱变化。如今，主流的关系型数据库基本上都提供了文档存储（XML、JSON）和图形数据等非关系数据模型，而且可以通过标准 SQL 接口和函数对这些半结构化数据和非结构化数据进行访问和处理，我们将会在本书第 18 章中对此进行更多讨论。

1.1.2　数据库管理系统

严格来说，数据库管理系统（Database Management System）和数据库是两个不同的概念，数据库管理系统是用于定义、操作、管理和维护数据库的软件系统。

数据库管理系统和数据库共同构成了数据库系统，如图 1.1 所示。

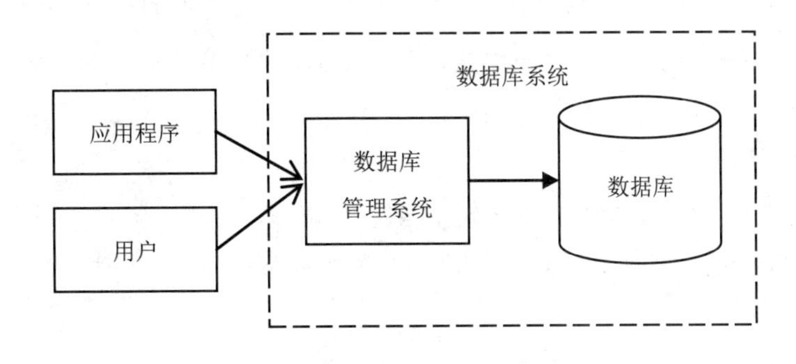

图 1.1　数据库系统组成

目前主流的关系型数据库管理系统包括：

- Oracle 数据库——第一个商业关系型数据库，也是数据库领域的领导者。Oracle 数据库支持关系数据、列式存储、文档存储、空间、图形和非结构化数据。
- MySQL——最流行的开源关系型数据库，广泛应用于互联网企业。MySQL 支持关系数据、文档存储以及键值存储，目前其已经被 Oracle 公司收购。另外，MySQL 还有一些衍生版本，例如 MariaDB、Percorna Server。
- Microsoft SQL Server——微软开发的关系型数据库产品，支持关系数据、文档存储和图形数据。Microsoft SQL Server 2017 开始同时支持 Windows 和 Linux 操作系统。
- PostgreSQL——最先进的开源对象-关系型数据库管理系统。PostgreSQL 支持关系数据、文档存储和图形数据。
- SQLite——最流行的嵌入式关系型数据库，也是世界上安装最多的数据库。SQLite 没有单独管理数据库的服务器进程，它是一个嵌入应用程序中的数据库引擎。

通常在不会引起歧义的情况下，我们不区分数据库、数据库系统或数据库管理系统这几个概念。

1.2 关系型数据库

关系型数据库（Relational Database）指的是基于关系模型的数据库。关系模型由 Edgar Frank Codd 博士于 1970 年提出，以集合论中的关系概念为基础，无论是现实世界中的实体对象，还是它们之间的联系，都使用关系表示。

我们在关系型数据库中看到的关系就是二维表（Table），二维表由行（Row）和列（Column）组成。因此，也可以说关系表是由数据行构成的集合，一个数据库则包含了多个关系表。

根据定义，关系模型由关系数据结构、关系操作集合以及关系完整性约束三部分组成。

1.2.1 数据结构

在关系模型中，用于存储数据的逻辑结构被称为关系（Relation）。对于用户而言，关系就是二维表（Table）。具体来说，关系型数据库中的表分为基础表、临时表、派生表（查询结果）和虚拟表（视图）。

图 1.2 是一个包含员工信息的基础表，可以看出它和 Excel 表格非常类似。

工号	姓名	性别	入职日期	月薪	邮箱
1	刘备	男	2000-01-01	30,000	liubei@shuguo.com
2	关羽	男	2000-01-01	26,000	guanyu@shuguo.com
3	张飞	男	2000-01-01	24,000	zhangfei@shuguo.com
4	诸葛亮	男	2006-03-15	24,000	zhugeliang@shuguo.com
5	黄忠	男	2008-10-25	8,000	huangzhong@shuguo.com
6	魏延	男	2007-04-01	7,500	weiyan@shuguo.com
7	孙尚香	女	2002-08-08	12,000	sunshangxiang@shuguo.com
8	孙丫鬟	女	2002-08-08	6,000	sunyahuan@shuguo.com
9	赵云	男	2005-12-19	15,000	zhaoyun@shuguo.com
10	廖化	男	2009-02-17	6,500	liaohua@shuguo.com

图 1.2　员工信息表

在不同的场景下，读者可能会听到关于同一个概念的不同说法。在此，我们列出了关系型数据库中的一些常见概念：

- **表**，也就是关系，用于表示现实世界中的实体（Entity）对象或者实体之间的联系（Relationship）。举例来说，一个公司的员工、部门和职位都是实体，分别对应员工表、部门表和职位表；订单明细表则记录了订单和销售的商品之间的联系。
- **行**，也被称为记录（Record）或者元组（Tuple），代表了关系中的单个实体。图 1.2 中工号为 4 的数据行存储了“诸葛亮”的相关信息。
- **列**，也被称为字段（Field）或者属性（Attribute），表示实体的某个特征。图 1.2 中第二列存储了所有员工的姓名。表中每个列都有一个对应的数据类型，常见的数据类型包括字符串、数字、日期等。

1.2.2　关系操作

常见的数据操作包括增加（Create）、查询（Retrieve）、更新（Update）以及删除（Delete），或者统称为数据的增删改查（CRUD）。

使用最多也最复杂的操作就是查询，具体来说包括选择（Selection）、投影（Projection）、并集（Union）、交集（Intersection）、差集（Exception）以及笛卡儿积（Cartesian product）等。本书将会介绍如何使用 SQL 语句完成以上各种数据操作。

1.2.3　完整性约束

为了满足业务对数据完整性的要求，关系模型定义了三种完整性约束：实体完整性、参照完整性以及用户定义的完整性。

- **实体完整性**指的是表的主键字段不能为空。现实中的每个实体都具有唯一性，例如每个人都有唯一的身份证号。在关系型数据库中，这种唯一标识每行数据的字段被称为主键（Primary Key）。主键字段不能为空，每个表可以有且只能有一个主键。
- **参照完整性**指的是外键的参照完整性，外键（Foreign Key）代表了两个表之间的关联关系。例如员工属于部门，因此员工表中存在一个部门编号字段，它引用了部门表中的部门编号字段。对于外键，被引用的数据必须存在，员工不可能属于一个不存在的部门；同时，我们在删除某个部门之前，也需要对部门中的员工进行相应的处理。
- **用户定义的完整性**指的是用户基于业务需要自定义的一些约束条件。其中，非空约束（NOT NULL）确保了相应的字段不会出现空值，例如员工一定要有姓名。唯一约束（UNIQUE）用于确保字段中的值不会重复，例如每个员工的电子邮箱必须唯一。检查约束（CHECK）可以定义更多的业务规则，例如月薪必须大于 0、电子邮箱地址必须大写等。默认值（DEFAULT）可以为字段提供默认的数据。

本书涉及的 5 种主流关系型数据库都实现了以上完整性约束。其中，MySQL 8.0 版本开始支持检查约束，InnoDB 和 NDB 存储引擎支持外键约束。

1.3 SQL 简介

SQL（Structured Query Language，结构化查询语言）是访问和操作关系型数据库的标准语言，所有的关系型数据库都可以使用 SQL 语句进行数据访问和控制。主要的 SQL 语句通常被分为以下几个类别：

- DQL（Data Query Language，数据查询语言）。DQL 语句也就是 SELECT 语句，可用于查询数据和信息。
- DML（Data Manipulation Language，数据操作语言）。DML 语句可用于对表中的数据进行插入（INSERT）、更新（UPDATE）、删除（DELETE）以及合并（MERGE）操作。
- DDL（Data Definition Language，数据定义语言）。DDL 语句可用于定义数据库中的对象（例如表或索引），包括创建（CREATE）、修改（ALTER）和删除（DROP）对象等操作。
- TCL（Transaction Control Language，事务控制语言）。TCL 语句可用于管理数据库中的事务，包括开始事务（START TRANSACTION）、提交事务（COMMIT）、撤销事务（ROLLBACK）和事务保存点（SAVEPOINT）等。
- DCL（Data Control Language，数据控制语言）。DCL 语句可用于控制数据的访问权限，包括授予权限（GRANT）和撤销权限（REVOKE）。

1.3.1　SQL 的历史

1974 年 IBM 的 Ray Boyce 和 Don Chamberlin 基于关系模型发明了 SQL 语言。SQL 于 1986 年成为 ANSI 标准，并且在 1987 年成为 ISO 标准。ANSI 在 1992 年对 SQL 标准进行了修订，即 SQL92 或者 SQL2；在 1999 年再次对 SQL 标准进行了修订，即 SQL99 或者 SQL3。

随后，SQL 标准由 ANSI 和 ISO/IEC 共同维护，经历了多次版本修订之后，最新版本为 SQL:2019 或者 ISO/IEC 9075:2019。最新版本增加了多维数组（MDA）的支持，同时取代了之前的所有版本。图 1.3 描述了 SQL 标准的发展历程和主要的新增功能。

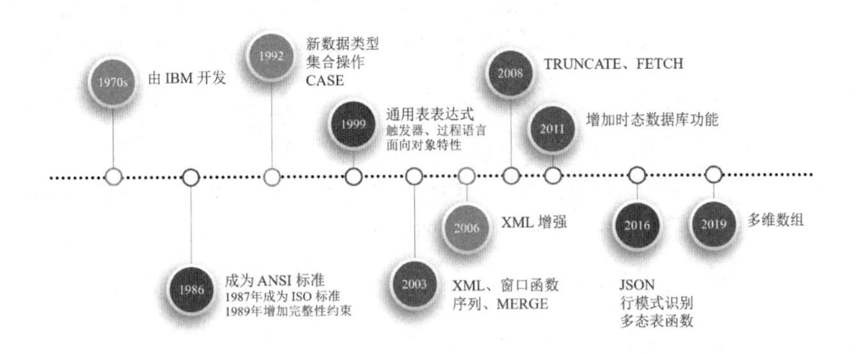

图 1.3　SQL 标准的发展历程和主要的新增功能

现在，让我们来直观感受一下 SQL 语句的特点。

1.3.2　语法特性

提示：接下来我们会看到几个查询示例。在还没有正式开始学习 SQL 语句之前，可以暂时不必理会其中的细节。

SQL 语句非常接近自然语言（英语），我们只需掌握几个简单英文单词（例如 SELECT、INSERT、UPDATE、DELETE 等）的作用，就可以完成绝大部分的数据库操作。例如，以下是一个简单的查询语句：

```
SELECT emp_id, emp_name, salary
FROM employee
WHERE salary >= 10000
ORDER BY emp_id;
```

即便对于没有学过 SQL 的初学者，我们只要知道几个英文单词的意思就不难理解该语句的作用。该语句查找员工表（employee）中月薪（salary）高于或等于 10 000 元的员工，返回了员工的工号（emp_id）、姓名（emp_name）以及月薪（salary），并且按照工号进行排序显示。

在此可以看出，SQL 语句非常简单直观，因为它在设计之初就考虑了非技术人员的使用需求。SQL 是一种声明式的语言，我们只需说明想要的结果（What），而不用指定怎么做（How），具体的操作交由数据库管理系统完成。

1.3.3 面向集合

对于 SQL 语句而言，它所操作的对象是一个集合（关系表），操作的结果也是一个集合（关系表）。也就是说，SQL 是一种面向集合的编程语言。例如，以下是一个查询语句：

```
SELECT emp_id, emp_name, salary
FROM employee;
```

其中 employee 是一个数据表，它是该语句操作的对象。同时，查询的结果也是一个表（包含 3 个字段）。所以，我们可以继续操作查询的结果：

```
SELECT emp_id, emp_name, salary
FROM (
       SELECT emp_id, emp_name, salary
       FROM employee
     ) dt;
```

我们将括号中 SELECT 语句的查询结果（取名为 dt）作为输入对象传递给外面的 SELECT 语句，最终整个语句的结果仍然是一个关系表。这种嵌套在其他语句中的查询被称为子查询，本书第 7 章将会介绍子查询的概念。

显然，我们可以继续嵌套该查询。同时，我们也可以执行其他数据操作，例如过滤数据（WHERE）、分组汇总（GROUP BY）、排序显示（ORDER BY）等，或者也可以通过连接查询（JOIN）从多个表中返回关联数据，甚至可以利用集合运算符（例如 UNION）将多个查询结果进行合并。无论执行什么操作，SQL 语句操作的对象都是集合，操作的结果也是集合。

不仅查询语句，SQL 中的插入、更新和删除操作也都以集合（关系表）为操作对象，例如：

```
CREATE TABLE t(id INTEGER);

INSERT INTO t(id) VALUES (1);
INSERT INTO t(id) VALUES (2);
INSERT INTO t(id) VALUES (3);
```

我们首先使用 CREATE TABLE 语句创建了一个表 t，然后使用 INSERT 语句插入了 3 条记录。通常我们每次只插入一条数据，这也就很容易导致我们以为插入语句是以数据行或者记录为单位的操作。但实际上一行数据也是一个集合，只不过它只有一个元素而已。

INSERT 语句的另一种用法可以帮助我们更好地理解这个概念，例如：

```
INSERT INTO t(id)
SELECT id FROM t;
```

SELECT 语句返回的是一个集合，因此 INSERT 语句插入的也是一个集合。数据库执行插入操作之前会在内存中创建一个临时集合（内存临时表），然后将该集合插入目标表 t 中。因此，以上语句的作用是将表 t 中的数据再复制一份。

同理，UPDATE 和 DELETE 语句也是以集合（关系表）为单位的操作，只不过我们习惯了更新一行数据或者删除几条记录的说法。

1.3.4　标准与实现

一方面，SQL 是一种标准，不同厂商基于 SQL 标准实现了自己的数据库管理系统。这些数据库管理系统在一定程度上都兼容 SQL 标准，具有一定的可移植性。例如，所有的关系型数据库管理系统都使用 SELECT 语句表示数据的查询。

另一方面，所有数据库管理系统都实现了一些专有的语法和扩展功能，没有任何一种产品完全遵循标准。因此，一个数据库管理系统中支持的 SQL 代码在其他数据库管理系统中运行时可能需要进行修改。例如，Oracle 和 Microsoft SQL Server 都实现了合并数据的 MERGE 语句，但是它们的语法略有不同。MySQL 使用专有的 INSERT … ON DUPLICATE KEY UPDATE 语句执行数据合并操作，而 PostgreSQL 和 SQLite 则实现了专有的 INSERT … ON CONFLICT DO UPDATE 语句。

除 SQL 语句外，大部分关系型数据库管理系统还提供了过程语言（Procedural Language）扩展，支持类似于编程语言（Java、C++等）中的变量定义、控制流结构（if-else、while、for 等）、游标（Cursor）以及异常处理等功能，可以在数据库服务器端实现编程。这些扩展功能通常使用专有的语法，也具有专门的名称，例如 Oracle 中的 PL/SQL、Microsoft SQL Server 中的 T-SQL、PostgreSQL 中的 PL/pgSQL 等。

正因为如此，本书除介绍标准的 SQL 语法外，还会比较 5 种主流关系型数据库管理系统中的具体实现和差异。标准 SQL 可以方便我们在不同数据库系统之间进行代码移植，而特定数据库系统中的专有语法和特性可能会简化一些功能的实现。

1.4 小结

数据库是由许多相关数据构成的集合。关系型数据库是基于关系模型的数据库，关系模型由关系数据结构（二维表）、关系操作集合（SQL）以及关系完整性约束三部分组成。

SQL 是关系型数据库中访问和操作数据的标准语言，它使用接近于自然语言（英语）的语法，通过声明的方式执行数据定义、数据操作、访问控制等。对于 SQL 而言，一切皆关系（表）。

2

第 2 章 查询初体验

本章将会介绍 SELECT 语句的基本检索、数据过滤、排序显示以及限定查询结果数量等功能，同时还会讨论 SQL 语句中的代码注释方法。

本章涉及的主要知识点包括：

- 查询数据的 SELECT 语句。
- 过滤数据的 WHERE 子句。
- 实现排序的 ORDER BY 子句。
- 限制数量的 FETCH 和 OFFSET 子句。
- SQL 语句中的注释。

2.1 基本检索功能

检索数据是数据库中最基本的操作，使用的就是 SELECT 语句。

2.1.1 查询指定字段

员工表（employee）中存储了关于员工的信息。假设我们现在打算群发邮件，需要找出所有员工的姓名、性别和电子邮箱地址。这个功能可以通过一个简单的查询语句来实现：

```
SELECT emp_name, sex, email
FROM employee;
```

其中 SELECT 是 SQL 中的关键字，表示查询数据；FROM 也是关键字，表示要从哪个表中进行查询；emp_name、sex 和 email 表示需要返回的字段，多个字段使用逗号分隔；分号表示 SQL 语句的结束。查询返回的结果如下：

```
emp_name|sex|email
--------|---|------------------------
刘备      |男 |liubei@shuguo.com
关羽      |男 |guanyu@shuguo.com
张飞      |男 |zhangfei@shuguo.com
诸葛亮    |男 |zhugeliang@shuguo.com
黄忠      |男 |huangzhong@shuguo.com
魏延      |男 |weiyan@shuguo.com
...
```

这种查询指定字段的操作在关系运算中被称为投影（Projection）。投影操作是针对表进行的垂直选择，保留选定的字段生成新的关系表。投影操作的过程如图 2.1 所示。

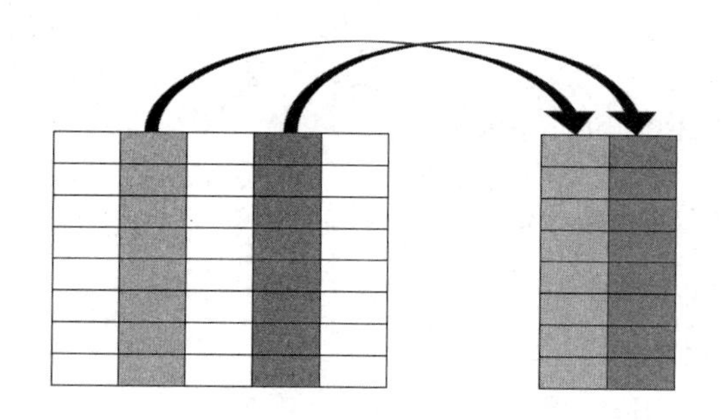

图 2.1　投影操作的过程

注意： SQL 语句有不同的子句组成部分，SELECT、FROM 和 WHERE 等关键字都是子句。编写 SQL 语句时，关键字不分区大小写，一般使用大写形式。表名、列名等标识符一般也不区分大小写，通常使用小写形式；但是 MySQL 在 Linux 环境下的数据库名、表名、变量名等区分大小写。

2.1.2　查询全部字段

投影包含一个特殊的操作，就是查询表的全部字段。SQL 为此提供了一个简单写法，就是使用星号（*）表示全部字段。例如，以下语句查询职位信息表中的全部字段：

```
SELECT *
FROM job;
```

数据库服务器在解析该语句时，会基于表的字段定义将其扩展为如下形式：

```
SELECT job_id, job_title, min_salary, max_salary
FROM job;
```

查询返回的结果如下：

```
job_id|job_title |min_salary|max_salary
------|----------|----------|----------
     1|总经理      |  24000.00|  50000.00
     2|副总经理    |  20000.00|  30000.00
     3|人力资源总监|  20000.00|  30000.00
     4|人力资源专员|   5000.00|  10000.00
     5|财务经理    |  10000.00|  20000.00
     6|会计        |   5000.00|   8000.00
...
```

使用星号无法指定字段出现的顺序，由数据库按照表定义时的顺序返回结果。

注意： 虽然使用星号可以快速编写查询语句，但是在实际项目中不推荐使用这种写法。因为应用程序可能并不需要全部字段，星号会返回无用的字段；另外，当表结构发生变化时，星号返回的信息也会发生改变。

2.1.3　快速查询信息

通常来说查询操作的对象是表，但是为了执行简单的计算和快速信息检索，许多数据库管理系统都实现了一种不需要表的查询语句，例如：

```
-- MySQL、Microsoft SQL Server、PostgreSQL 以及 SQLite
SELECT 1+1;
```

以上查询语句中只有 SELECT 子句，没有 FROM 子句。这种语法并不属于 SQL 标准，而是数据库管理系统的扩展功能。查询返回了一个算术表达式的值：

```
1+1
---
```

2

除 Oracle 外的其他 4 种数据库都支持这种语法。对于 Oracle 而言，我们可以使用以下等价的查询语句：

```
-- Oracle 和 MySQL
SELECT 1+1
FROM dual;
```

其中，dual 是 Oracle 数据库中的一个特殊的表，它只有一个字段并且只包含一行数据，可以方便快速检索信息。另外，MySQL 也支持这种查询语句。

2.2 实现数据过滤

在实际应用中，我们通常无须返回表中的全部数据，大多数情况下只需检索满足特定条件的记录。例如，查找某个部门中的员工或者当前用户未完成的订单。

在 SQL 语句中，我们可以使用关键字 WHERE 指定数据的过滤条件。例如，以下语句查找姓名为“刘备”的员工信息：

```
SELECT emp_name, sex, hire_date, salary
FROM employee
WHERE emp_name = '刘备';
```

其中，WHERE 子句位于 FROM 子句之后，用于指定一个或者多个过滤条件。只有满足条件的数据才会返回，其他数据将被忽略。该语句返回的结果如下：

```
emp_name|sex|hire_date |salary
--------|---|----------|--------
刘备      |男  |2000-01-01|30000.00
```

对于 Oracle 而言，DATE 数据类型中不仅包含了日期信息，也包含时间信息，因此以上查询返回的入职日期为“2000-01-01 00:00:00”，而不是“2000-01-01”。

这种通过查询条件过滤数据的操作在关系运算中被称为选择（Selection）。选择操作是针对表进行的水平过滤，保留满足条件的记录生成新的关系表。选择操作的过程如图 2.2 所示。

WHERE 子句中的查询条件也被称为谓词（Predicate）。谓词运算的结果可能为真（True）、假（False）或者未知（Unknown）。当谓词运算的结果为真时，表示数据满足查询条件，返回相应的数据；否则表示数据不满足查询条件，不返回相应的数据。

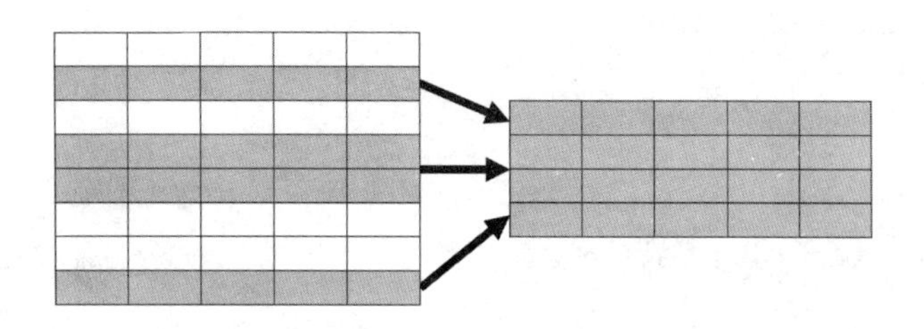

图 2.2　选择操作的过程

2.2.1　简单过滤条件

最常见的查询条件就是比较运算符，比较运算符可以比较两个数据的大小，包括字符、数字以及日期类型数据的比较。表 2.1 列出了 SQL 中的各种比较运算符。

表 2.1　SQL比较运算符

运算符	描述	示例
=	等于	emp_id = 1
!=或者<>	不等于	sex != '男'
>	大于	salary > 10000
>=	大于或等于	hire_date >= DATE '2018-01-01'
<	小于	bonus < 5000
<=	小于或等于	dept_id <= 2
BETWEEN	位于指定范围之内	salary BETWEEN 10000 AND 15000
IN	属于指定列表之中	emp_name IN ('刘备', '关羽', '张飞')

提示：Oracle 数据库中的^=也表示不等于运算符。Microsoft SQL Server 中的!<和!>分别表示大于或等于、小于或等于运算符。

我们来看一个日期数据的比较运算，以下语句查找 2018 年 1 月 1 日之后入职的员工：

```
-- Oracle、MySQL 以及 PostgreSQL
SELECT emp_name, hire_date
FROM employee
WHERE hire_date >= DATE '2018-01-01';
```

查询条件中的 DATE '2018-01-01'定义了一个日期常量值。如果使用 Microsoft SQL Server 或者 SQLite，指定日期常量时可以直接使用字符串字面值：

```
-- Microsoft SQL Server、SQLite、MySQL 以及 PostgreSQL
```

```
SELECT emp_name, hire_date
FROM employee
WHERE hire_date >= '2018-01-01';
```

查询返回的结果如下：

```
emp_name|hire_date
--------|----------
蒋琬      |2018-01-28
黄权      |2018-03-14
糜竺      |2018-03-27
邓芝      |2018-11-11
简雍      |2019-05-11
孙乾      |2018-10-09
```

1. BETWEEN 运算符

BETWEEN 运算符用于查找指定范围之内的数据。例如，以下语句查找月薪位于 10 000 元和 15 000 元之间的员工：

```
SELECT emp_name, salary
FROM employee
WHERE salary BETWEEN 10000 AND 15000;
```

查询返回的结果如下：

```
emp_name|salary
--------|--------
孙尚香     |12000.00
赵云      |15000.00
法正      |10000.00
```

从查询结果中可以看出，BETWEEN 运算符包含了两端的值（10 000 和 15 000）。

2. IN 运算符

IN 运算符用于查找指定列表中的数据。例如，以下语句查找姓名为“刘备”、“关羽”或者“张飞”的员工：

```
SELECT emp_id, emp_name
FROM employee
WHERE emp_name IN ('刘备', '关羽', '张飞');
```

查询返回的结果如下：

```
emp_id|emp_name
```

```
------|--------
      2|关羽
      1|刘备
      3|张飞
```

员工的姓名只要等于列表中的任何一个值都会返回对应的结果。

提示： IN 运算符还有一个常见的用途，就是匹配子查询返回的结果，我们将会在第 7 章介绍子查询时给出相关示例。

2.2.2　空值判断条件

在数据库中，空值（NULL）是一个特殊值，表示缺失或者未知的数据。与其他编程语言（例如 Java、C++）不同，在 SQL 语句中判断一个值是否为空，不能使用等于或者不等于运算符。例如，以下语句使用等于运算符查找没有上级领导（manager 字段为空）的员工：

```
-- 空值判断的错误示例
SELECT emp_name, manager
FROM employee
WHERE manager = NULL;
```

该查询没有返回任何结果。不过，员工表中确实存在这样的数据（“刘备”）。问题的原因在于，将一个数据与未知数据进行比较运算的结果未知，查询条件中的未知结果不会返回数据。

实际上，即使将两个未知数据进行比较，运算结果也是未知的。以下运算的结果均为未知：

```
NULL = 0
NULL != 0
NULL = ''
NULL != ''
NULL = NULL
NULL != NULL
```

0 和空字符串都是已知数据，和未知数据的比较结果都是未知的。同样，我们既不能认为两个未知数据相等，也不能认为它们不相等。

为了实现空值的判断，SQL 引入了两个特殊的运算符：**IS NULL** 和 **IS NOT NULL**，它们分别表示某个字段或者表达式的结果未知（空值）或者已知（非空）。因此，查找没有上级领导的员工应该使用以下判断条件：

```
SELECT emp_name, manager
```

```
FROM employee
WHERE manager IS NULL;
```

如果员工的 manager 字段为空，就会返回相应的数据。查询返回的结果如下：

```
emp_name|manager
--------|-------
刘备      |
```

数据显示，“刘备”是公司的最高领导，因为他没有上级。

另外，IS NOT NULL 运算符可以查找数据不为空的字段和表达式。例如，以下语句查找有奖金的员工：

```
SELECT emp_name, bonus
FROM employee
WHERE bonus IS NOT NULL;
```

查询返回的结果如下：

```
emp_name|bonus
--------|--------
刘备      |10000.00
关羽      |10000.00
张飞      |10000.00
诸葛亮     | 8000.00
孙尚香     | 5000.00
赵云      | 6000.00
法正      | 5000.00
庞统      | 2000.00
蒋琬      | 1500.00
```

2.2.3 文本模糊查找

当我们不能完全确定需要查找的信息时，可以使用 SQL 模糊查找的功能进行文本检索，对应的运算符是 LIKE。

假如我们想要知道姓“关”的员工有哪些，可以使用以下查询：

```
SELECT emp_name
FROM employee
WHERE emp_name LIKE '关%';
```

其中，LIKE 关键字指定了一个字符串匹配模式，查找姓名以“关”字开头的员工。查询返回的结果如下：

```
emp_name
--------
关兴
关平
关羽
```

LIKE 运算符支持以下两个通配符，可以用于指定匹配的模式：

- 百分号（%），表示匹配零个或者多个任意字符。
- 下画线（_），表示匹配一个任意字符。

以下是一些常用的模式和匹配的字符串：

- LIKE 'en%'，匹配以“en”开始的字符串，例如“english”“end”。
- LIKE '%en%'，匹配包含“en”的字符串，例如“length”“when”。
- LIKE '%en'，匹配以“en”结束的字符串，例如“ten”“when”。
- LIKE 'Be_'，匹配以“Be”开头，再加上一个任意字符的字符串。例如“Bed”“Bet”。
- LIKE '_e%'，匹配一个任意字符加上“e”开始的字符串，例如“he”“year”。

由于百分号和下画线是 LIKE 运算符中的通配符，因此，如果我们查找的模式中包含了“%”或者“_”，就需要用到转义字符（escape character）。

转义字符可以将通配符当作普通字符使用。我们首先创建一个测试表：

```
CREATE TABLE t_like(c1 VARCHAR(200));
INSERT INTO t_like(c1) VALUES ('项目进度：25%已完成');
INSERT INTO t_like(c1) VALUES ('记录日期：2021 年 5 月 25 日');
```

表 t_like 只有一个字段 c1，数据类型为字符串，表中包含两条记录。假如现在我们需要查找包含“25%”的数据，其中百分号是要查找的内容而不是任意多个字符，可以使用转义字符进行查找：

```
SELECT c1
FROM t_like
WHERE c1 LIKE '%25#%%' ESCAPE '#';
```

ESACPE 关键字为 LIKE 运算符指定了一个#符号作为转义字符，因此查找模式中的第二个%代表了百分号，其他的%则是通配符。该查询返回的结果如下：

```
c1
-----------
```

```
项目进度：25%已完成
```

提示： 对于 MySQL 和 PostgreSQL 而言，如果省略 ESCAPE 子句，默认的转义字符为反斜杠（\）。

使用 LIKE 运算符进行文本查找时，还需要注意英文字母的大小写问题。例如，以下语句使用大写字母查找员工的电子邮箱：

```
SELECT email
FROM employee
WHERE email LIKE 'M%';
```

该查询在不同的数据库中返回的结果不同：

```
-- MySQL、Microsoft SQL Server 以及 SQLite
email
----------------
madai@shuguo.com
mizhu@shuguo.com

-- Oracle 以及 PostgreSQL
email
-----
```

对于 LIKE 运算符，MySQL、Microsoft SQL Server 以及 SQLite 中的字符串默认不区分大小写，Oracle 和 PostgreSQL 中的字符串默认区分大小写。

提示： PostgreSQL 提供了不区分大小写的 ILIKE 运算符，使用方法和 LIKE 相同。Microsoft SQL Server 支持使用方括号匹配（[]）或者不匹配（[^]）指定范围或集合内的任何单个字符，例如[a-z]表示匹配字符 a 到字符 z。

NOT LIKE 运算符可以执行与 LIKE 运算符相反的操作，也就是返回不匹配某个模式的文本。例如，以下语句查找 t_like 表中不包含“25%”的记录：

```
SELECT c1
FROM t_like
WHERE c1 NOT LIKE '%25#%%' ESCAPE '#';
```

查询返回的结果如下：

```
c1
---------------
记录日期：2021 年 5 月 25 日
```

2.2.4　组合过滤条件

如果只能使用单个过滤条件，SQL 语句就无法满足复杂的查询需求，例如查找月薪超过 10 000 元的女性员工。为此，SQL 借助于逻辑代数中的运算提供了三个逻辑运算符，可以基于多个运算符构建复杂的过滤条件。

1. 逻辑与（AND）运算符

对于逻辑与运算符，只有当运算符两边的条件都为真时，才返回数据，否则查询不返回数据。例如，以下语句使用 AND 运算符查找月薪超过 10 000 元的女性员工：

```
SELECT emp_name, sex, salary
FROM employee
WHERE sex = '女'
AND salary > 10000;
```

查询返回的结果如下：

```
emp_name|sex|salary
--------|---|--------
孙尚香    |女  |12000.00
```

女性员工中只有“孙尚香”的月薪超过了 10 000 元。

2. 逻辑或（OR）运算符

对于逻辑或运算符，只要运算符两边的条件有一个为真，就返回数据，否则查询不返回数据。例如，我们可以使用 OR 运算符实现 2.2.1 节中的 IN 运算符示例：

```
SELECT emp_id, emp_name
FROM employee
WHERE emp_name = '刘备' OR emp_name = '关羽' OR emp_name = '张飞';
```

该查询同样返回了姓名为“刘备”、“关羽”或者“张飞”的员工。

对于逻辑运算符 AND 和 OR，SQL 使用短路运算（Short-Circuit Evaluation）。也就是说，只要左边的表达式能够决定最终的结果，就不计算右边的表达式。例如，以下语句不会产生除零错误：

```
SELECT *
FROM employee
WHERE 1 = 0 AND 1/0 = 1;

SELECT *
```

```
FROM employee
WHERE 1 = 1 OR 1/0 = 1;
```

第一个查询使用了 AND 运算符，由于 1=0 结果为假，查询肯定不会返回任何结果，也就不会计算右边的 1/0。第二个查询使用了 OR 运算符，由于 1=1 结果为真，查询返回全部员工，同样不会计算右边的 1/0。

提示： SQL 语句的短路运算方法可以减少某些情况下的表达式计算，提高运算的效率。

3. 逻辑非（NOT）运算符

逻辑非运算符与其他运算符一起使用时，表示将随后的运算结果取反：

- NOT >，查找不大于（小于或等于）指定值的数据。也可以使用 NOT=、NOT<等运算符。
- NOT BETWEEN，查找位于指定范围之外的数据。
- NOT IN，查找不在指定列表之中的数据。
- NOT LIKE，查找不匹配某个模式的文本。
- NOT expr IS NULL，查找 expr 不为空的数据，等价于 expr IS NOT NULL。

例如，以下语句查找奖金低于 2000 元或者高于 10 000 元的员工：

```
SELECT emp_name, bonus
FROM employee
WHERE NOT bonus BETWEEN 2000 AND 10000;
```

查询返回的结果如下：

```
emp_name|bonus
--------|-------
蒋琬     |1500.00
```

虽然有很多员工没有奖金（bonus 字段为空），但是查询并没有返回这些员工的信息，因为未知结果取反之后仍然未知。

我们还需要注意多个运算符之间的优先级问题。一般来说，比较运算符的优先级比逻辑运算符的优先级高，在逻辑运算符中 NOT 比 AND 的优先级高，AND 比 OR 的优先级高。通常优先级高的运算符先执行，相同级别的运算符从左至右顺序执行。

我们想要知道人力资源部（dept_id=2）或者财务部（dept_id=3）中有哪些员工有奖金，如果使用以下查询语句：

```
SELECT emp_name, dept_id, bonus
FROM employee
```

```
WHERE dept_id = 2 OR dept_id = 3
AND bonus IS NOT NULL;
```

返回的结果如下：

```
emp_name|dept_id|bonus
--------|-------|-------
诸葛亮    |      2|8000.00
黄忠     |      2|
魏延     |      2|
孙尚香    |      3|5000.00
```

“黄忠”和“魏延”并没有奖金，不是我们期望的结果。那么问题出在哪里了呢？因为 AND 运算符比 OR 运算符的优先级高，以上查询实际返回了人力资源部（dept_id=2）的员工，以及财务部（dept_id=3）中有奖金的员工。

如果想要获得我们期望的结果，可以使用圆括号调整运算符的优先级，例如：

```
SELECT emp_name, dept_id, bonus
FROM employee
WHERE (dept_id = 2 OR dept_id = 3) AND bonus IS NOT NULL;
```

查询返回的结果如下：

```
emp_name|dept_id|bonus
--------|-------|-------
诸葛亮    |      2|8000.00
孙尚香    |      3|5000.00
```

注意：由于各种数据库的实现不同，导致运算符的优先级可能存在差异，因此我们可以通过圆括号明确指定运算符的优先级。

2.2.5　排除重复数据

查询语句有可能会返回重复的数据，我们可以使用 DISTINCT 关键字排除查询结果中的重复记录。例如，以下语句查找员工表中的所有不同性别：

```
SELECT DISTINCT sex
FROM employee;
```

其中，DISTINCT 关键字位于 SELECT 之后，而不像其他过滤条件一样位于 WHERE 子句中。查询返回的结果如下：

```
sex
```

```
---
男
女
```

提示：在 Oracle 数据库中，可以使用 UNIQUE 关键字替代 DISTINCT。在 MySQL 中，可以使用 DISTINCTROW 关键字替代 DISTINCT。

另外，DISTINCT 也可以用于多个字段的去重。例如，以下语句查找不同部门编号和性别的所有组合：

```
SELECT DISTINCT dept_id, sex
FROM employee;
```

查询返回的结果如下：

```
dept_id|sex
-------|---
      1|男
      2|男
      3|女
      4|男
      4|女
      5|男
```

提示：除了 DISTINCT，我们也可以使用 ALL 关键字返回不排除重复数据的结果。不过通常没有必要，因为使用 ALL 是默认的行为。

2.3 从无序到有序

读者在运行前文中的示例时得到的结果可能与书中的结果不完全一致，主要是显示顺序可能不同。这是因为 SQL 查询不保证返回结果时的顺序。如果我们想要按照某种规则对结果进行排序显示，例如按照工资从高到低进行排序，需要使用 ORDER BY 子句。

2.3.1 基于单个字段排序

基于单个字段值的排序操作被称为单列排序。单列排序的语法如下：

```
SELECT col1, col2, ...
FROM t
[WHERE ...]
ORDER BY col1 [ASC | DESC];
```

其中，ORDER BY 子句用于指定排序，ASC 表示按照升序排序（Ascending），DESC 表示按照降序排序（Descending），默认按照升序排序。排序操作的过程如图 2.3 所示。

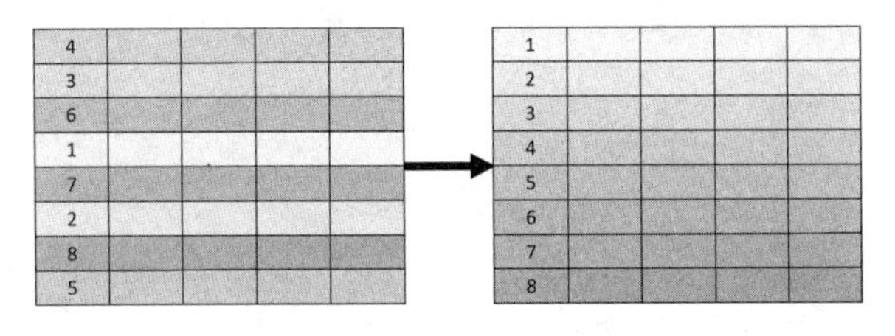

图 2.3　排序操作的过程

以下语句查找公司的女性员工，并且按照月薪从高到低排序显示：

```
SELECT emp_name, salary
FROM employee
WHERE sex = '女'
ORDER BY salary DESC;
```

查询返回的结果如下：

```
emp_name|salary
--------|--------
孙尚香   |12000.00
赵氏     | 6600.00
孙丫鬟   | 6000.00
```

提示：对于升序排序，数字按照从小到大的顺序排列，字符按照编码的顺序排列，日期和时间按照从早到晚的顺序排列；对于降序排序则正好相反。

2.3.2　基于多个字段排序

如果排序字段中存在相同的数据，那么它们的排序顺序是随机的。为了进一步明确这些数据的排序顺序，可以使用多列排序。

多列排序指的是基于多个字段值的排序，多个字段间使用逗号进行分隔。多列排序的语法如下：

```
SELECT col1, col2, ...
FROM t
[WHERE ...]
ORDER BY col1 [ASC | DESC], col2 [ASC | DESC], ...;
```

首先，查询基于第一个字段进行排序，对于第一个字段排序相同的数据，再基于第二个字段进行排序，并且依此类推。

以下语句查找销售部（dept_id=5）的员工信息，并且按照月薪从高到低排序，如果其月薪相同，则按照入职先后进行排序：

```
SELECT emp_name, salary, hire_date
FROM employee
WHERE dept_id = 5
ORDER BY salary DESC, hire_date;
```

查询返回的结果如下：

```
emp_name|salary  |hire_date
--------|--------|----------
法正     |10000.00|2017-04-09
简雍     | 4800.00|2019-05-11
...
蒋琬     | 4000.00|2018-01-28
邓芝     | 4000.00|2018-11-11
```

其中，“蒋琬”和“邓芝”的月薪相同，但是“蒋琬”排在了“邓芝”之前，因为他的入职日期更早。

2.3.3 基于表达式排序

除了基于字段的值进行排序，我们也可以基于表达式的值进行排序。例如，以下语句查找行政管理部（dept_id=1）的员工，并且按照全年总收入进行排序：

```
SELECT emp_name, salary * 12 + bonus
FROM employee
WHERE dept_id = 1
ORDER BY salary * 12 + bonus;
```

员工的全年总收入等于年薪（salary*12）加奖金（bonus）。查询返回的结果如下：

```
emp_name|salary * 12 + bonus
--------|-------------------
张飞     |          298000.00
关羽     |          322000.00
刘备     |          370000.00
```

另外，我们也可以使用字段或者表达式在 SELECT 列表中出现的位置来指定数据的排序。

例如，上面的查询语句可以改写如下：

```
SELECT emp_name, salary * 12 + bonus
FROM employee
WHERE dept_id = 1
ORDER BY 2;
```

表达式 salary * 12 + bonus 是查询返回的第 2 列，因此 ORDER BY 2 也表示按照全年总收入进行排序。

2.3.4　空值的排序位置

空值（NULL）在数据库中表示未知或者缺失的数据。如果排序的字段中存在空值时，应该如何处理呢？以下语句查找人力资源部（dept_id=2）中的员工，并且按照奖金从低到高进行排序显示：

```
SELECT emp_name, bonus
FROM employee
WHERE dept_id = 2
ORDER by bonus;
```

不同数据库系统对于空值的排序位置采用了不同的处理方式。MySQL、Microsoft SQL Server 以及 SQLite 中的空值排在了最前。查询返回的结果如下：

```
-- MySQL、Microsoft SQL Server 以及 SQLite
emp_name|bonus
--------|-------
黄忠     |
魏延     |
诸葛亮   |8000.00
```

Oracle 和 PostgreSQL 中的空值排在了最后。查询返回的结果如下：

```
-- Oracle 以及 PostgreSQL
emp_name|bonus
--------|-------
诸葛亮   |8000.00
黄忠     |
魏延     |
```

另外，Oracle、PostgreSQL 以及 SQLite 支持使用 NULLS FIRST 关键字，将空值排在最前；或者使用 NULLS LAST 关键字，将空值排在最后。以下查询语句返回的结果与上面的 MySQL

和 Microsoft SQL Server 一致：

```
-- Oracle、PostgreSQL 以及 SQLite
SELECT emp_name, bonus
FROM employee
WHERE dept_id = 2
ORDER by bonus NULLS FIRST;
```

总而言之，对于空值的排序：

- MySQL、Microsoft SQL Server 以及 SQLite 认为在排序时空值最小，所以，在升序排序时空值排在最前，在降序排序时空值排在最后。
- Oracle 和 PostgreSQL 认为在排序时空值最大，所以，在升序排序时空值排在最后，在降序排序时空值排在最前。
- Oracle、PostgreSQL 以及 SQLite 支持使用 NULLS FIRST 和 NULLS LAST 指定空值的排序位置。

提示： 指定空值的排序位置还有一个更通用的解决方法，就是利用函数将空值转换为一个固定的值。我们将会在第 5 章中对此进行介绍。

2.3.5 中文的排序方式

在创建数据库或者表时，我们通常会指定一个字符集和排序规则。

字符集（Charset）决定了数据库能够存储哪些字符，比如 ASCII 字符集只能存储简单的英文、数字和一些控制字符，GB2312 字符集可以存储中文，Unicode 字符集能够支持世界上的各种文字。

排序规则（Collation）定义了字符集中字符的排序顺序，包括是否区分大小写、是否区分重音等。对于中文而言，排序方式与英文有所不同，中文通常需要按照拼音、偏旁部首或者笔画进行排序。

如果想要支持中文排序，最简单的方式就是使用支持中文排序的字符集和排序规则。如果使用的字符集和排序规则不满足我们的排序需求，可以通过其他方法实现。

Oracle 默认使用 AL32UTF8 字符编码，中文按照偏旁部首进行排序。我们可以通过一个转换函数实现其他方式的中文排序，以下查询按照员工姓名的拼音进行排序：

```
-- Oracle 实现中文拼音排序
SELECT emp_name
```

```
FROM employee
WHERE dept_id = 4
ORDER BY NLSSORT(emp_name,'NLS_SORT = SCHINESE_PINYIN_M');
```

其中，NLSSORT()是 Oracle 提供的一个系统函数，用于返回按照指定排序规则编码的字符序列，SCHINESE_PINYIN_M 表示中文的拼音排序规则。查询返回的结果如下：

```
EMP_NAME
--------
关平
关兴
廖化
马岱
张苞
赵氏
赵统
赵云
周仓
```

除按照拼音排序外，Oracle 还支持按照偏旁部首（SCHINESE_RADICAL_M）以及笔画（SCHINESE_STROKE_M）进行中文排序。

MySQL 8.0 默认使用 utf8mb4 字符编码，中文按照偏旁部首进行排序。我们可以通过一个转换函数实现其他方式的中文排序，以下查询按照员工姓名的拼音进行排序：

```
-- MySQL 实现中文拼音排序
SELECT emp_name
FROM employee
WHERE dept_id = 4
ORDER BY CONVERT(emp_name USING GBK);
```

其中，CONVERT()是一个 MySQL 系统函数，用于转换数据的字符集编码，中文 GBK 字符集默认使用拼音进行排序。查询返回的结果和上面的 Oracle 示例相同。

Microsoft SQL Server 中的字符集和排序规则是同一个概念，安装数据库时默认根据操作系统所在的区域进行设置，中国地区默认使用 Chinese_PRC_CI_AS 排序规则，中文按照偏旁部首进行排序。我们可以通过 COLLATE 关键字实现其他方式的中文排序，以下查询按照员工姓名的拼音进行排序：

```
-- Microsoft SQL Server 实现中文拼音排序
SELECT emp_name
FROM employee
```

```sql
WHERE dept_id = 4
ORDER BY emp_name COLLATE Chinese_PRC_CI_AI_KS_WS;
```

其中，COLLATE 表示按照某种排序规则进行排序，Chinese_PRC_CI_AI_KS_WS 表示中文拼音排序规则。查询返回的结果和上面的 Oracle 示例一样。

Microsoft SQL Server 也支持中文按照笔画进行排序（Chinese_PRC_Stroke_CI_AS）。

PostgreSQL 默认使用 UTF-8 编码字符集，中文按照偏旁部首进行排序。我们可以通过 COLLATE 关键字实现其他方式的中文排序，以下查询按照员工姓名的拼音进行排序：

```sql
-- PostgreSQL 实现中文拼音排序
SELECT emp_name
FROM employee
WHERE dept_id = 4
ORDER BY emp_name COLLATE "zh_CN";
```

其中，COLLATE 表示按照某种排序规则进行排序，zh_CN 表示中文拼音排序规则。查询返回的结果和上面的 Oracle 示例一样。

SQLite 默认使用 UTF-8 字符编码，中文按照偏旁部首进行排序，不支持其他的排序方式。

2.4 限定结果数量

默认情况下，查询语句会返回满足过滤条件的所有数据。但是，有些时候我们只需查看其中的部分结果，常见的这类应用场景包括 Top-*N* 排行榜和数据分页查询。

2.4.1 Top-*N* 排行榜

我们经常会看到各种 Top-*N* 排行榜，例如销量排行榜、十大热门游戏等。Top-*N* 排行榜的原理就是先对数据进行排序，然后返回前 *N* 条记录。SQL 标准定义了 FETCH 和 OFFSET 子句，可以用于限制返回结果的数量。例如，以下语句查找月薪排名前 5 的员工：

```sql
-- Oracle、Microsoft SQL Server 以及 PostgreSQL
SELECT emp_name, salary
FROM employee
ORDER BY salary DESC
OFFSET 0 ROWS
FETCH FIRST 5 ROWS ONLY;
```

其中，ORDER BY 子句表示按照月薪从高到低进行排序，OFFSET 子句表示跳过 0 行记录，FETCH 子句表示获取前 5 条记录，也就是月薪为 Top-5 的员工。查询返回的结果如下：

```
emp_name|salary
--------|--------
刘备    |30000.00
关羽    |26000.00
张飞    |24000.00
诸葛亮  |24000.00
赵云    |15000.00
```

目前只有 Oracle、Microsoft SQL Server 以及 PostgreSQL 支持这种标准语法。其中 Oracle 和 PostgreSQL 中的 OFFSET 子句可以省略，默认表示跳过 0 行记录。

除标准 SQL 外，还有一种常见的 LIMIT 子句也可以实现相同的功能，例如：

```
-- MySQL、PostgreSQL 以及 SQLite
SELECT emp_name, salary
FROM employee
ORDER BY salary DESC
LIMIT 5 OFFSET 0;
```

其中，ORDER BY 子句表示按照月薪从高到低进行排序，OFFSET 子句表示跳过 0 行记录，LIMIT 子句表示获取前 5 条记录，也就是月薪为 Top-5 的员工。MySQL、PostgreSQL 以及 SQLite 实现了这种 LIMIT 语法。另外，OFFSET 子句可以省略，默认表示跳过 0 行记录。

如果使用 Microsoft SQL Server，我们也可以利用 TOP 关键字实现相同的功能，例如：

```
-- Microsoft SQL Server
SELECT TOP(5) emp_name, salary
FROM employee
ORDER BY salary DESC;
```

其中，ORDER BY 子句表示按照月薪从高到低进行排序，TOP(5)表示返回前 5 条记录。

2.4.2　数据分页显示

有时候查询的结果可能包含成千上万条记录，因此在前端显示时需要采用分页的方式，也就是每次只显示一定数量（例如 10 条记录）的结果，同时提供“下一页”“上一页”等翻页按钮。这种分页查询的原理就是先跳过指定的行数，返回随后的 *N* 条记录。实际上，Top-*N* 排行榜是分页查询的一种特殊情况。

分页查询也有两种实现方式，第一种方式就是使用 SQL 标准中的 FETCH 和 OFFSET 子句。假如前端页面每次显示 10 名员工记录，现在用户点击了“第 2 页”，也就是返回第 11 条到第 20 条记录。我们可以使用以下查询语句：

```
-- Oracle、Microsoft SQL Server 以及 PostgreSQL
SELECT emp_name, salary
FROM employee
ORDER BY salary DESC
OFFSET 10 ROWS
FETCH FIRST 10 ROWS ONLY;
```

其中，ORDER BY 子句表示按照月薪从高到低进行排序，OFFSET 子句表示跳过 10 条记录，FETCH 子句表示获取随后的 10 条记录。查询返回的结果如下：

```
emp_name|salary
--------|-------
关兴      |7000.00
关平      |6800.00
赵氏      |6600.00
...
简雍      |4800.00
孙乾      |4700.00
```

除以上基本的用法外，FETCH 子句还支持一些扩展选项，完整的语法如下：

```
[OFFSET m {ROW | ROWS}]
FETCH {FIRST | NEXT} [num_rows | n PERCENT] {ROW | ROWS} {ONLY | WITH TIES};
```

其中，方括号（[ ]）表示可选项，大括号（{ }）表示必选项，竖线（|）表示二选一。每个选项的作用如下：

- OFFSET 表示偏移量，即从第 m+1 行开始返回数据。默认偏移量为 0，表示从第 1 行开始返回。ROW 和 ROWS 关键字等价。
- FETCH 表示返回多少数据，FIRST 和 NEXT 关键字等价。
- num_rows 表示以行数为单位限制返回的数据，n PERCENT 表示按照百分比限制返回的数据，ROW 和 ROWS 关键字等价。
- ONLY 和 WITH TIES 的区别在于，最后如果有多个排名相同的记录，WITH TIES 会返回更多的数据，ONLY 则不会返回更多的数据。

目前只有 Oracle 12c 以上版本完全支持 n PERCENT 和 WITH TIES 选项，例如：

```
-- Oracle
```

```
SELECT emp_name, salary
FROM employee
ORDER BY salary DESC
FETCH FIRST 10 PERCENT ROWS ONLY;
```

查询返回的结果如下：

```
EMP_NAME|SALARY
--------|------
刘备      | 30000
关羽      | 26000
张飞      | 24000
```

由于员工表中共有 25 名员工，10%约为 3 人。

以下查询使用了 WITH TIES 选项：

```
-- Oracle
SELECT emp_name, salary
FROM employee
ORDER BY salary DESC
FETCH FIRST 10 PERCENT ROWS WITH TIES;
```

查询返回的结果如下：

```
EMP_NAME|SALARY
--------|------
刘备      | 30000
关羽      | 26000
张飞      | 24000
诸葛亮    | 24000
```

由于“诸葛亮”和“张飞”的月薪相同，使用 WITH TIES 子句时返回了 4 条记录。

另外，PostgreSQL 13 开始支持 WITH TIES 选项。

实现分页查询的第二种方式就是利用 LIMIT 和 OFFSET 子句，例如：

```
-- MySQL、PostgreSQL 以及 SQLite
SELECT emp_name, salary
FROM employee
ORDER BY salary DESC
LIMIT 10 OFFSET 10;
```

其中，ORDER BY 子句表示按照月薪从高到低进行排序，OFFSET 子句表示跳过 10 条记录，LIMIT 子句获取随后的 10 条记录。

MySQL 和 SQLite 中以下两种语法的作用相同，注意偏移量 n 和返回行数 m 出现的顺序：

```
LIMIT m OFFSET n
LIMIT n, m
```

2.5 SQL 注释

SQL 语句可以像其他编程语言一样使用注释。注释可以提高代码的可读性和可维护性，但不会被服务器执行。SQL 中的注释分为单行注释和多行注释。

2.5.1 单行注释

单行注释以两个连字符（--）开始，直到这一行结束，例如：

```
SELECT DISTINCT sex -- DISTINCT 关键字用于排除重复数据
FROM employee;
```

我们已经在前文中多次利用单行注释表示不同数据库中的实现差异。

注意： 在 MySQL 中，连字符（--）后面需要有一个空格。另外，MySQL 中的井号（#）也可以表示单行注释的开始。

2.5.2 多行注释

SQL 语句使用 C 语言风格的多行注释（/* … */），例如：

```
/* 备注：SQL 查询条件示例
   作者：TonyDong
   日期：2021-01-01
*/
SELECT emp_name, sex, hire_date, salary
FROM employee
WHERE emp_name = '刘备';
```

多行注释中可以嵌套单行注释，但是不能嵌套其他的多行注释。

另外，在调试程序时，我们也可以通过注释来临时禁用部分语句的执行。

2.5.3　特殊注释

除以上两种注释方式外，某些数据库还提供了一些特殊的注释，用于特定的场景。

Oracle 中的特殊注释--+和/*+ hint */用于表示查询优化器提示，可以帮助数据库优化查询语句。MySQL 中的/*+ hint */用于表示查询优化器提示，可以帮助数据库优化查询语句。另外，MySQL 还提供了一种可以被执行的注释，例如：

```
CREATE TABLE t1(
  a INT KEY
) /*!50110 KEY_BLOCK_SIZE=1024 */;
```

如果是 MySQL 5.1.10 以上版本，创建表 t1 时会使用 KEY_BLOCK_SIZE 参数，更低版本的 MySQL 或者其他数据库则会忽略该参数，从而实现跨版本和数据库产品的可移植性。

2.6　小结

SQL 使用 SELECT 语句查询表中的数据，查询条件（WHERE）可以用于数据的过滤，排序操作（ORDER BY）可以实现按照指定的顺序显示结果，FETCH/LIMIT 和 OFFSET 子句可以限制返回结果的数量和偏移量。另外，注释可以让我们编写的 SQL 语句更易理解和维护。

3

第 3 章 逻辑处理功能

在本章中，我们将会学习常用的 SQL 函数，同时还会了解如何利用条件表达式为 SQL 语句增加逻辑处理功能。

本章涉及的主要知识点包括：

- 常用数值函数。
- 常用字符函数。
- 常用日期函数。
- 类型转换函数。
- 条件表达式（CASE）。

3.1 函数和运算

SQL 的主要功能就是对数据进行处理和分析。为了提高数据处理的效率，SQL 为我们提供了许多预定义的功能模块，也就是函数（Function）。

3.1.1　函数概述

SQL 函数是一种具有某种数据处理功能的模块，它可以接收零个或多个输入值，并且返回一个输出值。SQL 中的函数主要分为以下两种类型：

- 标量函数（Scalar Function），针对每个输入参数返回一个输出结果。例如 ABS(x)函数可以计算 x 的绝对值。
- 聚合函数（Aggregate Function），基于一组输入参数进行汇总并返回一个结果。例如 AVG(x)函数可以计算一组数据的平均值。

本章只涉及 SQL 标量函数，聚合函数将会在第 4 章进行介绍。为了方便学习，我们可以将常见的 SQL 标量函数分为以下几类：数值函数、字符函数、日期函数以及类型转换函数。

3.1.2　数值函数

数值函数通常接收一个或者多个数字类型的参数，并且返回一个数值结果。表 3.1 列出了常见的 SQL 数值函数及它们在 5 种主流数据库中的实现。

表 3.1　常见的SQL数值函数与实现

数值函数	函数功能	Oracle	MySQL	Microsoft SQL Server	PostgreSQL	SQLite
ABS(x)	计算x的绝对值	支持	支持	支持	支持	支持
CEIL(x)、CEILING(x)	返回大于或等于x的最小整数	CEIL(x)	支持	CEILING(x)	支持	CEIL(x)
FLOOR(x)	返回小于或等于x的最大整数	支持	支持	支持	支持	支持
MOD(x, y)	计算x除以y的余数	支持	支持	x % y	支持	x % y
ROUND(x, n)	将x四舍五入到n位小数	支持	支持	支持	支持	支持
RANDOM()	返回一个伪随机数	DBMS_RANDOM	RAND()	RAND()	支持	支持

注意： SQLite 3.35.0 开始支持内置的数值函数，不再需要单独编译 extension-functions.c 文件，使用方法请参考官方文档。

下面我们通过一些示例来说明这些函数的作用和注意事项。

1. 绝对值函数

ABS(x)函数计算输入参数的绝对值，例如：

```
SELECT ABS(-1), ABS(1), ABS(0)
FROM employee
WHERE emp_id = 1;
```

我们借助 employee 演示各种函数的作用，读者也可以使用第 1 章中介绍的快速查询语句。查询返回的结果如下：

```
ABS(-1)|ABS(1)|ABS(0)
-------|------|------
      1|     1|     0
```

2. 取整函数

CEIL(x)和 CEILING(x)函数返回大于或等于 x 的最小整数，也就是向上取整。FLOOR(x)函数返回小于或等于 x 的最大整数，也就是向下取整，例如：

```
SELECT CEIL(-2), CEILING(-2), FLOOR(4.5)
FROM employee
WHERE emp_id = 1;
```

Oracle 不支持 CEILING(x)函数，Microsoft SQL Server 不支持 CEIL(x)函数。查询返回的结果如下：

```
CEIL(-2)|CEILING(-2)|FLOOR(4.5)
--------|-----------|----------
      -2|         -2|         4
```

ROUND(x, n)函数将 x 四舍五入到 n 位小数，也就是执行四舍五入运算，例如：

```
SELECT ROUND(9.456, 1), ROUND(9.456)
FROM employee
WHERE emp_id = 1;
```

第二个函数调用时省略了参数 n，表示四舍五入到整数。Microsoft SQL Server 不能省略参数 n，可以将 ROUND(9.456)替换成 ROUND(9.456, 0)。查询返回的结果如下：

```
ROUND(9.456, 1)|ROUND(9.456)
---------------|------------
            9.5|           9
```

3. 求余函数

MOD(x, y)函数计算 x 除以 y 的余数，也就是执行求模运算，例如：

```
-- Oracle、MySQL 以及 PostgreSQL
SELECT MOD(5,3)
FROM employee
WHERE emp_id = 1;
```

Oracle、MySQL 以及 PostgreSQL 实现了 MOD 函数。查询返回的结果如下：

```
MOD(5,3)
--------
       2
```

Microsoft SQL Server 和 SQLite 没有提供 MOD 函数，可以使用%运算符进行求模运算：

```
-- Microsoft SQL Server、MySQL、PostgreSQL 以及 SQLite
SELECT 5 % 3
FROM employee
WHERE emp_id = 1;
```

MySQL 和 PostgreSQL 也支持这种语法。查询返回的结果和上面的示例相同。

4. 生成伪随机数

通过计算机生成的随机数都是伪随机数，数据库都提供了生成伪随机数的函数。

MySQL 使用 RAND 函数返回一个大于或等于 0 且小于 1 的随机数。Microsoft SQL Server 也使用 RAND 函数返回随机数，但是随机数的取值范围为大于 0 且小于 1，例如：

```
-- MySQL 和 Microsoft SQL Server
SELECT RAND()
FROM employee
WHERE emp_id <= 3;
```

对于 MySQL 而言，在一个查询语句中的多次 RAND 函数调用都会返回不同的随机数。查询返回的结果如下：

```
RAND()
-------------------
0.12597889371773124
 0.6288336549222783
 0.7662316241918427
```

对于 Microsoft SQL Server 而言，在一个查询语句中的多次 RAND 函数调用返回相同的随机数。查询返回的结果如下：

```
RAND()
-------------------
```

```
0.47224141500963573
0.47224141500963573
0.47224141500963573
```

一般来说，如果你运行上面的示例将会得到不同的随机数。不过，我们也可以为 RAND 函数指定一个随机数种子，重现相同的随机数，例如：

```
-- MySQL 和 Microsoft SQL Server
SELECT RAND(1);
```

其中，函数中的参数 1 是随机数种子。多次执行以上查询将会返回相同的结果。

Oracle 提供了一个系统程序包 DBMS_RANDOM，其中的 VALUE 函数可以用于返回大于或等于 0 且小于 1 的随机数，例如：

```
-- Oracle
SELECT DBMS_RANDOM.VALUE
FROM employee
WHERE emp_id <= 3;
```

查询返回的结果如下：

```
VALUE
----------------------------------------
0.18048925385153716390255039523196767411
 0.3353631757935088547857071602303392595
 0.3412188906823928592522036537134902456
```

对于 Oracle，每次调用 RAND 函数，都会返回不同的随机数。

提示： Oracle 系统程序包 DBMS_RANDOM 中还提供了其他生成随机数和随机字符串的函数，以及设置随机数种子的方法，可以查看官方文档。

PostgreSQL 提供了 RANDOM 函数，可以返回一个大于或等于 0 且小于 1 的随机数，例如：

```
-- PostgreSQL
SELECT RANDOM()
FROM employee
WHERE emp_id <= 3;
```

查询返回的结果如下：

```
random
------------------
0.1523788485137807
```

```
0.2580784959938427
0.0528612944722024
```

对于 PostgreSQL，每次调用 RANDOM 函数都会返回不同的随机数。如果想要重现相同的随机数，可以使用 SETSEED 函数。例如，重复执行以下两个语句，可以得到相同的随机数：

```
-- PostgreSQL
SELECT SETSEED(0);

SELECT RANDOM();
```

SQLite 也提供了 RANDOM 函数，可以返回一个大于或等于-2^{63}且小于或等于 $2^{63}-1$ 的随机整数，例如：

```
-- SQLite
SELECT RANDOM()
FROM employee
WHERE emp_id <= 3;
```

查询返回的结果如下：

```
RANDOM()
--------------------
 3344080139226703236
-4444734262945592004
 8384000175497818543
```

对于 SQLite，每次调用 RANDOM 函数都会返回不同的随机数。SQLite 不支持随机数种子设置，无法重现相同的随机数。

提示：除我们上面介绍的函数外，SQL 还提供其他的数值函数，例如乘方和开方函数、对数函数以及三角函数，有需要时可以查看数据库相关的文档。

3.1.3　字符函数

字符函数用于字符数据的处理，例如字符串的拼接、大小写转换、子串的查找和替换等。表 3.2 列出了常见的 SQL 字符函数及它们在 5 种主流数据库中的实现。

表 3.2　常见的SQL字符函数与实现

字符函数	函数功能	Oracle	MySQL	Microsoft SQL Server	PostgreSQL	SQLite
CHAR_LENGTH(s)	返回字符串s包含的字符数量	LENGTH(s)	支持	LEN(s)	支持	LENGTH(s)

续表

字符函数	函数功能	Oracle	MySQL	Microsoft SQL Server	PostgreSQL	SQLite
CONCAT(s1, s2, …)	连接字符串	支持	支持	支持	支持	||
INSTR(s, s1)	返回子串首次出现的位置	支持	支持	PATINDEX(s1, s)	POSITION(s1 IN s)	支持
LOWER(s)	返回字符串s的小写形式	支持	支持	支持	支持	支持
OCTET_LENGTH(s)	返回字符串s包含的字节数量	LENGTHB(s)	支持	DATALENGTH(s)	支持	不支持
REPLACE(s, old, new)	将字符串中的old替换为new	支持	支持	支持	支持	支持
SUBSTRING(s, n, m)	返回从位置n开始的m个字符	SUBSTR(s, n, m)	支持	支持	支持	支持
TRIM(s1 FROM s)	删除字符串开头和结尾的子串	支持	支持	支持	支持	TRIM(s, s1)
UPPER(s)	返回字符串s的大写形式	支持	支持	支持	支持	支持

下面我们通过一些示例来说明这些函数的作用和注意事项。

1. 字符串的长度

字符串的长度可以按照两种方式进行计算：字符数量和字节数量。在多字节编码中，一个字符可能占用多个字节。

CHAR_LENGTH(s)函数用于计算字符串中的字符数量，OCTET_LENGTH(s)函数用于计算字符串包含的字节数量，例如：

```
-- MySQL 和 PostgreSQL
SELECT CHAR_LENGTH('数据库'), OCTET_LENGTH('数据库');
```

查询返回的结果如下：

```
CHAR_LENGTH('数据库')|OCTET_LENGTH('数据库')
--------------------|---------------------
                   3|                    9
```

字符串“数据库”包含 3 个字符，在 UTF-8 编码中占用 9 个字节。MySQL 和 PostgreSQL 实现了这两个标准函数。

Oracle 使用 LENGTH(s)函数和 LENGTHB(s)函数计算字符数量和字节数量，例如：

```
-- Oracle
SELECT LENGTH('数据库'), LENGTHB('数据库')
FROM dual;
```

查询返回的结果和上面的示例相同。

提示： PostgreSQL 也提供了 LENGTH(s)函数，用于返回字符串中的字符数量。MySQL 也提供了 LENGTH(s)函数，用于返回字符串中的字节数量。

Microsoft SQL Server 使用 LEN(s)函数和 DATALENGTH(s)函数计算字符数量和字节数量，例如：

```
-- Microsoft SQL Server
SELECT LEN('数据库'), DATALENGTH('数据库');
```

查询返回的结果如下：

```
LEN|DATALENGTH
---|----------
  3|         6
```

字符串“数据库”在“Chinese_PRC_CI_AS”字符集中占用 6 个字节，每个汉字占用 2 个字节。

SQLite 只提供了 LENGTH(s)函数，用于计算字符串中的字符个数，例如：

```
-- SQLite
SELECT LENGTH('数据库');
```

查询返回的结果如下：

```
LENGTH('数据库')
--------------
             3
```

2. 连接字符串

CONCAT(s1, s2, ...)函数将两个或者多个字符串连接到一起，组成一个新的字符串，例如：

```
-- MySQL、Microsoft SQL Server 以及 PostgreSQL
SELECT CONCAT('S', 'Q', 'L');
```

查询返回的结果如下：

```
CONCAT('S', 'Q', 'L')
---------------------
SQL
```

Oracle 中的 CONCAT 函数一次只能连接两个字符串，例如：

```
SELECT CONCAT(CONCAT('S', 'Q'), 'L')
FROM dual;
```

我们通过嵌套函数调用连接多个字符串，查询返回的结果和上面的示例相同。

SQLite 没有提供连接字符串的函数，可以通过连接运算符（||）实现字符串的连接，例如：

```
-- SQLite、Oracle 以及 PostgreSQL
SELECT 'S' || 'Q' || 'L';
```

查询返回的结果和上面的示例相同。

Oracle 和 PostgreSQL 也提供了连接运算符（||），Microsoft SQL Server 使用加号（+）作为连接运算符。

除 CONCAT 函数外，还有一个 CONCAT_WS(separator, s1, s2 , …)函数，可以使用指定分隔符连接字符串，例如：

```
-- MySQL、Microsoft SQL Server 以及 PostgreSQL
SELECT CONCAT_WS('-','S', 'Q', 'L');
```

查询返回的结果如下。

```
CONCAT_WS('-','S', 'Q', 'L')
-----------------------------
S-Q-L
```

MySQL、Microsoft SQL Server 以及 PostgreSQL 实现了该函数。

3. 大小写转换

LOWER(s)函数将字符串转换为小写形式，UPPER(s)函数将字符串转换为大写形式，例如：

```
SELECT LOWER('SQL'), UPPER('sql')
FROM employee
WHERE emp_id = 1;
```

查询返回的结果如下：

```
LOWER('SQL')|UPPER('sql')
------------|------------
sql         |SQL
```

提示： MySQL 中的 LCASE 函数等价于 LOWER 函数，UCASE 函数等价于 UPPER 函数。Oracle 和 PostgreSQL 还提供了首字母大写的 INITCAP 函数。

4. 获取子串

SUBSTRING(s, n, m)函数返回字符串 s 中从位置 n 开始的 m 个字符子串，例如：

```
-- MySQL、Microsoft SQL Server、PostgreSQL 以及 SQLite
SELECT SUBSTRING('数据库', 1, 2);
```

查询返回的结果如下：

```
SUBSTRING('数据库', 1, 2)
------------------------
数据
```

Oracle 使用简写的 SUBSTR(s, n, m)函数返回子串，例如：

```
-- Oracle、MySQL、PostgreSQL 以及 SQLite
SELECT SUBSTR('数据库', 1, 2)
FROM dual;
```

MySQL、PostgreSQL 以及 SQLite 也支持 SUBSTR 函数。查询结果和上面的示例相同。

另外，Oracle、MySQL 以及 SQLite 中的起始位置 n 可以指定负数，表示从字符串的尾部倒数查找起始位置，然后再返回子串，例如：

```
-- Oracle、MySQL 以及 SQLite
SELECT SUBSTR('数据库', -2, 2)
FROM employee
WHERE emp_id = 1;
```

查询返回的结果如下。

```
SUBSTR('数据库', -2, 2)
----------------------
据库
```

其中，-2 表示从右往左数第 2 个字符（“据”），然后再返回 2 个字符。

提示： MySQL、Microsoft SQL Server 以及 PostgreSQL 提供了 LEFT(s, n)和 RIGHT(s, n)函数，分别用于返回字符串开头和结尾的 n 个字符。

5. 子串查找与替换

INSTR(s, s1)函数查找并返回字符串 s 中子串 s1 第一次出现的位置。如果没有找到子串，则会返回 0，例如：

```
-- Oracle、MySQL 以及 SQLite
SELECT email, INSTR(email, '@')
FROM employee
WHERE emp_id = 1;
```

查询返回的结果如下：

```
email             |INSTR(email, '@')
------------------|-----------------
liubei@shuguo.com|                 7
```

“@”是字符串“liubei@shuguo.com”中的第 7 个字符。

Microsoft SQL Server 使用 PATINDEX(s1, s)函数查找子串的位置，例如：

```
-- Microsoft SQL Server
SELECT email, PATINDEX('%@%', email)
FROM employee
WHERE emp_id = 1;
```

其中，s1 参数的形式为%pattern%，类似于 LIKE 运算符中的匹配模式。查询返回的结果和上面的示例相同。

PostgreSQL 使用 POSITION (s1 IN s)函数查找子串的位置，例如：

```
-- PostgreSQL
SELECT email, POSITION('@' IN email)
FROM employee
WHERE emp_id = 1;
```

查询返回的结果和上面的示例相同。

REPLACE(s, old, new)函数将字符串 s 中的子串 old 替换为 new，例如：

```
SELECT email, REPLACE(email, 'com', 'net')
FROM employee
WHERE emp_id = 1;
```

查询返回的结果如下：

```
email             |REPLACE(email, 'com', 'net')
------------------|----------------------------
liubei@shuguo.com|liubei@shuguo.net
```

REPLACE 函数在 5 种主流数据库中的实现一致。

6. 截断字符串

TRIM(s1 FROM s)函数删除字符串 s 开头和结尾的子串 s1，例如：

```
-- Oracle、MySQL、Microsoft SQL Server 以及 PostgreSQL
SELECT TRIM('-' FROM '--S-Q-L--'), TRIM('  S-Q-L  ')
FROM employee
WHERE emp_id = 1;
```

第一个函数删除了开头和结尾的“-”；第二个函数省略了 s1 子串，默认表示删除开头和结尾的空格。查询返回的结果如下：

```
TRIM('-' FROM '--S-Q-L--')|TRIM('  S-Q-L  ')
--------------------------|-----------------
S-Q-L                     |S-Q-L
```

Oracle 中的参数 s1 只能是单个字符，其他数据库中的参数 s1 可以是多个字符。

SQLite 中的 TRIM(s, s1)函数的调用格式与其他数据库不同，例如：

```
-- SQLite
SELECT TRIM('--S-Q-L--', '-'), TRIM('  S-Q-L  ');
```

查询返回的结果和上面的示例相同。

提示： LTRIM(s)函数可以删除字符串开头的空格，RTRIM(s)函数可以删除字符串尾部的空格，这两个函数是 TRIM 函数的简化版。

3.1.4　日期函数

日期函数用于操作日期和时间数据，例如获取当前日期、计算两个日期之间的间隔以及获取日期的部分信息等。表 3.3 列出了常见的 SQL 日期函数及它们在 5 种主流数据库中的实现。

表 3.3　常见的SQL日期函数与实现

日期函数	函数功能	Oracle	MySQL	Microsoft SQL Server	PostgreSQL	SQLite
CURRENT_DATE	返回当前日期	支持	支持	GETDATE()	支持	支持
CURRENT_TIME	返回当前时间	不支持	支持	GETDATE()	支持	支持
CURRENT_TIMESTAMP	返回当前日期和时间	支持	支持	支持	支持	支持
EXTRACT(p FROM dt)	提取日期中的部分信息	支持	支持	DATEPART(p, dt)	支持	STRFTIME
dt1 - dt2	计算两个日期之间的天数	支持	DATEDIFF(dt2, dt1)	DATEDIFF(p, dt1, dt2)	支持	STRFTIME
dt + INTERVAL	日期加上一个时间间隔	支持	支持	DATEADD(p, n, dt)	支持	STRFTIME

下面我们通过一些示例来说明这些函数的作用和注意事项。

1. 返回当前日期和时间

CURRENT_DATE、CURRENT_TIME 以及 CURRENT_TIMESTAMP 函数分别返回了数据库系统当前的日期、时间以及时间戳（日期和时间），例如：

```
-- MySQL、PostgreSQL 以及 SQLite
SELECT CURRENT_DATE, CURRENT_TIME, CURRENT_TIMESTAMP;
```

查询返回的结果取决于我们执行语句的时间。

```
CURRENT_DATE|CURRENT_TIME|CURRENT_TIMESTAMP
------------|------------|-------------------
  2021-06-20|    15:32:44|2021-06-20 15:32:44
```

Oracle 中的日期类型包含了日期和时间信息，Oracle 不支持 CURRENT_TIME 函数，例如：

```
-- Oracle
SELECT CURRENT_DATE, CURRENT_TIMESTAMP
FROM dual;
```

查询返回的结果如下：

```
CURRENT_DATE       |CURRENT_TIMESTAMP
-------------------|-------------------
2021-06-20 15:40:27|2021-06-21 15:40:27
```

在 Microsoft SQL Server 中，需要使用 GETDATE 函数返回当前时间戳，然后通过类型转换函数 CAST(expr AS type)将结果转换为日期或者时间类型，例如：

```
-- Microsoft SQL Server
SELECT CAST(GETDATE() AS DATE), CAST(GETDATE() AS TIME), CURRENT_TIMESTAMP;
```

3.1.5 节将介绍类型转换函数。查询返回的结果如下：

```
DATE      |TIME    |CURRENT_TIMESTAMP
----------|--------|-------------------
2021-06-20|15:47:47|2021-06-20 15:47:47
```

2. 提取日期中的部分信息

EXTRACT(p FROM dt)函数提取日期时间中的部分信息，比如年、月、日、时、分、秒等，如下所示：

```
-- Oracle、MySQL 以及 PostgreSQL
```

```
SELECT EXTRACT(YEAR FROM hire_date)
FROM employee
WHERE emp_id = 1;
```

函数参数中的 YEAR 表示提取年份信息。查询返回的结果如下：

```
EXTRACT(YEAR FROM hire_date)
----------------------------
                        2000
```

除提取年份信息外，我们也可以使用 MONTH、DAY、HOUR、MINUTE、SECOND 等参数提取日期中的其他信息。

Microsoft SQL Server 使用 DATEPART(p, dt)函数提取日期中的信息，例如：

```
-- Microsoft SQL Server
SELECT DATEPART(YEAR, hire_date)
FROM employee
WHERE emp_id = 1;
```

函数参数中的 YEAR 表示提取年份信息，同样也可以使用 MONTH、DAY、HOUR、MINUTE、SECOND 等参数提取日期中的其他信息。查询返回的结果与上面的示例相同。

SQLite 提供了日期格式化函数 STRFTIME，可以提取日期中的信息，例如：

```
-- SQLite
SELECT STRFTIME('%Y', hire_date)
FROM employee
WHERE emp_id = 1;
```

函数中的第一个参数%Y 代表 4 位数的年份，我们也可以使用%m、%d、%H、%M、%S 等参数提取日期中的其他信息。查询返回的结果与上面的示例相同。

3. 日期的加减运算

日期的加减运算主要包括两个日期相减以及一个日期加/减一个时间间隔，例如：

```
-- Oracle 和 PostgreSQL
SELECT DATE '2021-03-01' - DATE '2021-02-01',
       DATE '2021-02-01' + INTERVAL '-1' MONTH
FROM employee
WHERE emp_id = 1;
```

在 Oracle 和 PostgreSQL 中，两个日期相减就可以得到它们之间相差的天数，日期加上一个时间间隔（INTERVAL）就可以得到一个新的日期。查询返回的结果如下：

```
DATE'2021-03-01'-DATE'2021-02-01'|DATE'2021-02-01'+INTERVAL'-1'MONTH
---------------------------------|----------------------------------
                               28|               2021-01-01 00:00:00
```

2021 年 2 月有 28 天，2021 年 2 月 1 日减去一个月是 2021 年 1 月 1 日。

MySQL 使用 DATEDIFF(dt2, dt1)函数计算日期 dt2 减去日期 dt1 得到的天数，例如：

```
-- MySQL
SELECT DATEDIFF(DATE '2021-03-01', DATE '2021-02-01'),
       DATE '2021-02-01' + INTERVAL '-1' MONTH;
```

查询返回的结果和上面的示例相同。

Microsoft SQL Server 使用 DATEDIFF(p, dt1, dt2)函数计算日期 dt2 减去日期 dt1 得到的时间间隔，使用 DATEADD(p, n, dt)函数为日期增加一个时间间隔，例如：

```
-- Microsoft SQL Server
SELECT DATEDIFF(DAY, '2021-02-01', '2021-03-01'),
       DATEADD(MONTH, -1, '2021-02-01');
```

DATEDIFF 函数中的第一个参数（DAY）表示计算第二个日期减去第一个日期的天数，也可以返回月数（MONTH）或者年数（YEAR）等。DATEADD 函数在 2021 年 2 月 1 日的基础上增加了-1 个月，也就是减去 1 个月。查询返回的结果和上面的示例相同。

SQLite 可以利用 STRFTIME 函数实现两个日期的相减，或者为日期增加一个时间间隔，例如：

```
-- SQLite
SELECT STRFTIME('%J', '2021-03-01') - STRFTIME('%J', '2021-02-01'),
       STRFTIME('%Y-%m-%d', '2021-02-01', '-1 months');
```

前两个 STRFTIME 函数中的参数%J 表示将日期转换为儒略日（Julian Day）。第 3 个 STRFTIME 函数格式化日期的同时增加了一个时间间隔。查询返回的结果和上面的示例相同。

3.1.5 转换函数

当不同类型的数据在一起进行计算时，就会涉及数据类型之间的转换。我们可以使用函数进行明确的类型转换，数据库也可能执行隐式的类型转换。

CAST(expr AS type)函数用于将数据转换为其他的类型，例如：

```
-- Oracle、Microsoft SQL Server、PostgreSQL 以及 SQLite
SELECT CAST('123' AS INTEGER)
FROM employee
```

```
WHERE emp_id = 1;
```

我们通过 CAST 函数将字符串“123”转换成了数字 123。查询返回的结果如下：

```
CAST('123' AS INTEGER)
----------------------
                   123
```

MySQL 中的整数分为有符号整数 SIGNED INTEGER 和无符号整数 UNSIGNED INTEGER，例如：

```
-- MySQL
SELECT CAST('123' AS UNSIGNED INTEGER);
```

需要注意，类型转换可能导致精度的丢失，而且 CAST 函数在各个数据库中支持的转换类型取决于数据库的实现。

除我们在 SQL 语句中明确指定类型转换外，数据库也可能在执行某些操作时尝试进行隐式的类型转换，例如：

```
-- Oracle、MySQL、Microsoft SQL Server、以及 PostgreSQL
SELECT '666' + 123, CONCAT('Hire Date: ', hire_date)
FROM employee
WHERE emp_id = 1;
```

查询返回的结果如下：

```
'666' + 123|CONCAT('Date: ', hire_date)
-----------|---------------------------
        789|Hire Date: 2000-01-01
```

该查询中存在 2 个隐式类型转换，第 1 个类型转换将字符串“666”转换为数字 666，第 2 个类型转换将日期类型的 hire_date 转换为字符串。

3.1.6　案例分析

接下来，我们通过两个案例分析进一步理解 SQL 函数的使用。

1. 公司年会抽奖

很多公司都会在年终大会上提供抽奖环节。假如现在我们需要设计一个抽奖程序，每次从员工表中随机抽取一名中奖员工，如何通过 SQL 语句实现？方法就是，利用随机数函数为员工表中的每行数据指定一个随机顺序，然后排序并返回第 1 条记录。我们以 MySQL 为例：

```
-- MySQL
```

```
SELECT emp_id, emp_name
FROM employee
ORDER BY RAND()
LIMIT 1;
```

我们每次执行以上查询，都会返回不同的员工，例如：

```
emp_id|emp_name
------|--------
    18|法正
```

这种方法可能会导致同一个员工中奖多次，简单的处理方式就是再执行一次查询。

提示： 另一种方式就是创建一个中奖员工表，每次抽奖后将中奖员工编号插入该表，下次抽奖时通过 NOT IN 子查询排除已经中奖的员工。我们将会在第 7 章中介绍子查询。

其他数据库的实现与 MySQL 类似，我们只需替换相应的随机数函数和限制返回数据的 LIMIT 子句。不过在 Microsoft SQL Server 中我们不能直接使用 RAND 函数，因为该函数在一次查询中返回的随机数都相同。我们可以利用 NEWID 函数返回一个随机的 GUID 作为排序的标准，例如：

```
-- Microsoft SQL Server
SELECT emp_id, emp_name
FROM employee
ORDER BY NEWID()
OFFSET 0 ROWS
FETCH FIRST 1 ROWS ONLY;
```

这种方法本质上仍然利用了随机数。

2. 保护个人隐私

姓名、身份证号以及银行卡号等属于个人敏感信息。为了保护个人隐私，我们在前端界面显示时可能需要将这些信息中的部分内容进行隐藏，也就是显示为星号（*）。以医院排队叫号系统为例，屏幕上通常会隐藏患者的姓氏（对于两个字的姓名）或者名字中的倒数第 2 个字（对于三个或更多字的姓名），例如“*三”或者“李*亮”。

我们首先来看如何在 MySQL 和 PostgreSQL 中实现这个功能：

```
-- MySQL 和 PostgreSQL
SELECT emp_name,
       CONCAT(LEFT(emp_name, CHAR_LENGTH(emp_name)-2),
```

```
              '*', RIGHT(emp_name, 1))
  FROM employee
  WHERE emp_id <= 5;
```

其中，LEFT 函数返回了姓名中倒数第 2 个字之前的内容，CHAR_LENGTH 函数返回了姓名中的字符个数，星号（*）替代了姓名中的倒数第 2 个字，RIGHT 函数返回了姓名中的最后 1 个字，CONCAT 函数将所有内容连接成一个字符串。查询返回的结果如下：

```
emp_name|CONCAT
--------|------
刘备     |*备
关羽     |*羽
张飞     |*飞
诸葛亮   |诸*亮
黄忠     |*忠
```

其他数据库中的实现与此类似，例如：

```
-- Oracle 和 SQLite
SELECT emp_name,
       SUBSTR(emp_name, 1, LENGTH(emp_name)-2)||'*'||SUBSTR(emp_name, -1, 1)
FROM employee
WHERE emp_id <= 5;

-- Microsoft SQL Server
SELECT emp_name,
       CONCAT(LEFT(emp_name, LEN(emp_name)-2), '*', RIGHT(emp_name, 1))
FROM employee
WHERE emp_id <= 5;
```

Oracle 和 SQLite 利用 SUBSTR 函数返回姓名中的部分内容，并且使用连接运算符（||）替代 CONCAT 函数。Microsoft SQL Server 使用 LEN 函数返回姓名中的字符个数。

3.2　使用别名

当查询语句中使用了函数或者表达式时，返回字段的名称通常比较复杂。为了提高查询结果的可读性，我们可以使用别名（Alias）为查询中的表或者字段指定一个更有意义的名称。

3.2.1　列别名

SQL 通过关键字 AS 指定别名，为字段指定的别名被称为列别名，例如：

```
SELECT emp_name AS "员工姓名",
       salary * 12 + bonus AS "年薪",
       email "电子邮箱"
FROM employee
WHERE emp_id <= 3;
```

列别名中的 AS 关键字可以省略，只需保留一个空格。当列别名中包含空格或者特殊字符时需要使用引号引用，一般使用双引号。查询返回的结果如下：

```
员工姓名 |年薪      |电子邮箱
-------|----------|-------------------
刘备     |370000.00 |liubei@shuguo.com
关羽     |322000.00 |guanyu@shuguo.com
张飞     |298000.00 |zhangfei@shuguo.com
```

3.2.2 表别名

除列别名外，我们也可以为查询语句中的表指定一个表别名，例如：

```
SELECT e.emp_name AS "员工姓名",
       e.salary * 12 + bonus AS "年薪",
       e.email "电子邮箱"
FROM employee AS e
WHERE e.emp_id <= 3;
```

Oracle 中的表别名不支持 AS 关键字，直接在表名后加上空格和别名。其他数据库中的 AS 关键字也可以省略。

在上面的查询中我们为 employee 表指定了一个别名 e，然后使用表别名对字段进行限定，表示要返回哪个表中的字段，例如 e.emp_name 表示员工表中的员工姓名字段。当查询涉及多个表或者子查询时，表别名可以帮助我们更好地理解字段的来源。

提示： 在 SQL 语句中，使用别名不会修改数据库中存储的表名或者列名。别名是一个临时的名称，只在当前语句中有效。

3.3 条件表达式

SQL 条件表达式（CASE）可以基于不同条件产生不同的结果，实现类似于编程语言中的 IF-THEN-ELSE 逻辑处理功能。例如，根据员工的 KPI 计算相应的涨薪幅度，根据学生考试成绩评出优秀、良好、及格等。

SQL 条件表达式支持两种形式：简单 CASE 表达式和搜索 CASE 表达式。

3.3.1　简单 CASE 表达式

简单 CASE 表达式的语法如下：

```
CASE expression
  WHEN value1 THEN result1
  WHEN value2 THEN result2
  ...
  [ELSE default]
END
```

语句执行时首先计算 expression 的值，然后将该值和第 1 个 WHEN 子句中的数据（value1）进行比较，如果二者相等，则返回对应 THEN 子句中的结果（result1）；如果二者不相等，则继续将该值和第 2 个 WHEN 子句中的数据（value2）进行比较，如果二者相等，则返回对应 THEN 子句中的结果（result2）；依此类推。如果没有找到相等的数据，返回 ELSE 子句中的默认结果（default）；如果没有指定 ELSE 子句，返回空值。

简单 CASE 表达式的计算过程如图 3.1 所示。

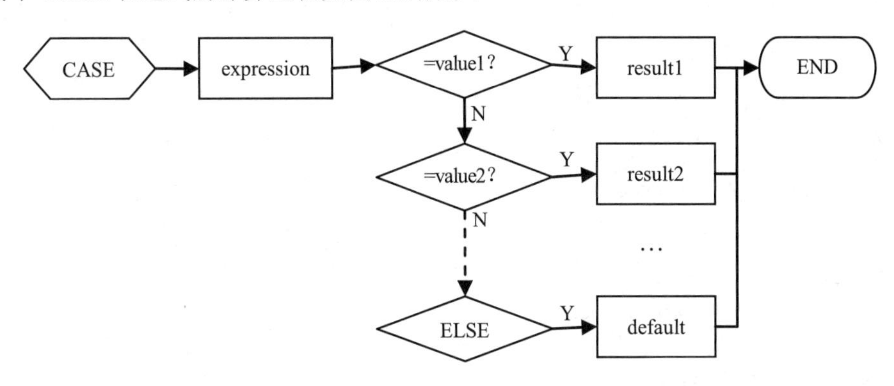

图 3.1　简单 CASE 表达式的计算过程

例如，以下查询使用简单 CASE 表达式将员工的部门编号转换为相应的名称：

```
SELECT emp_name,
       CASE dept_id
         WHEN 1 THEN '行政管理部'
         WHEN 2 THEN '人力资源部'
```

```
            WHEN 3 THEN '财务部'
            WHEN 4 THEN '研发部'
            WHEN 5 THEN '销售部'
            WHEN 6 THEN '保卫部'
            ELSE '其他部门'
          END AS "部门名称"
  FROM employee;
```

查询返回的结果如下：

```
员工姓名|部门编号|部门名称
------|-------|--------
刘备    |      1|行政管理部
关羽    |      2|行政管理部
张飞    |      3|行政管理部
诸葛亮  |      4|人力资源部
黄忠    |      5|人力资源部
魏延    |      6|人力资源部
孙尚香  |      7|财务部
孙丫鬟  |      8|财务部
...
```

简单 CASE 表达式在进行条件判断时使用的是等值比较（=），只能处理简单的比较逻辑。如果想要实现复杂的逻辑处理，例如根据学生考试成绩范围评出优秀、良好等，就需要使用更加强大的搜索 CASE 表达式。

3.3.2 搜索 CASE 表达式

搜索 CASE 表达式的语法如下：

```
CASE
  WHEN condition1 THEN result1
  WHEN condition2 THEN result2
  ...
  [ELSE default]
END
```

语句执行时首先判断第 1 个 WHEN 子句中的条件（condition1）是否成立，如果成立，则返回对应 THEN 子句中的结果（result1）；如果不成立，则继续判断第 2 个 WHEN 子句中的条件（condition2）是否成立，如果成立则返回对应 THEN 子句中的结果（result2）；依此类推。如果没有任何条件成立，返回 ELSE 子句中的默认结果（default）；如果没有指定 ELSE 子句，返回空值。

搜索 CASE 表达式的计算过程如图 3.2 所示。

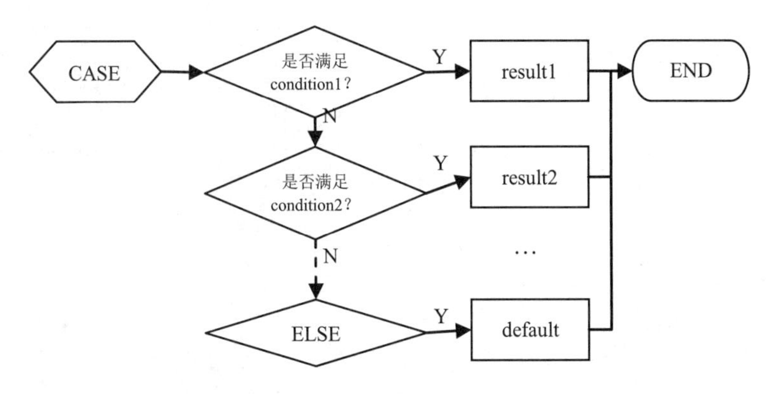

图 3.2　搜索 CASE 表达式的计算过程

前文中的简单 CASE 表达式示例可以使用等价的搜索 CASE 表达式实现：

```
SELECT emp_name AS "员工姓名",emp_id AS "部门编号",
       CASE
         WHEN dept_id = 1 THEN '行政管理部'
         WHEN dept_id = 2 THEN '人力资源部'
         WHEN dept_id = 3 THEN '财务部'
         WHEN dept_id = 4 THEN '研发部'
         WHEN dept_id = 5 THEN '销售部'
         WHEN dept_id = 6 THEN '保卫部'
         ELSE '其他部门'
       END AS "部门名称"
  FROM employee;
```

搜索 CASE 表达式中的判断条件可以像 WHERE 子句中的过滤条件一样复杂。例如，以下查询基于员工的月薪将他们的收入分为“高”“中”“低”三个级别：

```
SELECT emp_name AS "员工姓名",salary AS "月薪",
       CASE
         WHEN salary < 10000  THEN '低收入'
         WHEN salary < 20000  THEN '中收入'
         ELSE '高收入'
       END AS "收入级别"
FROM employee;
```

在月薪低于 10 000 元时，返回“低收入”；否则，如果月薪低于 20 000 元（高于或等于 10 000 元），返回“中收入”；在月薪高于或等于 20 000 元时，返回“高收入”。查询返回的结果如下：

```
员工姓名|月薪      |收入级别
------|--------|-------
刘备    |30000.00|高收入
关羽    |26000.00|高收入
张飞    |24000.00|高收入
诸葛亮  |24000.00|高收入
黄忠    | 8000.00|低收入
魏延    | 7500.00|低收入
孙尚香  |12000.00|中收入
孙丫鬟  | 6000.00|低收入
...
```

CASE 表达式也可以在其他子句中使用，包括 WHERE、ORDER BY 等子句。例如，以下语句使用 CASE 表达式实现了空值的自定义排序：

```
SELECT emp_name AS "员工姓名",
       CASE
         WHEN bonus IS NULL THEN 0
         ELSE bonus
       END AS "奖金"
FROM employee
WHERE dept_id = 2
ORDER BY CASE
           WHEN bonus IS NULL THEN 0
           ELSE bonus
         END;
```

其中，ORDER BY 子句中的 CASE 表达式将 bonus 为空的数据转换为 0，从而实现了空值排在最前的效果。查询返回的结果如下：

```
员工姓名|奖金
------|-------
黄忠    |      0
魏延    |      0
诸葛亮  |8000.00
```

CASE 表达式是 SQL 中的一个非常实用的功能，而且在 5 种数据库中的实现一致。除标准的 CASE 表达式外，一些数据库还提供了专有的扩展函数。

3.3.3 DECODE 函数

Oracle 提供了一个 DECODE 函数，可以实现类似于简单 CASE 表达式的功能。该函数的语法如下：

```
DECODE(expression, value1, result1, value2, result2, ...[, default ])
```

函数执行时依次比较表达式 expression 与 value*N* 的值。如果找到相等的值，则返回对应的 result*N*；如果没有找到任何相等的值，则返回默认值 default；如果没有指定默认值，则返回空值。

前文中的简单 CASE 表达式示例可以使用 DECODE 函数实现：

```
-- Oracle
SELECT emp_name,
       DECODE(dept_id, 1, '行政管理部', 2, '人力资源部',
                      3 ,'财务部', 4, '研发部',
                      5, '销售部', 6, '保卫部', '其他部门'
             ) AS "部门名称"
FROM employee;
```

虽然 Oracle 提供了 DECODE 函数，但是它不具有移植性，而且只能实现简单逻辑处理。推荐使用标准的 CASE 表达式。

3.3.4　IF 函数

MySQL 提供了一个 IF(expr1, expr2, expr3)函数，如果表达式 expr1 的结果为真（不等于 0 或者不是空值），返回表达式 expr2 的值；否则，返回表达式 expr3 的值。例如：

```
-- MySQL
SELECT IF(1<2, '1<2', '1>=2') AS result;
```

查询返回的结果如下：

```
result
------
1<2
```

3.3.5　IIF 函数

Microsoft SQL Server 和 SQLite 提供了一个 IIF(boolean_expression, true_value, false_value)函数，如果表达式 boolean_expression 的结果为真，返回表达式 true_value 的值；否则，返回表达式 false_value 的值。例如：

```
-- Microsoft SQL Server 和 SQLite
SELECT IIF(1<2, '1<2', '1>=2') AS result;
```

查询返回的结果和上面的 IF 函数示例相同。

3.3.6 案例分析

假如公司即将成立 20 周年，打算给全体员工发放一个周年庆礼品。发放礼品的规则如下：

- 截至 2020 年入职年限不满 10 年的员工，男性员工的礼品为手表一块，女性员工的礼品为化妆品一套；
- 截至 2020 年入职年限满 10 年且不满 15 年的员工，男性员工的礼品为手机一部，女性员工的礼品为项链一条；
- 截至 2020 入职年限满 15 年的员工，不论男女，礼品统一为电脑一台。

现在，人事部门需要知道为每位员工发放什么礼品。如何通过查询语句得到这些信息呢？

搜索 CASE 表达式非常适合进行这类逻辑条件的处理，我们可以使用以下语句：

```
-- Oracle、MySQL 以及 PostgreSQL
SELECT emp_name AS "员工姓名", hire_date AS "入职日期",
     CASE
       WHEN EXTRACT(YEAR FROM hire_date)> 2011 AND sex = '男' THEN '手表'
       WHEN EXTRACT(YEAR FROM hire_date) > 2011 AND sex = '女' THEN '化妆品'
       WHEN EXTRACT(YEAR FROM hire_date) > 2006 AND sex = '男' THEN '手机'
       WHEN EXTRACT(YEAR FROM hire_date) > 2006 AND sex = '女' THEN '项链'
       ELSE '电脑'
     END AS "礼品"
FROM employee;
```

除搜索 CASE 表达式外，我们还使用了 EXTRACT 函数提取员工的入职年份。以上查询适用于 Oracle、MySQL 以及 PostgreSQL。

查询返回的结果如下：

```
员工姓名|入职日期    |礼品
------|----------|---
刘备    |2000-01-01|电脑
关羽    |2000-01-01|电脑
张飞    |2000-01-01|电脑
...
廖化    |2009-02-17|手机
关平    |2011-07-24|手机
赵氏    |2011-11-10|项链
...
```

Microsoft SQL Server 可以使用 DATAPART 函数提取日期中的信息，例如：

```
-- Microsoft SQL Server
SELECT emp_name AS "员工姓名", hire_date AS "入职日期",
    CASE
      WHEN DATEPART(YEAR, hire_date) > 2011 AND sex = '男' THEN '手表'
      WHEN DATEPART(YEAR, hire_date) > 2011 AND sex = '女' THEN '化妆品'
      WHEN DATEPART(YEAR, hire_date) > 2006 AND sex = '男' THEN '手机'
      WHEN DATEPART(YEAR, hire_date) > 2006 AND sex = '女' THEN '项链'
      ELSE '电脑'
    END AS "礼品"
FROM employee;
```

SQLite 可以使用 STRFTIME 函数提取日期中的信息，例如：

```
-- SQLite
SELECT emp_name AS "员工姓名", hire_date AS "入职日期",
    CASE
      WHEN CAST(STRFTIME('%Y', hire_date) AS INT) > 2011 AND sex = '男'
      THEN '手表'
      WHEN CAST(STRFTIME('%Y', hire_date) AS INT) > 2011 AND sex = '女'
      THEN '化妆品'
      WHEN CAST(STRFTIME('%Y', hire_date) AS INT) > 2006 AND sex = '男'
      THEN '手机'
      WHEN CAST(STRFTIME('%Y', hire_date) AS INT) > 2006 AND sex = '女'
      THEN '项链'
      ELSE '电脑'
    END AS "礼品"
FROM employee;
```

STRFTIME 函数返回的数据类型为字符串，我们通过 CAST 函数将其转换为整数。

3.4　小结

本章介绍了如何通过 SQL 函数进行数据处理。我们在使用之前应该查看相关的数据库文档，注意它们在不同数据库中的实现差异。同时，我们还学习了如何利用条件表达式（CASE）在 SQL 语句中实现逻辑处理功能。

4

第 4 章 数据分组与汇总

本章将会介绍如何利用 SQL 中的聚合函数对数据进行汇总。SQL 聚合函数通常和分组操作（GROUP BY）一起使用，因此我们还会介绍数据的分组汇总以及汇总后的数据过滤。

本章涉及的主要知识点包括：

- 使用聚合函数进行数据汇总。
- 通过 GROUP BY 子句实现数据分组汇总。
- 利用 HAVING 子句进行数据的二次过滤（再次过滤数据）。
- 多维数据分析。

4.1 数据汇总

汇总分析是数据报表中的基本功能，例如产品销售金额的汇总、学生的平均身高和标准差统计等。SQL 定义了聚合函数，可以实现数据的汇总分析。

4.1.1 聚合函数

聚合函数（Aggregate Function）可以对一组数据进行汇总并返回单个结果。常见的 SQL 聚合函数包括：

- COUNT 函数，返回查询结果或者表中的行数。
- AVG 函数，计算一组数据的平均值。
- SUM 函数，计算一组数值的总和。
- MAX 函数，返回一组数据中的最大值。
- MIN 函数，返回一组数据中的最小值。
- LISTAGG 函数，将一组字符串合并成一个字符串。

除 LISTAGG 函数外，以上聚合函数在 5 种主流数据库中的实现一致。

我们在使用聚合函数时需要注意两点：

- 聚合函数的参数支持 DISTINCT 关键字，表示在计算之前排除重复数据。
- 聚合函数在计算时忽略数据中的 NULL 值，COUNT(*)函数除外。

接下来我们详细介绍这些聚合函数的作用。

4.1.2 使用 COUNT 函数统计行数

COUNT(*)函数用于统计查询结果或者表中的行数。例如，以下语句统计了员工的数量：

```
SELECT COUNT(*) AS "员工数量"
FROM employee;
```

查询返回的结果如下：

```
员工数量
------
    25
```

员工表中包含 25 条记录，也就是 25 名员工。

COUNT 函数也可以统计某个字段或者表达式不为空值的数量，例如：

```
SELECT COUNT(emp_id), COUNT(0)
FROM employee;
```

查询返回的结果如下：

```
COUNT(emp_id)|COUNT(0)
```

```
-------------|--------
            25|       25
```

两个 COUNT 函数分别统计了员工编号和常量 0 不为空的数量，两个结果都是 25，因为每个员工都有一个编号，而 COUNT(0)和 COUNT(*)的结果相同。

以下查询在 COUNT 函数中使用了 DISTINCT 关键字：

```
SELECT COUNT(sex) AS "所有性别", COUNT(DISTINCT sex) AS "不同性别"
FROM employee;
```

查询返回的结果如下：

```
所有性别|不同性别
-------|-------
     25|      2
```

员工表中的不同性别只有“男”和“女”，因此使用 DISTINCT 关键字之后的结果为 2。

提示：除了 DISTINCT 关键字，我们也可以使用 ALL 关键字，表示汇总时不排除重复数据。因为 ALL 是默认值，所以我们通常省略。

另外，如果参数中存在空值，COUNT 函数会忽略这些空值。以下查询统计了员工拥有奖金的情况：

```
SELECT COUNT(*) AS "员工数量",
       COUNT(bonus) AS "拥有奖金",
       COUNT(*) - COUNT(bonus) AS "没有奖金"
FROM employee;
```

查询返回的结果如下：

```
员工数量|拥有奖金|没有奖金
------|-------|-------
    25|      9|     16
```

查询结果显示 9 名员工拥有奖金，16 名员工没有奖金。

4.1.3 使用 AVG 函数计算平均值

AVG 函数用于计算一组数据的平均值。例如，以下查询统计了所有员工的平均月薪：

```
SELECT AVG(salary) AS "平均月薪"
FROM employee;
```

查询返回的结果如下：

```
平均月薪
-----------
9832.000000
```

所有员工的平均月薪为 9832 元。

如果我们为 AVG 函数指定了 DISTINCT 关键字，则会在计算平均值之前排除重复数据。例如，1、1、2 的平均值为(1+2)/2，而不是(1+1+2)/3。例如，以下查询返回了所有不重复月薪的平均值：

```
SELECT AVG(DISTINCT salary) AS "平均月薪"
FROM employee;
```

查询返回的结果如下：

```
平均月薪
-----------
9865.000000
```

去掉重复数据之后的平均月薪有所增加。

另外，如果参数中存在空值，AVG 函数会忽略这些空值。例如，1、2、NULL 的平均值为(1+2)/2，而不是(1+2+NULL)/3。以下查询返回了员工（不包括没有奖金的员工）的平均奖金：

```
SELECT AVG(bonus) AS "平均奖金"
FROM employee;
```

查询返回的结果如下：

```
平均奖金
-----------
6388.888889
```

如果我们想要将没有奖金的员工当作奖金为零处理，可以使用 CASE 表达式：

```
SELECT AVG(CASE WHEN bonus IS NULL THEN 0 ELSE bonus END) AS "平均奖金"
FROM employee;
```

查询返回的结果如下：

```
平均奖金
-----------
2300.000000
```

4.1.4　使用 SUM 函数计算总和

SUM 函数用于计算一组数值的总和。例如，以下语句返回了所有员工的月薪总和：

```
SELECT SUM(salary) AS "月薪总和"
FROM employee;
```

查询返回的结果如下：

```
月薪总和
---------
245800.00
```

公司所有员工每个月的薪水总和为 245 800 元。

SUM 函数也可以利用 DISTINCT 关键字在计算总和之前排除重复数据，一般很少使用。另外，如果参数中存在空值，SUM 函数会忽略这些空值。以下查询返回了所有员工的平均奖金，没有奖金的员工被当作奖金为零处理：

```
SELECT SUM(bonus)/COUNT(*) AS "平均奖金"
FROM employee;
```

查询返回的结果和前面的 CASE 表达式示例相同。

4.1.5　使用 MAX 函数返回最大值

MAX 函数用于返回一组数据中的最大值。例如，以下查询返回了最晚入职的员工的入职时间：

```
SELECT MAX(hire_date) AS "入职时间"
FROM employee;
```

查询返回的结果如下：

```
入职时间
----------
2019-05-11
```

最后一位员工的入职时间是 2019 年 5 月 11 日。

MAX 函数支持 DISTINCT 关键字，但是没有实际意义，因为它对结果没有影响。另外，如果参数中存在空值，MAX 函数会忽略这些空值。

4.1.6 使用 MIN 函数返回最小值

MIN 函数用于返回一组数据中的最小值。例如，以下查询返回了第一位员工的入职时间：

```
SELECT MIN(hire_date) AS "入职时间"
FROM employee;
```

查询返回的结果如下：

```
入职时间
----------
2000-01-01
```

第一位员工的入职时间是 2000 年 1 月 1 日。

MIN 函数支持 DISTINCT 关键字，但是没有实际意义，因为它对结果没有影响。另外，如果参数中存在空值，MIN 函数会忽略这些空值。

4.1.7 使用 LISTAGG 函数连接字符串

LISTAGG 函数用于对字符串进行聚合，可以将多行字符串合并成单个字符串。例如，以下查询返回了行政管理部门中所有员工的电子邮箱：

```
-- Oracle
SELECT LISTAGG(email, ';') AS "收件人"
FROM employee
WHERE dept_id = 1;
```

目前只有 Oracle 实现了该函数，函数中的第二个参数用于指定连接字符串的分隔符，默认为空。查询返回的结果如下：

```
收件人
-------------------------------------------------------------
liubei@shuguo.com;guanyu@shuguo.com;zhangfei@shuguo.com
```

LISTAGG 函数支持 WITHIN GROUP 选项，可以在合并之前对数据进行排序，例如：

```
-- Oracle
SELECT LISTAGG(email, ';') WITHIN GROUP (ORDER BY email) AS "收件人"
FROM employee
WHERE dept_id = 1;
```

其中 ORDER BY 表示对邮箱地址进行排序。查询返回的结果如下：

```
收件人
```

```
--------------------------------------------------------------
guanyu@shuguo.com;liubei@shuguo.com;zhangfei@shuguo.com
```

MySQL 提供了执行字符串聚合操作的 GROUP_CONCAT 函数，例如：

```
-- MySQL
SELECT GROUP_CONCAT(email ORDER BY email SEPARATOR ';') AS "收件人"
FROM employee
WHERE dept_id = 1;
```

其中，ORDER BY 表示对邮箱地址进行排序，SEPARATOR 指定了连接字符串的分隔符，默认为逗号。查询返回的结果和上面的示例相同。

SQLite 提供了和 MySQL 类似的 GROUP_CONCAT 函数，但是调用参数不同，例如：

```
-- SQLite
SELECT GROUP_CONCAT(email, ';') AS "收件人"
FROM employee
WHERE dept_id = 1;
```

第 2 个参数指定了连接字符串的分隔符，默认为逗号。SQLite 中的 GROUP_CONCAT 函数不支持数据排序，查询返回的结果和上面的第 1 个 Oracle 示例相同。

Microsoft SQL Server 提供了执行字符串聚合操作的 STRING_AGG 函数，例如：

```
-- Microsoft SQL Server
SELECT STRING_AGG(email, ';') WITHIN GROUP (ORDER BY email) AS "收件人"
FROM employee
WHERE dept_id = 1;
```

第 2 个参数指定了连接字符串的分隔符，WITHIN GROUP 选项用于在合并之前对数据进行排序。查询返回的结果和上面的第 2 个 Oracle 示例相同。

PostgreSQL 提供了和 Microsoft SQL Server 类似的 STRING_AGG 函数，但是调用参数不同，例如：

```
-- PostgreSQL
SELECT STRING_AGG(email, ';' ORDER BY email) AS "收件人"
FROM employee
WHERE dept_id = 1;
```

第 2 个参数同时指定了连接字符串的分隔符和数据的排序。查询返回的结果和上面的第 2 个 Oracle 示例相同。

以上字符串聚合函数都可以使用 DISTINCT 关键字在合并之前排除重复数据，同时还会忽略数据中的 NULL 值。

4.2　数据分组

如果将数据按照某种规则进行分组，然后分别进行汇总，通常能够得到更详细的分析结果。例如，按照不同性别计算员工的平均月薪，按照不同的产品和渠道统计销售金额等。为了实现这种分组统计的效果，我们可以将聚合函数与分组操作（GROUP BY）结合使用。

4.2.1　创建数据分组

GROUP BY 子句可以将数据按照某种规则进行分组。例如，以下查询使将员工按照性别进行分组：

```
SELECT sex AS "性别"
FROM employee
GROUP BY sex;
```

其中，GROUP BY 表示将性别的每个不同取值分为一组，每个组返回一条记录。查询返回的结果如下：

```
性别
---
男
女
```

员工表中只存在 2 种不同的性别，因此返回了 2 条记录。我们也可以通过 DISTINCT 运算符实现相同的结果：

```
SELECT DISTINCT sex AS "性别"
FROM employee;
```

其中，DISTINCT 表示返回不重复的数据，查询结果和上面的示例相同。

我们也可以基于多个字段或表达式进行分组，从而创建更详细的分组。例如，以下语句按照不同的部门和性别进行分组：

```
SELECT dept_id AS "部门编号", sex AS "性别"
FROM employee
GROUP BY dept_id, sex;
```

查询返回的结果如下：

```
部门编号|性别
------|---
     1|男
     2|男
     3|女
     4|男
     4|女
     5|男
```

研发部（部门编号为 4）既有男性员工，又有女性员工，因此分为 2 个组。

4.2.2 进行组内汇总

我们可以结合使用 GROUP BY 子句与聚合函数，将数据进行分组，并在每个组内进行一次数据汇总。分组汇总操作的过程如图 4.1 所示。

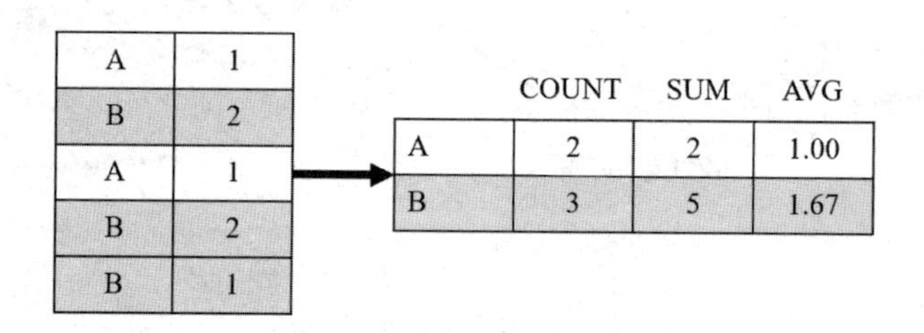

图 4.1 分组汇总操作的过程

例如，以下语句按照不同的性别统计员工数量和平均月薪：

```
SELECT sex AS "性别",
       COUNT(*) AS "员工数量",
       AVG(salary) AS "平均月薪"
FROM employee
GROUP BY sex;
```

其中，GROUP BY 用于将员工按照性别分为男、女两个组，然后利用 COUNT 函数和 AVG 函数分别计算男性员工和女性员工的总数和平均月薪。查询返回的结果如下：

```
性别|员工数量|平均月薪
---|-------|------------
男 |     22|10054.545455
女 |      3| 8200.000000
```

男性员工有 22 人，平均月薪约为 10 055 元；女性员工有 3 人，平均月薪为 8 200 元。

以下查询统计了每年入职的员工数量：

```
-- Oracle、MySQL 以及 PostgreSQL
SELECT EXTRACT(YEAR FROM hire_date) AS "入职年份",
       COUNT(*) AS "员工数量"
FROM employee
GROUP BY EXTRACT(YEAR FROM hire_date)
ORDER BY COUNT(*) DESC;

-- Microsoft SQL Server
SELECT DATEPART(YEAR, hire_date) AS "入职年份",
       COUNT(*) AS "员工数量"
FROM employee
GROUP BY DATEPART(YEAR, hire_date)
ORDER BY COUNT(*) DESC;

-- SQLite
SELECT STRFTIME('%Y', hire_date) AS "入职年份",
       COUNT(*) AS "员工数量"
FROM employee
GROUP BY STRFTIME('%Y', hire_date)
ORDER BY COUNT(*) DESC;
```

我们在以上查询中使用了基于表达式的分组汇总，其中 EXTRACT、DATEPART 以及 STRFTIME 是不同数据库中用于提取日期信息的函数。查询返回的结果如下：

```
入职年份|员工数量
------|-------
  2018|   5
  2000|   3
  2011|   3
  2002|   2
  2012|   2
  2017|   2
  …
```

4.2.3　空值分为一组

我们在使用 GROUP BY 子句进行分组时，如果分组字段中存在多个空值（NULL），它们将被分为一个组，而不是多个组。例如，以下查询按照不同奖金额统计员工的数量：

```
SELECT bonus AS "奖金", COUNT(*) AS "员工数量"
FROM employee
GROUP BY bonus;
```

查询返回的结果如下：

```
奖金      |员工数量
--------|-------
10000.00|      3
 8000.00|      1
        |     16
 5000.00|      2
 6000.00|      1
 2000.00|      1
 1500.00|      1
```

查询结果显示 16 位员工没有奖金，他们都被分到了同一个组。

提示： 虽然 SQL 中的 NULL 和 NULL 不同，但是 GROUP BY 子句会将多个 NULL 值分为一组，也就是执行分组操作的时候认为它们相等。

4.2.4 常见的语法问题

初学者在使用分组汇总操作时经常会犯的一个错误就是，在 SELECT 列表中使用了 GROUP BY 子句之外的字段，例如：

```
-- GROUP BY 错误示例
SELECT dept_id, emp_name, AVG(salary)
FROM employee
GROUP BY dept_id;
```

以上语句在大多数数据库中都会返回一个类似的错误：emp_name 字段没有出现在 GROUP BY 子句或者聚合函数中。

这个错误的原因在于，我们想要按照部门进行分组，但是每个部门包含多名员工，数据库无法确定显示哪个员工的姓名。这是一个逻辑上的错误，而不是数据库实现的问题。

注意： MySQL 通过 sql_mode 参数 ONLY_FULL_GROUP_BY 控制该行为，默认遵循 SQL 标准；但是如果禁用该参数，以上示例将不会报错，而是随机返回一个员工姓名。以上示例在 SQLite 中也不会报错，而是随机返回一个员工姓名。

4.3 再次过滤数据

我们通常使用 WHERE 子句进行数据过滤，但是如果需要对分组汇总的结果进行过滤，是不是也可以使用 WHERE 子句实现呢？以下语句统计了每个部门的平均月薪，然后返回平均月薪高于 10 000 元的部门：

```
-- 使用 WHERE 子句进行数据过滤的错误示例
SELECT dept_id, AVG(salary)
FROM employee
WHERE AVG(salary) > 10000
GROUP BY dept_id;
```

以上语句在 5 种数据库中都返回了类似的错误信息：WHERE 子句中不允许使用聚合函数。

这个错误的原因在于，WHERE 子句会针对 FROM 子句中的数据行进行过滤，在 WHERE 子句执行时还没有进行分组汇总操作，还没有计算出 AVG(salary)函数的值，因此不允许使用聚合函数。

4.3.1 使用 HAVING 过滤分组结果

为了对分组汇总后的数据再次进行过滤，SQL 提供了另一个过滤数据的子句：HAVING。我们可以使用 HAVING 子句将上面的错误示例修改如下：

```
SELECT dept_id AS "部门编号", AVG(salary) AS "平均月薪"
FROM employee
GROUP BY dept_id
HAVING AVG(salary) > 10000;
```

其中，HAVING 子句必须与 GROUP BY 子句一起使用，并且位于 GROUP BY 子句之后，表示对 AVG(salary)函数的结果进行过滤。查询返回的结果如下：

```
部门编号|平均月薪
------|------------
     1|26666.666667
     2|13166.666667
```

4.3.2 WHERE 与 HAVING 的区别

我们可以使用 WHERE 子句对表进行数据过滤，同时使用 HAVING 子句对分组结果进行过滤。例如，以下语句查询拥有 2 名以上女性员工的部门：

```
SELECT dept_id AS "部门编号", COUNT(*) AS "员工数量"
FROM employee
WHERE sex = '女'
GROUP BY dept_id
HAVING COUNT(*) >= 2;
```

其中，WHERE 子句用于检索女性员工，GROUP BY 子句按照部门统计女性员工的数量，HAVING 子句选择数量大于或等于 2 的部门。查询返回的结果如下：

```
部门编号|员工数量
------|-------
     3|      2
```

只有财务部（dept_id=3）中有 2 名女性员工。

提示： 从性能的角度来说，我们应该尽量使用 WHERE 子句过滤掉更多的数据，而不是等到分组之后再通过 HAVING 子句进行过滤。但是如果业务需求只能基于汇总之后的结果进行过滤，那就另当别论了。

4.4 多维数据分析

除了基本的分组功能，GROUP BY 子句还提供了几个高级选项，可以用于实现更复杂的报表功能。

4.4.1 小计、合计与总计

GROUP BY 子句的 ROLLUP 选项可以生成按照不同层级进行汇总的结果，从而实现报表中的小计、合计和总计，例如：

```
-- Oracle、Microsoft SQL Server 以及 PostgreSQL
SELECT dept_id AS "部门编号", sex AS "性别", COUNT(*) AS "员工数量"
FROM employee
GROUP BY ROLLUP (dept_id, sex);
```

其中，ROLLUP 表示首先按照不同部门和性别的组合统计员工数量，然后按照不同的部门统计员工数量，最后统计全体员工的数量，注意括号不能省略。Oracle、Microsoft SQL Server 以及 PostgreSQL 实现了以上语法。查询返回的结果如下：

```
部门编号|性别|员工数量
------|---|-------
```

```
        1|男 |        3
        1|   |        3
        2|男 |        3
        2|   |        3
        3|女 |        2
        3|   |        2
        4|男 |        8
        4|女 |        1
        4|   |        9
        5|男 |        8
        5|   |        8
         |   |       25
```

查询结果中性别为空的记录表示按照不同部门统计的员工数量，部门编号和性别都为空的记录表示全体员工的数量。

MySQL 提供了 ROLLUP 选项，但是语法略有不同，例如：

```
-- MySQL 和 Microsoft SQL Server
SELECT dept_id AS "部门编号", sex AS "性别", COUNT(*) AS "员工数量"
FROM employee
GROUP BY dept_id, sex WITH ROLLUP;
```

其中，WITH ROLLUP 位于分组字段之后，而且无须使用括号。查询返回的结果和上面的示例相同。另外，Microsoft SQL Server 也支持这种语法。

提示： GROUP BY 子句的 ROLLUP 选项表示先按照所有分组字段进行分组汇总，然后从右至左依次去掉一个分组字段再进行分组汇总，被去掉的字段显示为空。最后，将所有的数据进行一次汇总，所有分组字段都显示为空。

SQLite 目前不支持 ROLLUP 选项。

4.4.2　交叉统计报表

GROUP BY 子句的 CUBE 选项可以对分组字段进行各种组合，产生类似于 Excel 数据透视表的多维度交叉报表，例如：

```
-- Oracle、Microsoft SQL Server 以及 PostgreSQL
SELECT dept_id AS "部门编号", sex AS "性别", COUNT(*) AS "员工数量"
FROM employee
GROUP BY CUBE (dept_id, sex);
```

其中，CUBE 表示首先按照不同部门和性别的组合统计员工数量，然后按照不同的部门统计员工数量，之后按照不同的性别统计员工数量，最后统计全体员工的数量。Oracle、Microsoft SQL Server 以及 PostgreSQL 实现了以上语法。查询返回的结果如下：

```
部门编号|性别|员工数量
------|---|-------
     1|男 |      3
     2|男 |      3
     4|男 |      8
     5|男 |      8
      |男 |     22
     3|女 |      2
     4|女 |      1
      |女 |      3
      |   |     25
     1|   |      3
     2|   |      3
     3|   |      2
     4|   |      9
     5|   |      8
```

查询结果中性别为空的记录表示按照不同部门统计的员工数量，部门编号为空的记录表示按照不同性别统计的员工数量，部门编号和性别都为空的记录表示全体员工的数量。

提示：GROUP BY 子句的 CUBE 选项产生的分组情况随着分组字段的增加呈指数级（2^n）增长，ROLLUP 选项产生的分组情况随着分组字段的增加呈线性（n+1）增长。

MySQL 和 SQLite 目前不支持 CUBE 选项。

4.4.3 自定义维度统计

ROLLUP 和 CUBE 选项都是按照固定的方式进行分组，GROUP BY 子句还支持一种更为灵活的分组选项：GROUPING SETS。该选项可以用于指定自定义的分组集，也就是自定义分组字段的组合方式，例如：

```
GROUP BY dept_id, sex
```

相当于指定了 1 个分组集：

```
GROUP BY GROUPING SETS ((dept_id, sex))
```

其中，(dept_id, sex)表示按照不同部门和性别的组合进行分组，括号内的所有字段作为一个分组集，最外面的括号则包含了所有的分组集。

同样，以下 ROLLUP 选项：

```
GROUP BY ROLLUP(dept_id, sex)
```

相当于指定了 3 个分组集：

```
GROUP BY GROUPING SETS ((dept_id, sex), (dept_id), ())
```

其中，(dept_id, sex)表示按照不同部门和性别的组合进行分组，(dept_id)表示按照不同的部门进行分组，()表示对全体员工进行汇总。

同样，以下 CUBE 选项：

```
GROUP BY CUBE(dept_id, sex)
```

相当于指定了 4 个分组集：

```
GROUP BY GROUPING SETS ((dept_id, sex), (dept_id), (sex), ())
```

其中，(dept_id, sex)表示按照不同部门和性别的组合进行分组，(dept_id)表示按照不同的部门进行分组，(sex)表示按照不同的性别进行分组，()表示对全体员工进行汇总。

因此，ROLLUP 和 CUBE 选项都属于 GROUPING SETS 选项的特例。GROUPING SETS 选项的优势在于，可以指定任意的分组方式，例如：

```
-- Oracle、Microsoft SQL Server 以及 PostgreSQL
SELECT dept_id AS "部门编号", sex AS "性别", COUNT(*) AS "员工数量"
FROM employee
GROUP BY GROUPING SETS ((dept_id), (sex), ());
```

以上查询分别按照不同的部门、不同的性别统计员工的数量，同时统计了全体员工的数量。查询返回的结果如下：

```
部门编号|性别|员工数量
 ------|---|-------
       |   |     25
      4|   |      9
      2|   |      3
      3|   |      2
      1|   |      3
      5|   |      8
       |男 |     22
       |女 |      3
```

当分组统计的维度越来越多时，这种方式可以方便我们实现各种不同的业务统计需求。

MySQL 和 SQLite 目前不支持 GROUPING SETS 选项。

4.4.4 GROUPING 函数

我们在使用 GROUP BY 子句的扩展选项时，查询会产生一些空值数据。这些空值意味着对应的记录是针对这个字段所有数据的汇总，我们可以利用 GROUPING 函数识别这些空值数据，例如：

```
-- Oracle、Microsoft SQL Server 以及 PostgreSQL
SELECT sex AS "性别", COUNT(*) AS "员工数量",
       GROUPING(sex) AS "所有性别"
FROM employee
GROUP BY ROLLUP (dept_id, sex);
```

查询返回的结果如下：

```
性别|员工数量|所有性别
---|-------|-------
男  |     22|      0
女  |      3|      0
    |     25|      1
```

其中，GROUPING(sex)函数返回 0，表示当前记录不是所有性别的汇总数据；返回 1，表示当前记录是所有性别的汇总数据。因此，结果中的最后一条记录表示全体员工的数量。

我们可以进一步利用 CASE 表达式对查询结果进行转换显示：

```
-- Oracle、Microsoft SQL Server 以及 PostgreSQL
SELECT CASE GROUPING(sex) WHEN 1 THEN '所有性别' ELSE sex END AS "性别",
       COUNT(*) AS "员工数量"
FROM employee
GROUP BY ROLLUP (sex);
```

查询返回的结果如下：

```
性别    |员工数量
-------|------
女      |     3
男      |    22
所有性别|    25
```

我们将最后一行中性别为空的数据显示为“所有性别”。

MySQL 同样支持 GROUPING 函数，例如：

```
-- MySQL 和 Microsoft SQL Server
SELECT CASE GROUPING(sex) WHEN 1 THEN '所有性别' ELSE sex END AS "性别",
       COUNT(*) AS "员工数量"
FROM employee
GROUP BY sex WITH ROLLUP;
```

查询返回的结果和上面的示例相同。

SQLite 中的 GROUP BY 子句不支持扩展选项，因此也就没有提供 GROUPING 函数。

4.5 案例分析

下面我们介绍两个分组汇总的使用案例。

4.5.1 案例一：实现行列转换

t_score 是一个记录学生成绩的数据表，表的创建脚本可以通过“读者服务”获取，以下是该表中包含的数据：

```
sname |cname|grade
------|-----|-----
张三   |语文  |   80
李四   |语文  |   77
王五   |语文  |   91
张三   |数学  |   85
李四   |数学  |   90
王五   |数学  |   60
张三   |英语  |   81
李四   |英语  |   69
王五   |英语  |   82
```

其中字段 sname 表示学生姓名，cname 表示课程名称，grade 表示考试成绩。每行数据代表了一个学生一门学科的成绩。假如现在我们需要以每个学生一行数据的形式创建以下报表：

```
学生姓名|语文|数学|英语
-------|---|---|---
张三    | 80| 85| 81
李四    | 77| 90| 69
王五    | 91| 60| 82
```

那么，应该如何编写查询语句呢？

这是一个典型的将行转换为列的问题，可以利用 CASE 表达式加上聚合函数实现。我们首先使用 CASE 表达式将每门学科转换为一列：

```
SELECT sname AS "学生姓名",
       CASE cname WHEN '语文' THEN grade ELSE 0 END AS "语文",
       CASE cname WHEN '数学' THEN grade ELSE 0 END AS "数学",
       CASE cname WHEN '英语' THEN grade ELSE 0 END AS "英语"
FROM t_score;
```

第 1 个 CASE 表达式用于转换学生的语文成绩，cname 等于“语文”就返回对应的成绩，否则就返回 0。同理，第 2 个和第 3 个 CASE 表达式分别用于转换数学和英语成绩。查询返回的结果如下：

```
学生姓名|语文|数学|英语
-------|---|---|---
张三    | 80|  0|  0
李四    | 77|  0|  0
王五    | 91|  0|  0
张三    |  0| 85|  0
李四    |  0| 90|  0
王五    |  0| 60|  0
张三    |  0|  0| 81
李四    |  0|  0| 69
王五    |  0|  0| 82
```

接下来，我们通过分组汇总将每个学生的成绩合并成一条记录：

```
SELECT sname AS "学生姓名",
       SUM(CASE cname WHEN '语文' THEN grade ELSE 0 END) AS "语文",
       SUM(CASE cname WHEN '数学' THEN grade ELSE 0 END) AS "数学",
       SUM(CASE cname WHEN '英语' THEN grade ELSE 0 END) AS "英语"
FROM t_score
GROUP BY sname;
```

GROUP BY 子句将数据按照学生进行分组，SUM 函数对每门学科的成绩进行求和，学科成绩加上 2 个 0 还是学科成绩。这样我们就实现了上面的报表。

4.5.2 案例二：销售数据分析

接下来，我们将会使用一个虚拟的销售数据集（sales_data）。该数据集包含了 2019 年 1

月 1 日到 2019 年 6 月 30 日三种产品在三个渠道每天的销售情况。示例表的创建脚本可以通过“读者服务”获取，以下是该表中的部分数据：

```
saledate  |product|channel|amount
----------|-------|-------|-------
2019-01-01|橘子    |淘宝    |1864.00
2019-01-01|橘子    |京东    |1329.00
2019-01-01|橘子    |店面    |1736.00
2019-01-01|香蕉    |淘宝    |1573.00
2019-01-01|香蕉    |京东    |1364.00
2019-01-01|香蕉    |店面    |1178.00
2019-01-01|苹果    |淘宝    | 511.00
2019-01-01|苹果    |京东    | 568.00
2019-01-01|苹果    |店面    | 847.00
...
```

我们首先通过分组汇总了解一下产品的整体销售情况：

```
-- Oracle、Microsoft SQL Server 以及 PostgreSQL
SELECT
  CASE GROUPING(product) WHEN 1 THEN '所有产品' ELSE product END AS "产品",
  CASE GROUPING(channel) WHEN 1 THEN '所有渠道' ELSE channel END AS "渠道",
  SUM(amount) "销售金额"
FROM sales_data
GROUP BY ROLLUP (product, channel)
ORDER BY product, SUM(amount) DESC;
```

其中，GROUP BY ROLLUP 子句表示统计不同产品不同渠道的销售金额小计、不同产品所有渠道的销售金额合计以及所有产品的销售总计。查询返回的结果如下：

```
产品    |渠道    |销售金额
-------|-------|---------
橘子    |所有渠道| 909261.00
橘子    |京东    | 311799.00
橘子    |淘宝    | 302782.00
橘子    |店面    | 294680.00
苹果    |所有渠道| 937052.00
苹果    |京东    | 318614.00
苹果    |淘宝    | 311795.00
苹果    |店面    | 306643.00
香蕉    |所有渠道| 925369.00
香蕉    |店面    | 311445.00
香蕉    |淘宝    | 307891.00
```

```
香蕉    |京东    | 306033.00
所有产品|所有渠道|2771682.00
```

在我们的模拟数据中，橘子的销售金额为 909 261 元，在京东商城的销售金额最高，在店面的销售金额最低；苹果的销售金额为 937 052 元，在京东商城的销售金额最高，在店面的销售金额最低；香蕉的销售金额为 925 369 元，在店面的销售金额最高，在京东商城的销售金额最低；所有产品的销售金额总计为 2 771 682 元。

对于 MySQL，我们可以使用 WITH ROLLUP 选项实现相同的功能。

在 Excel 中有一个分析功能，叫作数据透视表（Pivot Table），数据透视表可以提供不同级别的数据统计、对比分析和趋势分析等。考虑一下，如何通过 SQL 查询实现以下数据透视表？

```
产品    |渠道  |1月   |2月   |3月    |4月   |5月   |6月    |【合计】
-------|-----|------|------|-------|------|------|------|-------
橘子    |京东  | 41289| 43913|  49803| 49256| 64889|  62649| 311799
橘子    |店面  | 41306| 37906|  48866| 48673| 58998|  58931| 294680
橘子    |淘宝  | 43488| 37598|  48621| 49919| 58530|  64626| 302782
橘子    |--   |126083|119417| 147290|147848|182417| 186206| 909261
苹果    |京东  | 38269| 40593|  56552| 56662| 64493|  62045| 318614
苹果    |店面  | 43845| 40539|  44909| 55646| 56771|  64933| 306643
苹果    |淘宝  | 42969| 43289|  48769| 58052| 58872|  59844| 311795
苹果    |--   |125083|124421| 150230|170360|180136| 186822| 937052
香蕉    |京东  | 36879| 36981|  51748| 54801| 64936|  60688| 306033
香蕉    |店面  | 41210| 39420|  50884| 52085| 60249|  67597| 311445
香蕉    |淘宝  | 42468| 41955|  52780| 54971| 56504|  59213| 307891
香蕉    |--   |120557|118356| 155412|161857|181689| 187498| 925369
【总计】|--   |371723|362194| 452932|480065|544242| 560526|2771682
```

我们同样可以利用分组汇总加上 CASE 表达式实现以上报表：

```
-- Oracle 和 PostgreSQL
SELECT
  CASE GROUPING(product) WHEN 1 THEN '【总计】' ELSE product END AS "产品",
  CASE GROUPING(channel) WHEN 1 THEN '-' ELSE channel END AS "渠道",
  SUM(CASE EXTRACT(MONTH FROM saledate) WHEN 1 THEN amount END) "1月",
  SUM(CASE EXTRACT(MONTH FROM saledate) WHEN 2 THEN amount END) "2月",
  SUM(CASE EXTRACT(MONTH FROM saledate) WHEN 3 THEN amount END) "3月",
  SUM(CASE EXTRACT(MONTH FROM saledate) WHEN 4 THEN amount END) "4月",
  SUM(CASE EXTRACT(MONTH FROM saledate) WHEN 5 THEN amount END) "5月",
  SUM(CASE EXTRACT(MONTH FROM saledate) WHEN 6 THEN amount END) "6月",
  SUM(amount) "【合计】"
```

```
FROM sales_data
GROUP BY ROLLUP (product, channel)
ORDER BY product, channel;
```

其中，GROUP BY ROLLUP 子句表示统计不同产品不同渠道的销售金额小计、不同产品所有渠道的销售金额合计以及所有产品的销售总计，EXTRACT 函数加上 CASE 表达式用于获取每个月的销售金额。

对于 MySQL，我们需要使用 WITH ROLLUP 选项替换 ROLLUP。对于 Microsoft SQL Server，我们需要使用 DATEPART 函数替换 EXTRACT 函数。

4.6　小结

SQL 聚合函数可以对数据进行汇总分析，本章介绍了 5 个常用的数值聚合函数和 1 个字符串合并函数。

GROUP BY 子句可以对数据进行分组，结合聚合函数可以实现分组数据的汇总，同时 HAVING 子句可以对分组后的数据再次进行过滤。利用 ROLLUP、CUBE 以及 GROUPING SETS 分组扩展选项，可轻松地创建层次报表和交叉统计报表。

5

第 5 章 空值问题

数据库中的空值（NULL）是一个特殊的值，代表了缺失的数据或者不适用的情况。例如，我们在填写问卷时通常会少写几个录入项，在公司的组织结构中总会有一名员工（董事长/总经理）没有上级。

由于空值的特殊性很容易导致出现一些错误，因此，在本章中，我们将会详细讨论一下空值问题。本章涉及的主要知识点包括：

- SQL 中的三值逻辑。
- 空值的比较。
- 空值的分组和排序。
- 函数中的空值和空值处理函数。
- 空值与约束。

5.1　三值逻辑

对于大多数编程语言而言，逻辑运算的结果只有两种情况：真（True）或者假（False）。但是在 SQL 中逻辑运算的结果存在三种情况：真、假或者未知（Unknown）。SQL 中的三值逻辑如图 5.1 所示。

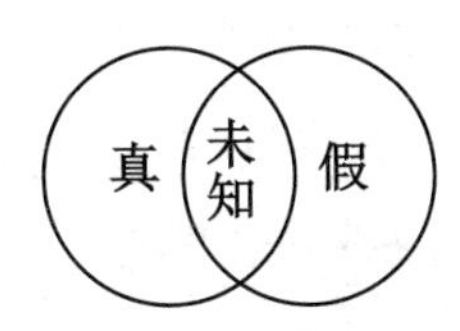

图 5.1　SQL 三值逻辑示意图

SQL 引入三值逻辑主要是为了支持数据库中的空值，因为 NULL 表示未知数据。

SQL 逻辑与（AND）运算符的真值表如表 5.1 所示。

表 5.1　SQL逻辑与（AND）运算符的真值表

逻辑与运算符	真	假	未知
真	真	假	未知
假	假	假	假
未知	未知	假	未知

对于 AND 运算符，只有当两边的运算结果都为真时，最终结果才为真；否则，最终结果为假或者未知。

SQL 逻辑或（OR）运算符的真值表如表 5.2 所示。

表 5.2　SQL逻辑或（OR）运算符的真值表

逻辑或运算符	真	假	未知
真	真	真	真
假	真	假	未知
未知	真	未知	未知

对于 OR 运算符，只要两边的运算结果有一个为真，最终结果就为真；否则，最终结果为假或者未知。

SQL 逻辑非（NOT）运算符的真值表如表 5.3 所示。

表 5.3　SQL逻辑非（NOT）运算符的真值表

逻辑非运算符	运算结果
真	假
假	真
未知	未知

NOT 运算符表示取反操作，对于未知取反的结果还是未知。

SQL 语句中的 WHERE、HAVING 以及 CASE 表达式只返回逻辑运算结果为真的数据，不返回结果为假或未知的数据。这种三值逻辑可能导致的第一个问题就是空值的比较问题。

5.2　空值的比较

在 SQL 语句中，任何数据与空值进行算术比较的结果既非真也非假，而是未知的。因为任何数据和未知数据比较的结果都未知，例如：

```
NULL = 0
NULL != 0
NULL = ''
NULL = NULL
NULL != NULL
NULL = NULL OR NULL != NULL
```

以上运算的结果均未知，空值和数字 0 不同，空值和空字符串（''）也不相同，空值等于空值的运算结果未知，空值不等于空值的运算结果也未知。

由于空值不能使用比较运算符进行判断，SQL 引入了判断数据是否为空的 IS NULL 和 IS NOT NULL 运算符。我们在第 2 章中已经介绍了空值判断条件，这里不再重复讲述。在此介绍两个专有的运算符，它们可以用于空值的比较。

第一个是 MySQL 中的<=>运算符，它可以用于等值比较，也支持空值的比较，例如：

```
-- MySQL
SELECT 1<=>1, 1<=>NULL, NULL<=>NULL;
```

查询返回的结果如下：

```
1<=>1|1<=>NULL|NULL<=>NULL
-----|--------|-----------
    1|       0|          1
```

MySQL 使用数字 1 表示 True，使用数字 0 表示 False。

第二个运算符是 PostgreSQL 中的 IS [NOT] DISTINCT FROM，它可以用于等值比较，也支持空值的比较，例如：

```
SELECT 1 IS DISTINCT FROM 1 AS "1!=1",
       1 IS DISTINCT FROM NULL "1!=NULL",
       NULL IS DISTINCT FROM NULL "NULL!=NULL";
```

查询返回的结果如下：

```
1!=1 |1!=NULL|NULL!=NULL
-----|-------|----------
false|true   |false
```

另外，还有一个需要注意的运算符就是 NOT IN。我们知道 IN 运算符用于查询属于指定列表中的数据，NOT IN 运算符用于查询不属于指定列表中的数据，例如：

```
SELECT emp_id
FROM employee
WHERE emp_id IN (1, 2, 3, NULL);
```

查询返回的结果如下：

```
emp_id
------
     1
     2
     3
```

IN 运算符使用等值（=）比较运算符判断数据是否和列表中的某个数据相等，因此该查询等价于以下语句：

```
SELECT emp_id
FROM employee
WHERE emp_id = 1 OR emp_id = 2 OR emp_id = 3 OR emp_id = NULL;
```

OR 运算符只要两边有一个结果为真，最终的结果就为真，所以列表中的 NULL 对查询不会产生实际的影响。但是，如果将以上查询改为使用 NOT IN 运算符：

```
SELECT emp_id
FROM employee
WHERE emp_id NOT IN (1, 2, 3, NULL);
```

若不小心，我们可能以为该查询会返回除 1、2、3 外的其他员工编号，但该查询实际不会返回任何数据。为什么呢？我们将查询改写一下，就很清楚了：

```
SELECT emp_id
FROM employee
WHERE emp_id != 1 AND emp_id != 2 AND emp_id != 3 AND emp_id != NULL;
```

问题就在于查询条件中的 emp_id != NULL，它的结果是未知的，也就意味着没有任何数据满足查询条件，也就不会返回任何结果。

注意：在查询条件中使用 NOT IN 运算符时，一定要小心列表中可能出现的空值。

5.3 空值的分组

虽然对于比较运算而言空值和空值不同，但是 GROUP BY 子句中的多个空值则被看作相同的数据，例如：

```
SELECT update_by, COUNT(*)
FROM employee
GROUP BY update_by;
```

查询返回的结果如下：

```
update_by|COUNT(*)
---------|--------
         |      24
Admin    |       1
```

24 位员工的 update_by 字段为空，它们都被分为同一个组。

除 GROUP BY 子句外，其他分组操作对于多个空值的处理也是如此，包括 DISTINCT 子句、第 8 章集合运算中的 UNION 运算符以及第 10 章窗口函数中的 PARTITION BY 子句。

5.4 空值的排序

我们在第 2 章介绍了数据的排序，同时讨论了 ORDER BY 子句对空值的处理。由于 SQL 标准没有明确定义空值的排列顺序，导致不同数据库实现了 2 种空值排序位置，具体内容可以参考第 2 章中的空值排序。

5.5　函数中的空值

一般来说，当表达式或者函数的参数中存在空值时，返回结果也是空值，例如：

```
SELECT 100 + NULL, UPPER(NULL)
FROM employee
WHERE emp_id = 1;
```

查询返回的结果如下：

```
100 + NULL|UPPER(NULL)
----------|-----------
          |
```

数字 100 加上一个未知数值的结果未知，未知数据转换为大写后仍然未知。因此，我们通常认为空值在函数和表达式中具有传递性。

不过也存在一些例外情况，例如字符串与空值的连接：

```
-- Oracle、Microsoft SQL Server 以及 PostgreSQL
SELECT CONCAT('SQL', NULL)
FROM employee
WHERE emp_id = 1;
```

查询返回的结果如下：

```
'SQL'||NULL
-----------
SQL
```

Oracle、Microsoft SQL Server 以及 PostgreSQL 中的 CONCAT 函数将空值当作空字符串（''）处理。但不是所有的数据库都如此。如果在 MySQL 中执行以上查询，返回结果为空值。

SQLite 使用连接运算符（||）时对空值的处理和 MySQL 一致，只要参数中存在任何空值，结果就为空。

Oracle 中的||运算符和 CONCAT 函数一样，将空值当作空字符串处理。PostgreSQL 中的||运算符和 Microsoft SQL Server 中的+运算符对于任何空值参数都返回空值。

另外，我们在第 4 章中介绍的聚合函数（AVG、SUM、COUNT 等）通常都会忽略输入中的空值。

总而言之，由于不同数据库采取了不同的实现方式，因此在使用函数时需要小心空值的处理。下面我们就来介绍一下对空值进行处理的相关函数。

5.6 空值处理函数

为了避免空值可能带来的问题，我们可以利用函数将空值转换为其他数据。SQL 标准中定义了两个与空值相关的函数：COALESCE 和 NULLIF。此外，一些数据库还实现了类似的专有函数。

1. COALESCE 函数

COALESCE(expr1, expr2, expr3, …)函数接受一个输入参数的列表，返回第 1 个非空的参数。如果所有的参数都为空，则返回空值。

例如，以下查询返回了“人力资源部”员工的全年收入：

```
SELECT emp_name AS "员工姓名",
       salary*12 + bonus AS "全年收入",
       salary*12 + COALESCE(bonus, 0) AS "全年收入"
FROM employee
WHERE dept_id = 2;
```

查询返回的结果如下：

```
员工姓名|全年收入    |全年收入
-------|---------|---------
诸葛亮  |296000.00 |296000.00
黄忠    |          | 96000.00
魏延    |          | 90000.00
```

查询结果中的第 2 列没有对 bonus 中的空值进行处理，导致“黄忠”和“魏延”的全年收入为空。第 3 列通过 COALESCE 函数将 bonus 中的空值转换为 0，返回了正确的全年收入。

3.3.2 节中介绍了如何利用搜索 CASE 表达式解决空值的排序问题，我们也可以使用 COALESCE 函数实现空值的自定义排序：

```
SELECT emp_name AS "员工姓名",
       COALESCE(bonus, 0) AS "奖金"
FROM employee
WHERE dept_id = 2
ORDER BY COALESCE(bonus, 0);
```

其中，ORDER BY 子句中的 COALESCE 函数用于将 bonus 为空的数据转换为 0，从而实现了空值排在最前的效果。查询返回的结果如下：

```
员工姓名|奖金
------|-------
黄忠   |      0
魏延   |      0
诸葛亮 |8000.00
```

COALESCE 函数对于空值的处理比搜索 CASE 表达式更加简练。

2. NULLIF 函数

NULLIF(expr1, expr2)函数接受两个输入参数，如果第 1 个参数等于第 2 个参数，返回空值；否则，返回第 1 个参数的值。

例如，以下查询演示了 NULLIF 函数的作用：

```
SELECT NULLIF(1, 2), NULLIF(2, 2)
FROM employee
WHERE emp_id = 1;
```

查询返回的结果如下：

```
NULLIF(1,2)|NULLIF(2,2)
-----------|-----------
          1|          |
```

因为 1 不等于 2，所以查询结果中的第 1 列返回了数字 1。因为 2 等于 2，所以查询结果中的第 2 列返回了空值。

NULLIF 函数的一个常见用途是防止除零错误，例如：

```
-- 除零错误
SELECT *
FROM employee
WHERE 1 / 0 = 1;

-- 避免除零错误
SELECT *
FROM employee
WHERE 1 / NULLIF(0 , 0) = 1;
```

第 1 个查询语句中的除数为 0，因此会产生除零错误（MySQL 和 SQLite 可能不会提示错误）。第 2 个查询语句使用了 NULLIF 函数将除数 0 转换为空值，1 除以空值的结果为空值，不会产生错误。

3. 数据库专有函数

除 SQL 标准中定义的两个空值处理函数外，一些数据库还实现了类似的专有函数。

Oracle 提供了 NVL(expr1, expr2)函数以及 NVL2(expr1, expr2, expr3)函数。其中，NVL(expr1, expr2)函数返回第 1 个非空的参数值，等价于只有两个参数的 COALESCE 函数。例如：

```
-- Oracle
SELECT emp_name AS "员工姓名",
       salary*12 + NVL(bonus, 0) AS "全年收入"
FROM employee
WHERE dept_id = 2;
```

该查询同样返回了“人力资源部”员工的全年收入。

NVL2(expr1, expr2, expr3)函数包含 3 个参数，如果第 1 个参数不为空，返回第 2 个参数的值；否则，返回第 3 个参数的值。例如：

```
-- Oracle
SELECT emp_name AS "员工姓名",
       NVL2(bonus, salary*12 + bonus, salary*12) AS "全年收入"
FROM employee
WHERE dept_id = 2;
```

该查询同样返回了“人力资源部”员工的全年收入。

MySQL 和 SQLite 提供了 IFNULL(expr1, expr2)函数，返回第 1 个非空的参数值，等价于只有两个参数的 COALESCE 函数。例如：

```
-- MySQL 和 SQLite
SELECT emp_name AS "员工姓名",
       salary*12 + IFNULL(bonus, 0) AS "全年收入"
  FROM employee
 WHERE dept_id = 2;
```

该查询同样返回了“人力资源部”员工的全年收入。

另外，我们在 3.3.4 节介绍了 MySQL 中的 IF(expr1, expr2, expr3)函数，它也可以用于空值处理。例如：

```
-- MySQL
SELECT emp_name AS "员工姓名",
       IF(bonus, salary*12 + bonus, salary*12) AS "全年收入"
  FROM employee
 WHERE dept_id = 2;
```

如果 bonus 不等于 0 或者不为空值，IF 函数返回年薪加上奖金，否则返回年薪。因此，该查询同样返回了“人力资源部”员工的全年收入。

Microsoft SQL Server 提供了 ISNULL (expr1, expr2)函数，返回第 1 个非空的参数值，等价于只有两个参数的 COALESCE 函数。例如：

```
-- Microsoft SQL Server
SELECT emp_name AS "员工姓名",
       salary*12 + ISNULL(bonus, 0) AS "全年收入"
  FROM employee
 WHERE dept_id = 2;
```

该查询同样返回了“人力资源部”员工的全年收入。

5.7　空值与约束

1. 非空约束

在设计表的结构时，如果不允许字段中存在未知或者缺失的数据，我们可以为该字段指定非空（NOT NULL）约束。数据库会对插入和更新的数据进行检查，如果没有为非空字段提供数据或者默认值，则会返回错误。不过有一个例外，我们创建一个示例表 t_notnull：

```
CREATE TABLE t_notnull(v VARCHAR(10) NOT NULL);
INSERT INTO t_notnull VALUES ('');
```

字段 v 具有非空约束，我们插入了一个空字符串（''）。除 Oracle 数据库外，其他数据库执行以上语句都不会报错，因为空字符串不是空值。

不过，Oracle 数据库将空字符串当作空值处理，执行时返回以下错误：

```
-- Oracle
ORA-01400: 无法将 NULL 插入 ("TONY"."T_NOTNULL"."V")
```

2. 唯一约束

唯一（UNIQUE）约束允许数据存在空值，而且多个空值被看作不同的值。因此，唯一约束字段中可以存在多个空值。例如，我们创建了一个示例表 t_unique：

```
CREATE TABLE t_unique(id INT UNIQUE);
INSERT INTO t_unique VALUES(1);
INSERT INTO t_unique VALUES(NULL);
INSERT INTO t_unique VALUES(NULL);
```

```
SELECT * FROM t_unique;
```

字段 id 具有唯一约束。然后我们插入了一些数据，其中包括 2 个 NULL 值。除 Microsoft SQL Server 外，其他数据库执行以上语句都不会报错。查询 t_unique 返回的数据如下：

```
id
--
 1


```

查询结果中的 2 个空白行就是空值。

Microsoft SQL Server 唯一约束中只允许存在一个空值，所以上面第 3 个 INSERT 语句将会返回以下错误信息：

```
-- Microsoft SQL Server
违反了 UNIQUE KEY 约束“UQ__t_unique__3213E83E83C445E0”。不能在对象“dbo.t_unique”中插入重复键。重复键值为 (<NULL>)。
```

另外，如果是由多个字段组成的复合唯一索引，情况略有不同。例如，我们创建了一个示例表 t_unique2：

```
CREATE TABLE t_unique2(c1 INT, c2 INT, UNIQUE(c1,c2));

INSERT INTO t_unique2 VALUES(1, 1);
INSERT INTO t_unique2 VALUES(NULL, NULL);
INSERT INTO t_unique2 VALUES(1, NULL);

-- 插入重复数据
INSERT INTO t_unique2 VALUES(NULL, NULL);
INSERT INTO t_unique2 VALUES(1, NULL);
```

字段 c1 和 c2 共同组成了一个唯一索引。MySQL、PostgreSQL 以及 SQLite 执行以上语句都不会报错。

在 Oracle 中，只有最后 1 个 INSERT 语句会产生违反唯一约束错误，这意味着全部索引字段为空的记录可以存在多条。

在 Microsoft SQL Server 中，插入重复数据的 2 个 INSERT 语句都会产生违反唯一约束错误。

3. 检查约束

检查约束（CHECK）对于空值的处理和 WHERE 条件中的处理方式正好相反，只要检查结果不为 False，就可以插入或者更新数据。例如，我们创建了一个示例表 t_check：

```
CREATE TABLE t_check (
  c1 INT CHECK (c1 >= 0),
  c2 INT CHECK (c2 >= 0),
  CHECK (c1 + c2 <= 100)
);
```

字段 c1 和 c2 分别创建了一个检查约束，同时它们共同组成了另一个检查约束。接下来我们插入一些数据：

```
INSERT INTO t_check VALUES (5, 5);
INSERT INTO t_check VALUES (NULL, NULL);
INSERT INTO t_check VALUES (1000, NULL);

SELECT * FROM t_check;
```

第 1 个插入语句中的字段 c1 和 c2 都有大于或等于零的数值，并且它们的和值小于或等于 100。第 2 个插入语句中的字段 c1 和 c2 都为空值，没有违反检查约束。第 3 个插入语句中的字段 c1 不为空且大于 100，字段 c2 为空值，它们的和值也为空值，同样没有违反检查约束。

以上语句在 5 种数据库中都不会出错。查询返回的结果如下：

```
c1  |c2
----|----
   1|   1
    |
1000|
```

5.8　案例分析

示例表 emp_contact 中存储了员工的联系电话，包括工作电话、移动电话、家庭电话以及紧急联系人电话。该表的创建脚本可以通过“读者服务”获取，以下是该表中包含的数据：

```
emp_id|work_phone  |mobile_phone|home_phone  |emergency_phone
------|------------|------------|------------|---------------
     1|010-61231111|            |            |
     2|            |13222222222 |            |
     3|            |            |            |13123450000
     4|            |            |010-61234444|
     5|            |            |            |
```

假如我们现在需要查找员工的联系电话，查找的规则如下：先找移动电话；如果没有移动电话，就找工作电话；如果没有工作电话，就找家庭电话；如果没有家庭电话，就找紧急联系人电话；如果以上电话都没有找到，则返回“N/A”。如何编写 SQL 查询，实现这个功能呢？

由于员工的联系电话可能为空，我们可以使用 COALESCE 函数对空值进行处理，例如：

```
    SELECT emp_id,
        COALESCE(mobile_phone, work_phone, home_phone, emergency_phone, 'N/A')
AS phone
    FROM emp_contact;
```

查询返回的结果如下：

```
    emp_id|phone
    ------|------------
         1|010-61231111
         2|13222222222
         3|13123450000
         4|010-61234444
         5|N/A
```

另外，第 4 章介绍了 GROUPING 函数，它可以识别分组操作产生的空值，然后结合 CASE 表达式对这些空值进行处理。我们也可以使用 COALESCE 函数对这些空值进行转换，例如：

```
    -- Oracle 和 PostgreSQL
    SELECT
      COALESCE(product, '【总计】') AS "产品", COALESCE(channel, '-') AS "渠道",
      SUM(CASE EXTRACT(MONTH FROM saledate) WHEN 1 THEN amount END) "1月",
      SUM(CASE EXTRACT(MONTH FROM saledate) WHEN 2 THEN amount END) "2月",
      SUM(CASE EXTRACT(MONTH FROM saledate) WHEN 3 THEN amount END) "3月",
      SUM(CASE EXTRACT(MONTH FROM saledate) WHEN 4 THEN amount END) "4月",
      SUM(CASE EXTRACT(MONTH FROM saledate) WHEN 5 THEN amount END) "5月",
      SUM(CASE EXTRACT(MONTH FROM saledate) WHEN 6 THEN amount END) "6月",
      SUM(amount) "【合计】"
    FROM sales_data
    GROUP BY ROLLUP (product, channel);
```

该查询返回的结果和第 4 章案例分析二（4.5.2 节）中的数据透视表示例相同。

虽然使用 COALESCE 函数更加简练，但是我们必须确保原始数据中的 product 和 channel 字段中不存在空值，因为空值函数只能判断数据是否为空，不能区分汇总产生的空值和原始数据中的空值。

5.9　小结

数据库中的空值（NULL）经常会导致一些不可预知的错误，我们需要注意不同 SQL 子句和函数对于空值的不同处理方式。一个通用的解决方法就是，使用 COALESCE 函数或者 CASE 表达式，将空值转换成其他的已知数据。

6

第 6 章 连接多个表

关系型数据库通常将不同的实体对象和它们之间的联系存储在多个表中，例如电商系统中使用的产品表、用户表、订单表以及订单明细表等。当我们查看某个订单信息时，需要同时从这几个表中查找关于该订单的相关数据。

在 SQL 语句中，我们可以使用连接（JOIN）查询来获取多个表中的关联数据。在本章中，我们将会介绍连接查询，涉及的主要知识点包括：

- 连接的语法与类型。
- 内连接与外连接。
- 交叉连接。
- 自然连接。
- 自连接。

6.1　连接的语法与类型

在 SQL 标准的发展过程中产生了两种连接查询语法：

- ANSI SQL/86 标准使用 FROM 和 WHERE 子句指定表的连接查询。
- ANSI SQL/92 标准使用 JOIN 和 ON 子句指定表的连接查询。

下面我们分别介绍这两种连接查询语法。

6.1.1　使用 FROM 和 WHERE 连接两个表

员工表（employee）中存储了员工的信息和员工所在部门的编号，同时部门的信息存储在部门表（department）中。如果我们想要知道某个员工所在部门的名称，就需要同时查询员工表和部门表。以下示例使用 FROM 和 WHERE 子句实现了这两个表的连接查询：

```
SELECT d.dept_id, e.dept_id, d.dept_name, e.emp_name
FROM employee e, department d
WHERE e.dept_id = d.dept_id
AND e.emp_id = 1;
```

其中，FROM 子句用于指定查询的表，逗号表示连接两个表。WHERE 子句既指定了过滤条件（e.emp_id=1），又指定了连接两个表的条件（e.dept_id= d.dept_id），也就是员工表中的部门编号等于部门表中的编号。另外，我们在查询中还通过表别名（e 和 d）指明了字段来自哪个表。该查询返回的结果如下：

```
dept_id|dept_id|dept_name|emp_name
-------|-------|---------|--------
      1|      1|行政管理部 |刘备
```

通过使用部门编号作为连接查询的条件，我们同时获得了员工和员工所在部门的信息。

6.1.2　使用 JOIN 和 ON 连接两个表

对于以上连接查询示例，我们同样可以使用 JOIN 和 ON 子句实现：

```
SELECT d.dept_id, e.dept_id, d.dept_name, e.emp_name
FROM employee e
JOIN department d ON (e.dept_id = d.dept_id)
WHERE e.emp_id = 1;
```

其中，JOIN 子句表示连接员工表和部门表，ON 子句指定了连接两个表的条件，WHERE

子句指定了查询的过滤条件。查询返回的结果和上面的示例相同。

推荐使用 JOIN 和 ON 子句进行连接查询，因为这种方式的语义更明确，更符合 SQL 的声明性。对于 FROM 和 WHERE 连接查询语法，WHERE 子句同时用于指定查询的过滤条件和表的连接条件，逻辑显得比较混乱。另外，并不是所有的连接查询类型都支持 FROM 和 WHERE 连接查询的语法。

6.1.3 连接查询的类型

SQL 支持的连接查询包括内连接、外连接、交叉连接、自然连接以及自连接等。其中，外连接又可以分为左外连接、右外连接以及全外连接。下面我们详细介绍一下 SQL 中的各种连接类型。

6.2 内连接

内连接（Inner Join）查询返回两个表中满足连接条件的数据。内连接使用关键字 INNER JOIN 表示，也可以简写成 JOIN。内连接的原理如图 6.1 所示（连接条件为两个表的 id 相等）。

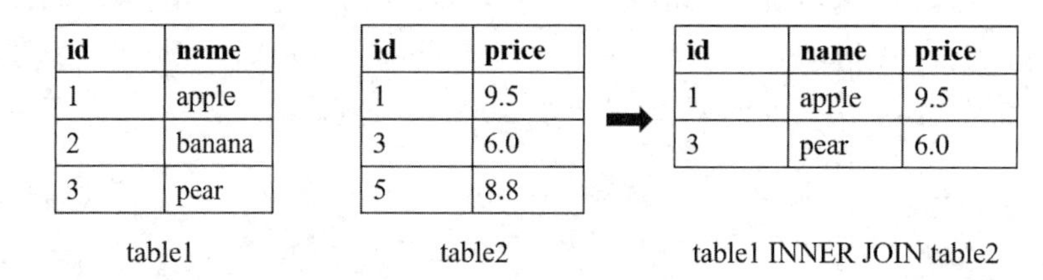

id	name
1	apple
2	banana
3	pear

table1

id	price
1	9.5
3	6.0
5	8.8

table2

id	name	price
1	apple	9.5
3	pear	6.0

table1 INNER JOIN table2

图 6.1　内连接示意图

其中，id 等于 1 和 3 的记录是两个表中满足连接条件的数据，因此内连接返回了这 2 个记录。

6.2.1 等值连接

连接查询中的 ON 子句与 WHERE 子句类似，可以支持各种条件运算符。其中最常用的是等号（=）运算符，这种连接查询也被称为等值连接，例如：

```
SELECT e.emp_name AS "员工姓名", j.job_title "职位名称"
FROM employee e
JOIN job j ON (e.job_id = j.job_id)
WHERE e.emp_id = 1;
```

我们通过职位编号连接了员工表和职位表。查询返回的结果如下：

```
员工姓名|职位名称
--------|-------
刘备    |总经理
```

等值连接返回两个表中连接字段值相等的数据，我们最常使用的连接就是等值连接。

6.2.2　非等值连接

除等号运算符外，连接条件中也可以使用其他比较运算符或者逻辑运算符，比如>=、!=、BETWEEN、AND 等，这种连接查询被称为非等值连接，如下所示：

```
SELECT e.emp_name AS "员工姓名", e.salary "月薪"
FROM employee e
JOIN job j ON (e.job_id != j.job_id
          AND e.salary BETWEEN j.min_salary AND j.max_salary)
WHERE j.job_title = '开发经理';
```

我们将职位编号不相等以及员工的月薪位于“开发经理”月薪的范围之内作为连接条件，返回当前月薪属于开发经理级别但不是开发经理的员工。查询返回的结果如下：

```
员工姓名|月薪
--------|--------
孙尚香  |12000.00
```

“孙尚香”的月薪位于开发经理级别，但是她的实际职位是财务经理。

6.3　外连接

外连接查询可以分为左外连接、右外连接以及全外连接。

6.3.1　左外连接

左外连接（Left Outer Join）查询首先返回左表中的全部数据。之后，如果右表中存在满足连接条件的数据，就返回该数据；如果没有相应的数据，就返回空值。左外连接使用关键字 LEFT OUTER JOIN 表示，也可以简写成 LEFT JOIN。左外连接的原理如图 6.2 所示（连接条件为两个表的 id 相等）。

id	name
1	apple
2	banana
3	pear

table1

id	price
1	9.5
3	6.0
5	8.8

table2

id	name	price
1	apple	9.5
2	banana	
3	pear	6.0

table1 LEFT OUTER JOIN table2

图 6.2　左外连接示意图

其中，id 等于 2 的记录只存在表 table1 中。左外连接仍然会返回左表中的记录；而对于右表 table2 中的 price 字段，则返回了空值。

如果我们想要统计每个部门中的员工人数。考虑到某些部门可能还没有员工入职，使用内连接无法显示这些部门，此时我们可以使用左外连接查询，例如：

```
SELECT d.dept_name AS "部门名称", count(e.emp_id) AS "员工人数"
FROM department d
LEFT JOIN employee e ON (e.dept_id = d.dept_id)
GROUP BY d.dept_name;
```

其中，LEFT JOIN 表示左外连接，连接条件为两个表中的部门编号相等。查询返回的结果如下：

```
部门名称  |员工人数
--------|-------
行政管理部|      3
人力资源部|      3
财务部    |      2
研发部    |      9
销售部    |      8
保卫部    |      0
```

虽然“保卫部”目前还没有任何员工，但是查询结果仍然返回了该部门。

如果我们想要找出哪些部门没有员工，可以在以上左外连接的基础上增加一个过滤条件：

```
SELECT d.dept_id AS "部门编号",d.dept_name AS "部门名称"
FROM department d
LEFT JOIN employee e ON (e.dept_id = d.dept_id)
WHERE e.emp_id IS NULL;
```

左外连接返回了所有的部门信息。如果某个部门没有员工，对应的 e.emp_id 字段就是空值。

查询返回的结果如下：

```
部门编号|部门名称
--------|-------
       6|保卫部
```

另外，只有 Oracle 实现了 ANSI SQL/86 标准的左外连接语法，例如：

```
-- Oracle
SELECT d.dept_id AS "部门编号",d.dept_name AS "部门名称"
FROM department d, employee e
WHERE d.dept_id = e.dept_id(+)
AND e.emp_id IS NULL;
```

其中，WHERE 子句右侧的(+)运算符表示右表中可能缺少相应的数据，也就表示这是一个左外连接查询。查询返回的结果与上面的示例相同。

6.3.2　右外连接

右外连接（Right Outer Join）查询首先返回右表中的全部数据。如果左表中存在满足连接条件的数据，就返回该数据；如果没有相应的数据，就返回空值。右外连接使用关键字 RIGHT OUTER JOIN 表示，也可以简写成 RIGHT JOIN。右外连接的原理如图 6.3 所示（连接条件为两个表的 id 相等）。

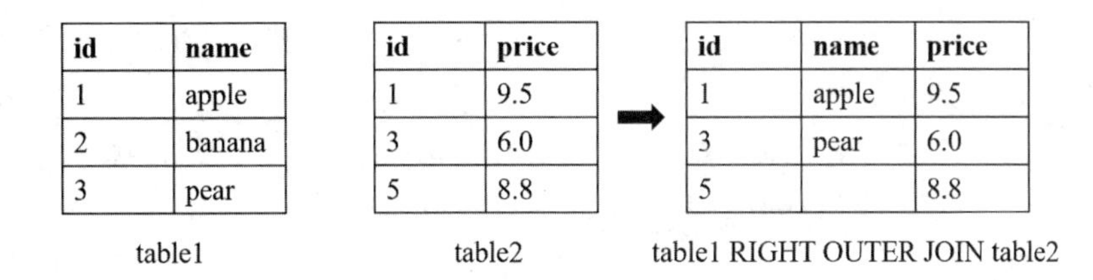

id	name
1	apple
2	banana
3	pear

table1

id	price
1	9.5
3	6.0
5	8.8

table2

id	name	price
1	apple	9.5
3	pear	6.0
5		8.8

table1 RIGHT OUTER JOIN table2

图 6.3　右外连接示意图

其中，id 等于 5 的数据只存在表 table2 中。右外连接仍然会返回右表中的记录；而对于左表 table1 中的 name 字段，则返回了空值。

简而言之：

```
table1 RIGHT JOIN table2
```

等价于：

```
table2 LEFT JOIN table1
```

右外连接和左外连接可以相互转换。因此，前面统计员工人数的示例也可以使用等价的右外连接查询实现：

```
-- Oracle、MySQL、Microsoft SQL Server 以及 PostgreSQL
SELECT d.dept_name AS "部门名称", count(e.emp_id) AS "员工人数"
FROM employee e
RIGHT JOIN department d ON (e.dept_id = d.dept_id)
GROUP BY d.dept_name;
```

其中，RIGHT JOIN 表示右外连接，连接条件是两个表中的部门编号相等。

SQLite 目前不支持右外连接。

另外，在 Oracle 中也可以使用 ANSI SQL/86 标准的右外连接语法：

```
-- Oracle
SELECT d.dept_name AS "部门名称", count(e.emp_id) AS "员工人数"
FROM department d, employee e
WHERE e.dept_id(+) = d.dept_id
GROUP BY d.dept_name;
```

注意查询条件中(+)运算符所在的位置。

6.3.3 全外连接

全外连接（Full Outer Join）查询相当于左外连接加上右外连接。查询同时返回左表和右表中所有的数据。如果右表或者左表中存在满足连接条件的数据，就返回该数据；如果没有相应的数据，就返回空值。全外连接使用关键字 FULL OUTER JOIN 表示，也可以简写成 FULL JOIN。全外连接的原理如图 6.4 所示（连接条件为两个表的 id 相等）。

id	name
1	apple
2	banana
3	pear

table1

id	price
1	9.5
3	6.0
5	8.8

table2

➡

id	name	price
1	apple	9.5
2	banana	
3	pear	6.0
5		8.8

table1 FULL OUTER JOIN table2

图 6.4　全外连接示意图

查询结果包含了两个表中所有的 id。对于左表中不存在的数据（id=5）以及右表中不存在的数据（id=2）。分别为相应的字段返回了空值。

假如公司组织了一次活动，需要将所有员工进行分组。每个组的信息存储在表 t_group 中，员工的分组信息存储在 t_emp_group 中。创建这两个表的脚本可以通过“读者服务”获取。

现在我们想要知道哪些组还没有分配员工，以及哪些员工还没有被分配到任何组。为此，我们可以使用全外连接查询：

```
-- Oracle、Microsoft SQL Server 以及 PostgreSQL
SELECT g.group_name, eg.emp_id
FROM t_group g
FULL JOIN t_emp_group eg ON (eg.group_id = g.group_id)
WHERE g.group_id IS NULL OR eg.emp_id IS NULL;
```

我们使用两个表中的 group_id 字段作为连接条件，同时在 WHERE 子句中指定了想要返回的数据。查询返回的结果如下：

```
group_name|emp_id
----------|------
          |     8
          |    12
          |    16
          |    20
          |    23
五组      |
```

查询结果显示“五组”还没有分配任何员工，工号为 8、12、16、20 以及 23 的员工还没有被分配到任何组。

MySQL 和 SQLite 目前不支持全外连接。

另外，ANSI SQL/86 标准语法不支持全外连接。

6.4　交叉连接

交叉连接也被称为笛卡儿积（Cartesian Product），使用关键字 CROSS JOIN 表示。两个表的交叉连接将一个表的所有数据行和另一个表的所有数据行进行两两组合，返回结果的数量为两个表中的行数相乘。例如，一个 100 行数据的表和一个 200 行数据的表进行交叉连接查询将会产生 20 000 行数据。交叉连接的原理如图 6.5 所示。

table1

id	name
1	apple
2	banana
3	pear

table2

id	price
1	9.5
3	6.0
5	8.8

table1 CROSS JOIN table2

id	id	name	price
1	1	apple	9.5
1	3	apple	6.0
1	5	apple	8.8
2	1	banana	9.5
…	…	…	…

图 6.5　交叉连接示意图

table1 中存在 3 条记录，table2 中也存在 3 条记录，因此这两个表交叉连接的结果总共包含 9 条记录。交叉连接使用的场景比较少，一般用于生成大量测试数据。以下查询返回了员工表和部门表进行交叉连接的结果数量：

```
SELECT count(*)
FROM employee e
CROSS JOIN department d;
```

查询返回的结果如下：

```
count(*)
--------
     150
```

在 ANSI SQL/86 标准中，交叉连接就是不指定表的连接条件而进行的一种连接，例如：

```
SELECT count(*)
FROM employee e, department d;
```

查询返回的结果和上面的示例相同。

注意：如果表中的数据量比较大，交叉连接可能会导致查询结果的数据量急剧膨胀，从而引起性能问题。我们通常应该指定连接条件，避免产生交叉连接。

除上面介绍的几种连接类型外，SQL 中还存在一些特殊形式的连接查询。

6.5　自然连接

如果连接查询同时满足以下条件，我们可以使用 USING 替代 ON 来简化连接条件的输入：

- 连接条件是等值连接。
- 两个表中的连接字段名称相同，类型也相同。

例如，6.2.1 节中的等值连接查询可以使用 USING 关键字简化如下：

```
-- Oracle、MySQL、PostgreSQL 以及 SQLite
SELECT e.emp_name AS "员工姓名", j.job_title "职位名称"
FROM employee e
JOIN job j USING (job_id)
WHERE e.emp_id = 1;
```

其中，USING 表示使用两个表中的公共字段（job_id）进行等值连接。另外，查询语句中出现的公共字段无须添加表名限定。

除 Microsoft SQL Server 外，其他 4 种数据库都支持 USING 关键字。

进一步来说，如果等值连接条件中包含了两个表中所有同名同类型的字段，查询语句可以继续进行简化。例如，员工表和职位表中只存在 1 个同名同类型的字段（job_id），因此上面的示例可以进一步修改为下面这样：

```
-- Oracle、MySQL、PostgreSQL 以及 SQLite
SELECT e.emp_name AS "员工姓名", j.job_title "职位名称"
FROM employee e
NATURAL JOIN job j
WHERE e.emp_id = 1
AND job_id = 1;
```

其中，NATURAL JOIN 表示自然连接，我们同时省略了连接条件，表示使用两个表中的所有同名同类型字段进行等值连接。

同样，除 Microsoft SQL Server 外的其他 4 种数据库都支持自然连接。

6.6　自连接

自连接（Self Join）查询指的是一个表和它自己进行连接查询。自连接本质上并没有什么特殊之处，主要用于处理那些对自身进行了外键引用的表。

例如，员工表中的经理字段（manager）引用了员工表自身的编号字段（emp_id）。如果我们想要查看员工以及他的经理，可以通过自连接查询实现：

```
SELECT e.emp_name AS "员工姓名",
       m.emp_name AS "经理姓名"
FROM employee e
LEFT JOIN employee m ON (m.emp_id = e.manager)
WHERE e.emp_id = 9;
```

由于自连接中同一个表（employee）出现了两次，我们必须使用表别名进行区分。其中别名 e 代表了员工，别名 m 代表了经理。查询返回的结果如下：

```
员工姓名|经理姓名
-------|-------
赵云    |刘备
```

另外，我们在查询中使用了左外连接，因为员工表中存在没有上级经理的员工（刘备）。

6.7 连接多个表

最后我们将连接查询扩展到同时连接多个表。例如，以下语句使用多表连接查询同时获取了员工表、部门表以及职位表中的相关信息：

```
SELECT e.emp_id AS "员工编号", e.emp_name AS "员工姓名",
       d.dept_name AS "部门名称", j.job_title AS "职位名称"
FROM employee e
JOIN department d ON (d.dept_id = e.dept_id)
JOIN job j ON (j.job_id = e.job_id)
WHERE e.salary BETWEEN 10000 AND 15000
ORDER BY e.emp_id;
```

其中，员工表和部门表使用部门编号进行连接，员工表和职位表使用职位编号进行连接。查询返回了月薪位于 10 000 元到 15 000 元之间的员工及其所属部门和职位信息。

```
员工编号|员工姓名|部门名称|职位名称
-------|------|-------|-------
      7|孙尚香  |财务部   |财务经理
      9|赵云    |研发部   |开发经理
     18|法正    |销售部   |销售经理
```

一般来说，*N* 个表的连接查询需要指定 *N*-1 个连接条件，才能避免产生交叉连接的问题。

6.8 案例分析

6.8.1 案例一：生成数字序列

我们介绍一个利用交叉连接生成数字序列的方法，首先创建一个示例表 t_number：

```
CREATE TABLE t_number(n INTEGER PRIMARY KEY);
INSERT INTO t_number VALUES (0);
INSERT INTO t_number VALUES (1);
INSERT INTO t_number VALUES (2);
INSERT INTO t_number VALUES (3);
INSERT INTO t_number VALUES (4);
INSERT INTO t_number VALUES (5);
INSERT INTO t_number VALUES (6);
INSERT INTO t_number VALUES (7);
INSERT INTO t_number VALUES (8);
INSERT INTO t_number VALUES (9);
```

t_number 表中存储了数字 0～9。我们在以下查询中将 t_number 表多次和它自己进行交叉连接：

```
SELECT hundred.n * 100 + ten.n * 10 + one.n AS n
FROM t_number hundred
CROSS JOIN t_number ten
CROSS JOIN t_number one
ORDER BY n;
```

查询返回的结果如下：

```
n
---
  0
  1
  2
  3
...
997
998
999
```

查询返回了一个 0～999 的数字序列。显然，我们可以通过更多的自连接生成更大的数字序列。

6.8.2 案例二：员工考勤记录

假设公司规定周一到周五（节假日除外）每天上午 9 点上班，下午 6 点下班，上下班都需要打卡。员工的打卡记录信息存储在 attendance 表中，同时日历信息存储在 calendar 表中。这两个表的创建和初始化脚本可以通过“读者服务”获取。

以下是 attendance 表中的部分示例数据：

```
id|check_date|emp_id|clock_in           |clock_out
--|----------|------|-------------------|-------------------
 1|2021-01-04|     1|2021-01-04 08:34:02|2021-01-04 18:33:11
 2|2021-01-04|     2|2021-01-04 08:10:31|2021-01-04 19:11:59
 3|2021-01-04|     3|2021-01-04 08:54:08|2021-01-04 18:27:21
...
```

其中，check_date 是考勤日期，emp_id 是员工编号，clock_in 和 clock_out 分别是上班和下班打卡时间。

以下是 calendar 表中的部分示例数据：

```
 id|calendar_date|calendar_year|calendar_month|calendar_day|is_work_day
---|-------------|-------------|--------------|------------|-----------
  1|   2021-01-01|         2021|             1|           1|N
  2|   2021-01-02|         2021|             1|           2|N
  3|   2021-01-03|         2021|             1|           3|N
...
```

其中，calendar_date 是日历日期，calendar_year、calendar_month、calendar_day 分别是日历日期对应的年、月、日，is_work_day 表示是否为工作日。

假如人力资源经理想要统计 2021 年 1 月的员工缺勤记录，请问如何通过 SQL 查询相关记录？

首先，我们应该找出所有员工 2021 年 1 月应该出勤的日期信息。这个数据可以通过日历表和员工表的交叉连接实现：

```
SELECT c.calendar_date, e.emp_name
FROM calendar c
CROSS JOIN employee e
WHERE c.calendar_year = 2021
AND c.calendar_month = 1
AND c.is_work_day = 'Y';
```

查询返回的结果如下：

```
calendar_date|emp_name
-------------|--------
   2021-01-04|刘备
   2021-01-04|关羽
   2021-01-04|张飞
...
```

如果某个员工在工作日没有打卡，attendance 表中就会缺少相应的记录，表示其缺勤。如果其只有上班打卡，没有下班打卡，也被当作缺勤处理。如果员工的上班打卡时间晚于上午 9 点，表示迟到。如果员工的下班打卡时间早于下午 6 点，表示早退。因此，我们可以将上面的查询结果和考勤表中的数据进行左外连接：

```
-- Oracle、MySQL 以及 PostgreSQL
SELECT c.calendar_date, e.emp_name, a.clock_in, a.clock_out
FROM calendar c
CROSS JOIN employee e
LEFT JOIN attendance a
ON (a.check_date = c.calendar_date AND a.emp_id = e.emp_id)
WHERE c.calendar_year = 2021 AND c.calendar_month = 1
AND c.is_work_day = 'Y'
AND (a.id IS NULL
    OR EXTRACT(hour FROM a.clock_in) >= 9
    OR EXTRACT(hour FROM a.clock_out) < 18
    OR a.clock_out IS NULL)
ORDER BY c.calendar_date;
```

我们在左外连接中使用考勤日期和员工编号作为连接条件，同时在 WHERE 条件中增加了一个 AND 复合条件，返回了缺勤、迟到以及早退的数据。查询返回的结果如下：

```
calendar_date|emp_name|clock_in           |clock_out
-------------|--------|-------------------|-------------------
  2021-01-05|简雍      |                   |
  2021-01-11|关平      |                   |
  2021-01-13|周仓      |2021-01-13 08:34:28|
  2021-01-14|简雍      |                   |
  2021-01-19|孙乾      |2021-01-19 08:14:17|2021-01-19 17:44:08
...
```

只要 clock_out 字段为空，就表示缺勤；如果 clock_in 时间晚于上午 9 点，就代表迟到；如果 clock_out 时间早于下午 6 点，就代表早退。

如果使用 Microsoft SQL Server，我们需要将查询中的 EXTRACT 函数替换为 DATEPART

函数。如果使用 SQLite，我们需要将查询中的 EXTRACT 函数替换为 STRFTIME 函数，再利用 CAST 函数将其转换为整数。这些函数的使用可以参考本书第 3 章。

我们还可以进一步利用搜索 CASE 表达式将查询结果进行转换显示：

```
-- Oracle、MySQL 以及 PostgreSQL
SELECT c.calendar_date AS "考勤日期", e.emp_name AS "员工姓名",
       CASE
         WHEN a.clock_out IS NULL THEN '缺勤'
         WHEN EXTRACT(hour FROM a.clock_in) >= 9 THEN '迟到'
         ELSE '早退'
       END AS "考勤状态"
FROM calendar c
CROSS JOIN employee e
LEFT JOIN attendance a
ON (a.check_date = c.calendar_date AND a.emp_id = e.emp_id)
WHERE c.calendar_year = 2021 AND c.calendar_month = 1
AND c.is_work_day = 'Y'
AND (a.id IS NULL
    OR EXTRACT(hour FROM a.clock_in) >= 9
    OR EXTRACT(hour FROM a.clock_out) < 18
    OR a.clock_out IS NULL)
ORDER BY c.calendar_date;
```

其中，CASE 表达式可以将打卡时间转换为考勤状态。查询返回的结果如下：

```
考勤日期      |员工姓名|考勤状态
----------|-------|-------
2021-01-05|简雍    |缺勤
2021-01-11|关平    |缺勤
2021-01-13|周仓    |缺勤
2021-01-14|简雍    |缺勤
2021-01-19|孙乾    |早退
...
```

6.9 小结

连接查询是关系型数据库的一个基本功能。在本章中，我们介绍了两种 SQL 连接语法以及内连接、左/右/全外连接、交叉连接、自然连接和自连接等类型。推荐使用语义更加清晰、更加通用的 JOIN 和 ON 子句编写连接查询语句。

7

第 7 章 嵌套子查询

SQL 支持查询语句的嵌套，也就是在一个查询语句中包含其他的查询语句。嵌套子查询可以用于实现复杂灵活的查询语句。本章将会介绍各种类型的子查询以及相关的运算符，涉及的主要知识点包括：

- 标量子查询。
- 行子查询。
- 表子查询以及 ALL、ANY 运算符。
- 关联子查询。
- 横向子查询。
- EXISTS 运算符。

7.1 查询中的查询

假如我们想要知道哪些员工的月薪高于或等于所有员工的平均月薪，应该如何编写查询语句？显然，我们首先需要得到所有员工的平均月薪，这个可以使用 AVG 聚合函数实现：

```
SELECT AVG(salary)
FROM employee;
```

查询返回的结果如下：

```
AVG(salary)
-----------
    9832.00
```

然后我们可以将该结果作为以下查询的过滤条件，返回月薪高于或等于 9832 元的员工：

```
SELECT emp_name AS "员工姓名", salary AS "月薪"
FROM employee
WHERE salary > 9832;
```

查询返回的结果如下：

```
员工姓名|月薪
--------|--------
刘备    |30000.00
关羽    |26000.00
张飞    |24000.00
诸葛亮  |24000.00
孙尚香  |12000.00
赵云    |15000.00
法正    |10000.00
```

为了解决以上问题，我们使用了两个查询语句。那么，能不能在一个查询语句中直接返回最终的结果呢？

SQL 提供了一种被称为嵌套子查询的功能，可以帮助我们解决这个问题，例如：

```
SELECT emp_name, salary
FROM employee
WHERE salary > (
                SELECT AVG(salary)
                FROM employee
               );
```

以上示例中包含两个 SELECT 语句，括号内的 SELECT 语句被称为子查询（Subquery），它的作用是返回员工的平均月薪。包含子查询的 SELECT 语句被称为外部查询（Outer Query），它的作用是返回月薪高于平均月薪的员工。该查询返回的结果与上面的示例相同。

根据定义，子查询就是指嵌套在其他语句（包括 SELECT、INSERT、UPDATE、DELETE

等）中的 SELECT 语句。子查询也被称为内查询（Inner Query）或者嵌套查询（Nested Query），子查询必须位于括号之中。

SQL 语句中的子查询可以按照返回结果分为以下三种类型：

- **标量子查询**（Scalar Subquery），返回单个值（一行一列）的子查询。上面的示例就是一个标量子查询。
- **行子查询**（Row Subquery），返回单个记录（一行多列）的子查询。标量子查询是行子查询的一个特例。
- **表子查询**（Table Subquery），返回一个临时表（多行多列）的子查询。行子查询是表子查询的一个特例。

下面我们分别介绍这三种子查询的作用。

7.2 标量子查询

标量子查询返回单个结果值，可以像常量一样被用于 SELECT、WHERE、GROUP BY、HAVING 以及 ORDER BY 等子句中。

例如，以下查询用于计算员工月薪与平均月薪之间的差值：

```
SELECT emp_name AS "员工姓名", salary AS "月薪",
       salary - (SELECT AVG(salary) FROM employee) AS "差值"
FROM employee;
```

其中，外部查询的 SELECT 列表中包含一个标量子查询，返回了员工的平均月薪。最终查询返回的结果如下：

```
员工姓名|月薪      |差值
-------|--------|------------
刘备    |30000.00|20168.000000
关羽    |26000.00|16168.000000
张飞    |24000.00|14168.000000
...
```

7.3 行子查询

行子查询返回一个一行多列的记录，一般较少使用。例如，以下语句用于查找所有与“孙乾”在同一个部门并且职位相同的员工：

```
-- Oracle、MySQL、PostgreSQL 以及 SQLite
SELECT emp_name, dept_id, job_id
FROM employee
WHERE (dept_id, job_id) = (SELECT dept_id, job_id
                            FROM employee
                            WHERE emp_name = '孙乾')
AND emp_name != '孙乾';
```

其中，外部查询的 WHERE 子句中包含一个行子查询，返回了“孙乾”所在的部门编号和职位编号，这两个值构成了一个记录。然后，外部查询使用该记录作为条件进行数据过滤，AND 运算符用于排除“孙乾”自己。查询返回的结果如下：

```
emp_name|dept_id|job_id
--------|-------|------
庞统     |      5|    10
蒋琬     |      5|    10
黄权     |      5|    10
...
```

注意：Microsoft SQL Server 目前不支持行子查询。

7.4 表子查询

表子查询返回一个多行数据的结果集，通常被用于 WHERE 条件或者 FROM 子句中。

7.4.1 WHERE 条件中的子查询

对于 WHERE 子句中的子查询，外部查询的查询条件中不能使用比较运算符，例如：

```
SELECT emp_name
FROM employee
WHERE job_id = (SELECT job_id
                FROM employee
                WHERE dept_id = 1);
```

执行以上语句，将会返回类似这样的错误信息：**子查询返回了多行数据**。这是因为单个值（外部查询条件中的 job_id）与多个值（子查询返回的多个 job_id）的比较不能使用比较运算符（=、!=、<、<=、>、>=等）。

对于返回多行数据的子查询，我们可以使用 IN 或者 NOT IN 运算符进行比较。以上示例可以使用 IN 运算符改写如下：

```
SELECT emp_name
FROM employee
WHERE job_id IN (SELECT job_id
                 FROM employee
                 WHERE dept_id = 1
                );
```

IN 运算符可以用于判断字段的值是否属于某个列表。我们在以上语句中通过子查询生成了一个列表。查询返回的结果如下：

```
emp_name
--------
刘备
关羽
张飞
```

该查询返回了“行政管理部”的全体员工信息。

除 IN 运算符外，ALL、ANY 运算符和比较运算符的组合也可以用于判断 WHERE 条件中的子查询结果。

7.4.2　ALL、ANY 运算符

ALL 运算符与比较运算符（=、!=、<、<=、>、>=）的组合分别表示等于、不等于、小于、小于或等于、大于、大于或等于子查询结果中的全部数据。例如，以下语句查找比“研发部”全体员工更晚入职的员工信息：

```
-- Oracle、MySQL、Microsoft SQL Server 以及 PostgreSQL
SELECT emp_name AS "员工姓名", hire_date AS "入职日期"
FROM employee
WHERE hire_date >ALL (SELECT e.hire_date
                      FROM employee e
                      JOIN department d ON (d.dept_id = e.dept_id)
                      WHERE d.dept_name = '研发部');
```

其中，子查询返回了“研发部”全体员工的入职日期，>ALL 运算符返回了比“研发部”全体员工更晚入职的员工。查询返回的结果如下：

```
员工姓名|入职日期
```

```
-------|----------
法正     |2017-04-09
庞统     |2017-06-06
蒋琬     |2018-01-28
...
```

“研发部”中最晚入职的是“马岱”，入职日期为 2014 年 9 月 16 日。因此，以上查询返回了在这个日期之后入职的员工。

注意：SQLite 目前不支持 ALL 运算符。

如果我们将以上查询中的>ALL 替换为=ALL 运算符：

```
-- Oracle、MySQL、Microsoft SQL Server 以及 PostgreSQL
SELECT emp_name AS "员工姓名", hire_date AS "入职日期"
FROM employee
WHERE hire_date =ALL (SELECT e.hire_date
                      FROM employee e
                      JOIN department d ON (d.dept_id = e.dept_id)
                      WHERE d.dept_name = '研发部'
                     );
```

该查询不会返回任何结果，因为没有员工的入职日期等于“研发部”全体员工的入职日期。ALL 运算符相当于多个 AND 运算符的组合，IN 运算符相当于多个 OR 运算符的组合。

对于 Oracle 而言，ALL 运算符也可以直接与一个常量列表进行比较，例如：

```
-- Oracle
SELECT emp_name AS "员工姓名", salary AS "入职日期"
FROM employee
WHERE salary >ALL (10000, 15000, 20000);
```

该查询返回了月薪高于 20 000 元的员工信息。

除 ALL 运算符外，ANY 运算符与比较运算符（=、!=、<、<=、>、>=）的组合分别表示等于、不等于、小于、小于或等于、大于、大于或等于子查询结果中的任何数据。

我们可以将前面的 IN 运算符示例使用 ANY 运算符改写如下：

```
-- Oracle、MySQL、Microsoft SQL Server 以及 PostgreSQL
SELECT emp_name
FROM employee
WHERE job_id =ANY (SELECT job_id
             FROM employee
```

```
              WHERE dept_id = 1
             );
```

查询条件中的=ANY 运算符表示等于子查询中的任何结果。该查询同样返回了“行政管理部”的全体员工信息。

注意： SQLite 目前不支持 ANY 运算符。另外，在其他数据库中，我们也可以使用 SOME 关键字替代 ANY。

如果我们将以上查询中的=ANY 替换为!=ANY 运算符：

```
-- Oracle、MySQL、Microsoft SQL Server 以及 PostgreSQL
SELECT emp_name
FROM employee
WHERE job_id !=ANY (SELECT job_id
              FROM employee
              WHERE dept_id = 1
             );
```

查询返回的结果如下：

```
emp_name
--------
刘备
关羽
张飞
...
```

该查询返回了所有员工的信息。这是因为 ANY 运算符相当于多个 OR 运算符的组合，任何员工的 job_id 都至少不等于子查询返回的某个 job_id。

对于 Oracle 而言，ANY 运算符也可以直接与一个常量列表进行比较，例如：

```
-- Oracle
SELECT emp_name
FROM employee
WHERE job_id !=ANY (1, 2, 2); -- 等价于 job_id != 1 OR job_id != 2
```

“行政管理部”3 名员工的 job_id 分别为 1、2、2，因此该查询同样返回了所有员工的信息。

7.4.3　FROM 子句中的子查询

FROM 子句中的子查询相当于一个临时表，例如：

```
SELECT d.dept_name AS "部门名称",
       ds.avg_salary AS "平均月薪"
FROM department d
LEFT JOIN (SELECT dept_id,
                  AVG(salary) AS avg_salary
           FROM employee
           GROUP BY dept_id) ds
ON (d.dept_id = ds.dept_id);
```

其中，JOIN 子句中的子查询相当于创建了一个临时表（表名为 ds）。它包含了部门的编号和平均月薪。然后，我们将 department 和 ds 进行了左外连接。最终查询返回的结果如下：

```
部门名称    |平均月薪
--------|------------
行政管理部|26666.666667
人力资源部|13166.666667
财务部    | 9000.000000
研发部    | 7577.777778
销售部    | 5012.500000
保卫部    |
```

左外连接确保查询结果中不会丢失“保卫部”的信息，即使它目前还没有任何员工。

提示： 不同数据库对于 FROM 子句中的子查询称呼不同。例如，MySQL 称之为派生表（Derived Table），Oracle 则称之为内联视图（Inline View）。

一般来说，子查询可以像普通查询一样包含各种子句，例如 JOIN、WHERE、GROUP BY 等，甚至可以嵌套其他的子查询。但是需要注意，不同数据库对于子查询中 ORDER BY 子句的处理方式存在差异，例如：

```
-- MySQL、PostgreSQL 以及 SQLite
SELECT emp_name, salary
FROM employee
WHERE job_id IN (SELECT job_id
                 FROM job
                 WHERE max_salary >= 20000
                 ORDER BY job_id)
ORDER BY emp_name;
```

其中，子查询返回了最高月薪高于或等于 20 000 元的职位，同时使用了 ORDER BY 进行数据的排序。对于 MySQL、PostgreSQL 以及 SQLite，以上语句可以正常返回查询结果，Oracle 和 Microsoft SQL Server 则会返回语法错误。

通常来说，子查询中的排序没有实际意义，不会影响到查询结果和显示顺序。只有外部查询中的 ORDER BY 子句能够决定最终结果的显示顺序。

7.5　关联子查询

我们在前面介绍的子查询与外部查询之间没有任何关联，可以单独运行并返回结果，它们都属于非关联子查询（Non-correlated Subquery）。此外，SQL 中还有一类子查询，它们在执行时需要使用外部查询中的字段值，从而和外部查询产生关联。因此，这类子查询也被称为关联子查询（Correlated Subquery）。

例如，以下语句通过一个关联子查询返回了每个部门的平均月薪：

```
SELECT d.dept_name AS "部门名称",
       (SELECT AVG(salary) AS avg_salary
        FROM employee
        WHERE dept_id = d.dept_id) AS "平均月薪"
FROM department d
ORDER BY d.dept_id;
```

其中，子查询的 WHERE 条件中使用了外部查询的部门编号字段（d.dept_id），从而与外部查询产生关联。我们在执行该查询时，首先通过外部查询找出所有的部门数据，然后依次将 d.dept_id 传递给子查询，执行子查询，返回每个部门的平均月薪。该查询返回的结果与 7.4.3 节中的示例相同。

提示：对于外部查询返回的每条记录，关联子查询都会执行一次（数据库可能会对此进行优化），非关联子查询只会独立执行一次。

另外，WHERE 子句中也可以使用关联子查询。例如，以下查询返回了每个部门中最早入职的员工：

```
SELECT d.dept_name AS "部门名称",
       o.emp_name AS "员工姓名",
       o.hire_date AS "入职日期"
FROM employee o
JOIN department d ON (d.dept_id = o.dept_id)
WHERE o.hire_date = (SELECT MIN(i.hire_date)
                     FROM employee i
                     WHERE i.dept_id = o.dept_id);
```

我们执行该语句时，数据库首先找到外部查询中的每个员工，依次将 o.dept_id 字段传递给子查询，子查询返回当前部门中第一个员工的入职日期，然后将该日期传递给外部查询进行判断。查询返回的结果如下：

```
部门名称  |员工姓名|入职日期
--------|-------|----------
行政管理部|刘备    |2000-01-01
行政管理部|关羽    |2000-01-01
行政管理部|张飞    |2000-01-01
人力资源部|诸葛亮  |2006-03-15
财务部    |孙尚香  |2002-08-08
财务部    |孙丫鬟  |2002-08-08
研发部    |赵云    |2005-12-19
销售部    |法正    |2017-04-09
```

“行政管理部”返回了多名员工，因为他们在同一天入职。

7.6 横向子查询

关联子查询可以使用外部查询中的字段，但不能使用同一级别的其他查询或者表中的字段。以下是一个错误的示例：

```
SELECT d.dept_name, t.max_salary
FROM department d
JOIN (SELECT MAX(e.salary) AS max_salary
      FROM employee e
      WHERE e.dept_id = d.dept_id) t;
```

其中，JOIN 子句中的子查询使用了 department 表中的字段。执行该查询将会返回一个错误信息。因为子查询内部无法使用非外部查询中的字段（d.dept_id）。

以上语句的原意是，查找每个部门中的最高月薪。为了实现这个功能，我们可以使用另一种子查询：横向子查询（LATERAL Subquery）。

横向子查询，允许派生表使用它所在的 FROM 子句中左侧的其他查询或者表，例如：

```
-- Oracle、MySQL 以及 PostgreSQL
SELECT d.dept_name "部门名称", t.max_salary AS "最高月薪"
FROM department d
CROSS JOIN
LATERAL (SELECT MAX(e.salary) AS max_salary
```

```
        FROM employee e
        WHERE e.dept_id = d.dept_id) t;
```

我们在 JOIN 之后指定了 LATERAL 关键字，此时子查询可以使用左侧部门表中的字段。查询返回的结果如下：

```
部门名称  |最高月薪
--------|--------
行政管理部|30000.00
人力资源部|24000.00
财务部    |12000.00
研发部    |15000.00
销售部    |10000.00
保卫部    |
```

Oracle、MySQL 以及 PostgreSQL 提供了横向子查询。Microsoft SQL Server 提供了相同的功能，但是实现的语法不同：

```
-- Microsoft SQL Server 和 Oracle
SELECT d.dept_name "部门名称", t.max_salary AS "最高月薪"
FROM department d
CROSS APPLY (SELECT MAX(e.salary) AS max_salary
             FROM employee e
             WHERE e.dept_id = d.dept_id) t;
```

其中，CROSS APPLY 是内连接查询的一种变体，允许右侧的子查询使用 FROM 子句中左侧查询或者表中的字段。该查询返回的结果和上一个示例相同。

除 CROSS APPLY 外，还有一个 OUTER APPLY，它是左外连接的一种变体，同样允许右侧的子查询使用 FROM 子句中左侧查询或者表中的字段。Microsoft SQL Server 和 Oracle 提供了这两种查询语法。

注意： SQLite 目前不支持横向子查询。

最后，我们介绍一个与子查询相关的运算符：EXISTS。

7.7　EXISTS 运算符

EXISTS 运算符用于判断子查询结果的存在性。只要子查询返回了任何结果，就表示满足查询条件；如果子查询没有返回任何结果，就表示不满足查询条件。

例如，以下查询返回了拥有女性员工的部门：

```
SELECT d.dept_name AS "部门名称"
FROM department d
WHERE EXISTS (SELECT 1
              FROM employee e
              WHERE e.sex = '女'
              AND e.dept_id = d.dept_id)
ORDER BY dept_name;
```

EXISTS 关键字之后是一个关联子查询，首先通过外部查询找到 d.dept_id，然后依次将每个 d.dept_id 传递给子查询，判断该部门是否存在女性员工。子查询一旦找到女性员工，就会立即返回结果，而无须遍历所有的员工数据。查询返回的结果如下：

```
部门名称
--------
研发部
财务部
```

查询结果表明"研发部"和"财务部"拥有女性员工。

提示： EXISTS 运算符只判断结果的存在性，因此子查询 SELECT 列表中的内容可以是任意字段或者表达式（通常可以使用一个常量值）。

另外，NOT EXISTS 可以执行与 EXISTS 相反的操作。如果我们想要查找不存在女性员工的部门，可以将上面的语句改写如下：

```
SELECT d.dept_name AS "部门名称"
FROM department d
WHERE NOT EXISTS (SELECT 1
              FROM employee e
              WHERE e.sex = '女'
              AND e.dept_id = d.dept_id)
ORDER BY dept_name;
```

查询返回的结果如下：

```
部门名称
-----
人力资源部
保卫部
行政管理部
销售部
```

虽然[NOT] EXISTS 和[NOT] IN 运算符都可以用于判断子查询返回的结果，但是它们之间存在一个重要的区别：[NOT] EXISTS 运算符只检查结果的存在性，[NOT] IN 运算符需要比较实际的值是否相等。

当子查询的结果中只有 NULL 值时，EXISTS 运算符仍然可以返回结果，NOT EXISTS 运算符则不返回结果。但是，此时 IN 和 NOT IN 运算符**都不会**返回结果，因为任何数据和空值进行比较的结果均未知。例如，以下语句用于查找没有女性员工的部门：

```
SELECT d.dept_name
FROM department d
WHERE NOT EXISTS (SELECT NULL
                FROM employee e
                WHERE e.dept_id = d.dept_id
                AND sex = '女');
```

对于存在女性员工的部门，子查询中返回的数据为 NULL，NOT EXISTS 运算符不会返回结果，因此查询只会返回没有女性员工的部门。查询返回的结果如下：

```
部门名称
---------
行政管理部
人力资源部
销售部
保卫部
```

下面我们使用 NOT IN 运算符实现以上查询：

```
SELECT d.dept_name AS "部门名称"
FROM department d
WHERE d.dept_id NOT IN (3, 4, NULL);
```

财务部（dept_id=3）和研发部（dept_id=4）拥有女性员工，我们特意在 NOT IN 运算符后面增加了一个 NULL 值。

该查询返回的结果为空，因为它等价于以下查询：

```
SELECT d.dept_name AS "部门名称"
FROM department d
WHERE d.dept_id != 3
AND d.dept_id != 4
AND d.dept_id != NULL;
```

查询条件中最后一项的结果为“未知”，所以查询不会返回任何结果。

7.8 案例分析

7.8.1 案例一：月度销售冠军

公司销售人员负责各种产品的销售，emp_sales 表中记录了每个销售人员每个月的销售数据，表的创建和初始化脚本可以通过“读者服务”获取。以下是该表中的一些示例数据：

```
emp_id|sale_year|sale_month|amount
------|---------|----------|--------
    19|     2021|         1|14672.53
    20|     2021|         1|10160.46
    21|     2021|         1|12763.75
```

emp_sales 表中的字段分别表示员工编号、销售年份、销售月份以及销售金额。

假如现在我们想要知道每个月的销售冠军，也就是销售金额最高的员工，应该如何使用 SQL 查询实现？

横向子查询可以帮助我们解决这种分类排名的问题，例如：

```
-- MySQL 和 PostgreSQL
SELECT d.sale_year, d.sale_month, e.emp_name, s.amount
FROM (SELECT DISTINCT sale_year, sale_month FROM emp_sales) d
CROSS JOIN
LATERAL (SELECT emp_id, amount
        FROM emp_sales
        WHERE sale_year = d.sale_year
        AND sale_month = d.sale_month
        ORDER BY amount DESC
        LIMIT 1) s
JOIN employee e
ON (e.emp_id = s.emp_id)
ORDER BY d.sale_year, d.sale_month;
```

其中，子查询 d 的作用是获取销售数据中的所有年度和月份信息；横向子查询 s 通过使用左侧查询结果中的年度和月份数据，返回了每个月销售金额最高的员工和相应的金额；最后连接员工表获得员工的姓名。查询返回的结果如下：

```
sale_year|sale_month|emp_name|amount
---------|----------|--------|--------
     2021|         1|庞统     |15672.53
     2021|         2|黄权     |16984.42
```

```
      2021|          3|邓芝      |16377.44
      2021|          4|简雍      |18744.78
      2021|          5|蒋琬      |19466.56
      2021|          6|庞统      |20154.83
```

如果使用 Oracle 数据库，我们需要将横向子查询 s 中的 LIMIT 子句替换为 FETCH 子句。

如果使用 Microsoft SQL Server 数据库，我们可以将 CROSS JOIN LATERAL 替换为 CROSS APPLY 关键字，同时将 LIMIT 子句替换为 FETCH 子句。

SQLite 目前没有提供横向子查询，因此不能通过这种方式获得月度销售冠军。

7.8.2　案例二：销售增长之星

除月度销售冠军外，我们还想评选出 2021 年 1 月到 6 月销售金额增长最快的员工。为此，我们可以利用两个子查询分别获取 2021 年 1 月的销售情况和 2021 年 6 月的销售情况，然后计算每个销售人员的销售金额增长情况，得到销售金额增长最快的员工：

```
-- MySQL、PostgreSQL 以及 SQLite
SSELECT e.emp_name AS "员工姓名",
       s202106.amount - s202101.amount AS "销售增长"
FROM (SELECT emp_id, amount
      FROM emp_sales
      WHERE sale_year = 2021
      AND sale_month = 1) s202101
JOIN (SELECT emp_id, amount
      FROM emp_sales
      WHERE sale_year = 2021
      AND sale_month = 6) s202106
ON s202101.emp_id = s202106.emp_id
JOIN employee e ON (e.emp_id = s202101.emp_id)
ORDER BY s202106.amount - s202101.amount DESC
LIMIT 1;
```

查询返回的结果如下：

```
员工姓名|销售增长
--------|-------
蒋琬    |6190.41
```

如果使用 Oracle 或者 Microsoft SQL Server，我们可以将 LIMIT 子句替换为 FETCH 子句：

```
-- Microsoft SQL Server 和 Oracle
```

```
SELECT e.emp_name AS "员工姓名",
       s202106.amount - s202101.amount AS "销售增长"
FROM (SELECT emp_id, amount
      FROM emp_sales
      WHERE sale_year = 2021
      AND sale_month = 1) s202101
JOIN (SELECT emp_id, amount
      FROM emp_sales
      WHERE sale_year = 2021
      AND sale_month = 6) s202106
ON s202101.emp_id = s202106.emp_id
JOIN employee e ON (e.emp_id = s202101.emp_id)
ORDER BY s202106.amount - s202101.amount DESC
OFFSET 0 ROWS
FETCH FIRST 1 ROWS ONLY;
```

对于 Oracle，我们也可以省略 OFFSET 0 ROWS 子句。

注意：对于这种分类排名和增量排名的问题，SQL 还提供了更加简单高效的解决方法，我们将会在第 10 章的窗口函数中进一步讨论。

7.9 小结

SQL 嵌套子查询为我们提供了在一个查询中访问多个表的另一种方式，其在很多时候可以实现与连接查询相同的功能，同时也可以用于实现一些特殊的分析功能。在本章中，我们讨论了各种形式的子查询，包括相关的运算符和一些注意事项。

8

第 8 章 表的集合运算

本章介绍如何使用 SQL 集合运算符 INTERSECT、UNION、EXCEPT 等将两个或多个查询结果集组合成一个结果集。

本章涉及的主要知识点包括：

- 并集（Union）运算。
- 交集（Intersect）运算。
- 差集（Except）运算。
- 集合运算与排序操作。
- 集合运算符的优先级。

8.1 集合运算

关系型数据库中的表与集合理论中的集合类似，表是由行（记录）组成的集合。因此，SQL

支持基于数据行的各种集合运算，包括并集（Union）运算、交集（Intersect）运算和差集（Except）运算。它们都可以将两个查询的结果集合并成一个结果集，但是合并的规则各不相同。

执行 SQL 集合运算时，集合操作中的两个查询结果需要满足以下条件：

- 两个查询结果集中字段的数量必须相同。
- 两个查询结果集中对应字段的类型必须匹配或兼容。SQLite 使用动态数据类型，不要求字段类型匹配或兼容。

也就是说，参与运算的两个查询结果集的字段结构必须相同。如果一个查询返回 2 个字段，另一个查询返回 3 个字段，肯定无法进行合并。如果一个查询返回数字类型的字段，另一个查询返回字符类型的字段，通常也无法进行合并；不过，某些数据库（例如 MySQL）可能会尝试执行隐式的类型转换。

8.2 交集求同

SQL 交集运算的运算符是 INTERSECT，它可以用于获取两个查询结果集中的共同部分，也就是同时出现在第一个查询结果集和第二个查询结果集中的数据，如图 8.1 所示。

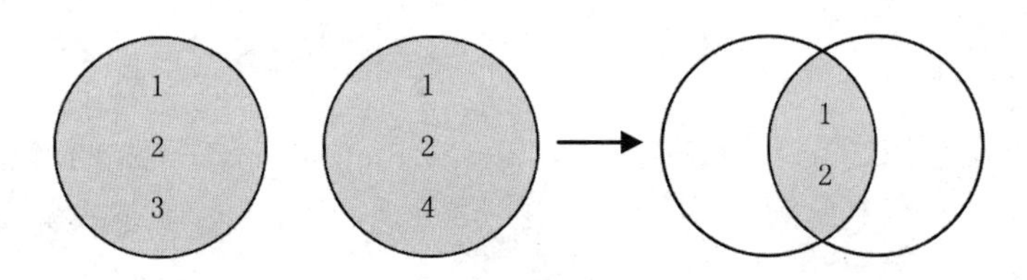

图 8.1　交集求同

图 8.1 中的 1 和 2 是两个查询结果集中都存在的元素，因此交集运算的结果只包含 1 和 2。SQL 交集运算的语法如下：

```
SELECT column1, column2, ...
FROM table1
INTERSECT [DISTINCT | ALL]
SELECT col1, col2, ...
FROM table2;
```

其中，DISTINCT 表示对合并后的结果集进行去重操作，只保留不重复的记录。ALL 表示保留合并结果中的重复记录。如果省略，默认值为 DISTINCT。

注意： MySQL 不支持 INTERSECT 运算符。PostgreSQL 支持完整的 DISTINCT 和 ALL 选项，Oracle 21c 开始支持 ALL 选项，其他数据库支持简写的 INTERSECT。

我们首先创建两个简单的测试表 t_set1 和 t_set2。

```
CREATE TABLE t_set1
(
  id INTEGER,
  name VARCHAR(10)
);
INSERT INTO t_set1 VALUES (1, 'apple');
INSERT INTO t_set1 VALUES (2, 'banana');
INSERT INTO t_set1 VALUES (3, 'orange');

CREATE TABLE t_set2
(
  id INTEGER,
  name VARCHAR(10)
);
INSERT INTO t_set2 VALUES (1, 'apple');
INSERT INTO t_set2 VALUES (2, 'banana');
INSERT INTO t_set2 VALUES (4, 'pear');
```

然后，我们使用以下语句查找两个表中的共同记录。

```
-- Oracle、Microsoft SQL Server、PostgreSQL 以及 SQLite
SELECT id, name
FROM t_set1
INTERSECT
SELECT id, name
FROM t_set2;
```

查询返回的结果如下：

```
id|name
--|------
 1|apple
 2|banana
```

其中，“apple”和“banana”是两个表中的共同数据。

以上示例中两个 SELECT 语句返回的列名都是 id 和 name，因此最终结果返回的列表也是 id 和 name。如果两个语句返回的列名不同，最终结果使用第一个语句返回的列名。

通常来说，交集运算都可以改写为等价的内连接查询。上面的查询语句可以改写为下面这样：

```
SELECT DISTINCT t1.id, t1.name
FROM t_set1 t1
JOIN t_set2 t2
ON (t2.id = t1.id AND t2.name = t1.name);
```

注意，SELECT 列表中返回的全部字段（id 和 name）都必须作为连接查询的条件。对于 MySQL，我们可以使用这种方法实现并集运算。

使用 SQL 集合运算的前提是，参与集合运算的两个查询结果集必须包含相同数量的字段，并且对应字段的数据类型必须匹配。因此，以下两个示例都会返回错误：

```
-- Oracle、Microsoft SQL Server、PostgreSQL 以及 SQLite
SELECT id
FROM t_set1
INTERSECT
SELECT id, name
FROM t_set2;

SELECT id, id
FROM t_set1
INTERSECT
SELECT id, name
FROM t_set2;
```

在第一个示例中，两个 SELECT 语句返回的字段数量不相同；在第二个示例中，两个 SELECT 语句返回的字段数据类型不一致。对于第二个查询示例，SQLite 不会返回错误。

8.3 并集存异

SQL 并集运算的运算符是 UNION，它可以用于计算两个查询结果集的相加，返回出现在第一个查询结果集或者第二个查询结果集中的数据，如图 8.2 所示。

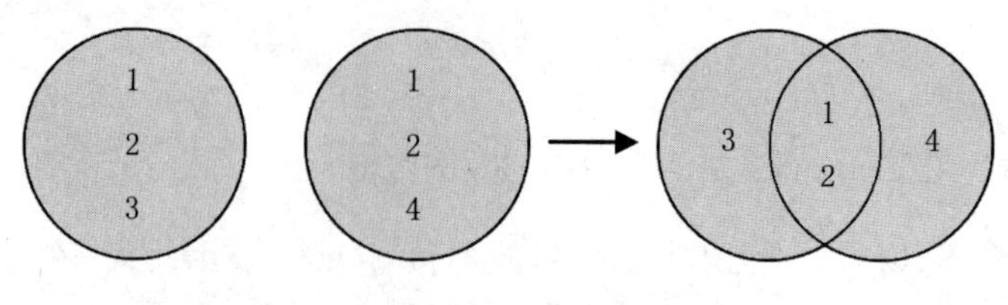

图 8.2　并集存异

图 8.2 中的 1 和 2 是两个查询结果集中都存在的元素，不过它们在最终结果中只出现了一次，因为 UNION 运算符排除了查询结果中的重复记录。

SQL 并集运算的语法如下：

```
SELECT column1, column2, ...
FROM table1
UNION [DISTINCT | ALL]
SELECT col1, col2, ...
FROM table2;
```

其中，DISTINCT 表示对合并的结果集进行去重操作，只保留不重复的记录。ALL 表示保留最终结果中的重复记录。如果省略，默认值为 DISTINCT。

以下是一个 UNION 运算符的示例：

```
SELECT id, name
FROM t_set1
UNION
SELECT id, name
FROM t_set2;
```

查询返回的结果如下：

```
id|name
--|------
 1|apple
 2|banana
 3|orange
 4|pear
```

虽然“apple”和“banana”在两个表中都存在，但是它们在最终的结果中只出现了一次。

UNION 运算符可以改写为等价的全外连接查询。例如，上面的查询语句可以改写为下面这样：

```
-- Oracle、Microsoft SQL Server 以及 PostgreSQL
SELECT COALESCE(t1.id, t2.id), COALESCE(t1.name, t2.name)
FROM t_set1 t1
FULL JOIN t_set2 t2
ON (t2.id = t1.id AND t2.name = t1.name);
```

其中，全外连接可以返回左表和右表中的全部数据，COALESCE 函数的作用就是当左表字段为空时返回右表中的字段。MySQL 和 SQLite 不支持全外连接查询。

如果我们想要保留并集运算结果中的重复记录，可以使用 UNION ALL 运算符，例如：

```
SELECT id, name
FROM t_set1
UNION ALL
SELECT id, name
FROM t_set2;
```

查询返回的结果如下：

```
id|name
--|------
 1|apple
 2|banana
 3|orange
 1|apple
 2|banana
 4|pear
```

此时，“apple”和“banana”在结果中分别出现了两次。

提示： 通常来说，UNION ALL 运算符无须进行重复值的去除，其性能比 UNION 运算符好（尤其在数据量比较大的情况下）。

对于 UNION 和 UNION ALL 运算符，两个查询结果必须包含相同数量的字段，同时对应字段的数据类型也要兼容。不过，MySQL 和 SQLite 会执行隐式的数据类型转换，例如：

```
-- MySQL 和 SQLite
SELECT 1 AS id
UNION ALL
SELECT 'sql' AS name;
```

MySQL 将第一个查询返回的字段转换为字符串类型，SQLite 将第二个查询返回的字段转换为整数类型。查询返回的结果如下：

```
id
---
1
sql
```

8.4 差集排他

SQL 差集运算的运算符是 EXCEPT，它可以用于计算两个查询结果集的相减，返回出现在第一个查询结果集中但不在第二个查询结果集中的数据，如图 8.3 所示。

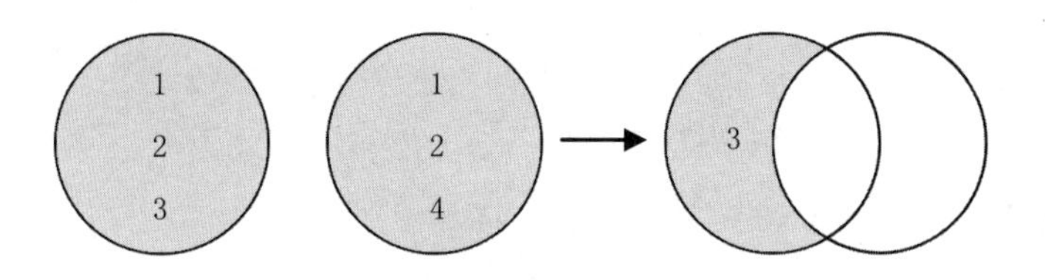

图 8.3　差集排他

图 8.3 中第一个查询的结果只有元素 3 没有出现在第二个查询的结果中，因此差集运算的结果只返回了 3。SQL 差集运算的语法如下：

```
SELECT column1, column2, ...
FROM table1
EXCEPT [DISTINCT | ALL]
SELECT col1, col2, ...
FROM table2;
```

其中，DISTINCT 表示对合并的结果集进行去重操作，只保留不重复的记录。ALL 表示保留最终结果集中的重复记录。如果省略，默认值为 DISTINCT。

注意： MySQL 不支持 EXCEPT 运算符。Oracle 21c 开始支持 EXCEPT 关键字，其以前的版本使用等价的 MINUS 运算符。只有 PostgreSQL 支持完整的 DISTINCT 和 ALL 选项，Oracle 21c 开始支持 ALL 选项，其他数据库支持简写的 EXCEPT。

以下是一个 EXCEPT 运算符的示例：

```
-- Oracle、Microsoft SQL Server、PostgreSQL 以及 SQLite
SELECT id, name
FROM t_set1
EXCEPT
SELECT id, name
FROM t_set2;
```

如果使用 Oracle 19c 以及更早的版本，等价的查询语句如下：

```
-- Oracle
SELECT id, name
FROM t_set1
MINUS
SELECT id, name
FROM t_set2;
```

查询返回的结果如下：

```
id|name
--|------
 3|orange
```

只有“orange”出现在表 t_set1 但不在表 t_set2 中。

差集运算可以改写为等价的左外连接或者右外连接，上面的查询语句可以改写为下面这样：

```
SELECT t1.id, t1.name
FROM t_set1 t1
LEFT JOIN t_set2 t2
ON (t2.id = t1.id AND t2.name = t1.name)
WHERE t2.id IS NULL;
```

其中的 WHERE 条件是关键，它保留了连接结果中 t_set2.id 为空的数据，也就是只在 t_set1 中出现的记录。对于 MySQL，我们可以使用这种方法实现差集运算。

8.5 集合运算与排序

我们在使用集合运算符时需要注意几个事项，首先就是排序操作。如果我们想要对集合运算的结果进行排序操作，必须将 ORDER BY 子句写在整个查询语句的最后，集合运算符之前的 SELECT 语句中不能出现排序子句。

下面是一个错误的查询示例：

```
-- 集合运算中的错误排序子句
SELECT id, name
FROM t_set1
ORDER BY id
UNION ALL
SELECT id, name
FROM t_set2;
```

无论我们使用哪种数据库，以上语句都会返回语法错误。因为在集合运算之前进行排序没有意义，最终结果的返回顺序可能会发生改变。

正确的做法是在整个查询语句的最后指定排序操作，例如：

```
SELECT id, name
FROM t_set1
```

```
UNION ALL
SELECT id, name
FROM t_set2
ORDER BY id;
```

查询返回的结果如下：

```
id|name
--|------
 1|apple
 1|apple
 2|banana
 2|banana
 3|orange
 4|pear
```

8.6　运算符的优先级

另一个关于集合运算的注意事项就是 3 种集合运算符的优先级。当我们使用集合运算符将多个查询语句进行组合时，需要注意它们之间的优先级和执行顺序：

- 按照 SQL 标准，交集运算符（INTERSECT）的优先级高于并集运算符（UNION）和差集运算符（EXCEPT）。但是 Oracle 和 SQLite 中所有集合运算符的优先级相同。
- 相同的集合运算符按照从左至右的顺序执行。
- 某些数据库支持使用括号调整多个集合运算符的执行顺序。

以下示例说明了不同集合运算符的执行优先级：

```
-- Microsoft SQL Server、PostgreSQL 以及 SQLite
SELECT 1 AS n
UNION ALL
SELECT 1
INTERSECT
SELECT 1;
```

以上语句在 Microsoft SQL Server 和 PostgreSQL 中返回的结果如下：

```
n
-
1
1
```

查询返回了 2 个重复的 1。因为查询先执行 INTERSECT 运算符，结果包含 1 个 1。然后执行 UNION ALL 运算符，最终的结果保留了重复的 1。

以上语句在 SQLite 中返回的结果如下：

```
n
-
1
```

查询只返回了 1 个 1。因为查询先执行 UNION ALL 运算符，结果包含 2 个 1。然后再执行 INTERSECT 运算符，最终的结果去除了重复值。

以上语句在 Oracle 数据库中的写法如下：

```
-- Oracle
SELECT 1 AS n FROM dual
UNION ALL
SELECT 1 FROM dual
INTERSECT
SELECT 1 FROM dual;
```

该查询在 Oracle 数据库中返回的结果和在 SQLite 数据库中返回的结果相同。

以下示例说明了相同集合运算符的执行顺序：

```
SELECT 1 AS n
UNION ALL
SELECT 1
UNION
SELECT 1;
```

对于 Oracle 数据库，我们需要对查询进行相应的修改，也就是加上 dual 表。

查询返回的结果如下：

```
n
-
1
```

以上语句只返回了 1 个 1，因为第二个 UNION 运算符去除了重复的记录。

如果我们将以上示例中的两个并集运算符交换位置：

```
SELECT 1 AS n
UNION
```

```
SELECT 1
UNION ALL
SELECT 1;
```

查询返回的结果如下：

```
n
-
1
1
```

以上语句返回了 2 个重复的 1，因为第二个 UNION ALL 运算符保留了重复的记录。

最后，我们可以在某些数据库中使用括号来修改多个集合运算符的执行顺序：

```
-- Microsoft SQL Server 和 PostgreSQL
SELECT 1 AS n
UNION ALL
(SELECT 1
INTERSECT
SELECT 1);
```

以上示例先执行括号内的查询语句，因此查询返回的结果如下：

```
n
-
1
1
```

对于 Oracle 数据库，我们需要对以上查询进行相应的修改，也就是加上 dual 表。MySQL 和 SQLite 目前不支持这种修改集合运算符优先级的方式。

8.7　案例分析

下面我们通过两个案例分析来进一步理解集合运算的概念和作用。

8.7.1 案例一：优秀员工分析

首先，我们创建一个年度优秀员工表 excellent_emp：

```
CREATE TABLE excellent_emp(
    year   INTEGER NOT NULL,
    emp_id INTEGER NOT NULL,
```

```
    emp_name VARCHAR(50) NOT NULL,
    CONSTRAINT pk_excellent_emp PRIMARY KEY (year, emp_id)
);

INSERT INTO excellent_emp VALUES (2019, 9, '赵云');
INSERT INTO excellent_emp VALUES (2019, 11, '关平');
INSERT INTO excellent_emp VALUES (2020, 9, '赵云');
INSERT INTO excellent_emp VALUES (2020, 16, '周仓');
```

excellent_emp 表中记录了每个年度的优秀员工编号和姓名。

如果我们想要查找 2019 年和 2020 年都是优秀员工的员工信息，可以使用 INTERSECT 运算符实现：

```
-- Oracle、Microsoft SQL Server、PostgreSQL 以及 SQLite
SELECT emp_id, emp_name -- 2019 年优秀员工
FROM excellent_emp
WHERE year = 2019
INTERSECT
SELECT emp_id, emp_name -- 2020 年优秀员工
FROM excellent_emp
WHERE year = 2020;
```

查询返回的结果如下：

```
emp_id|emp_name
------|--------
     9|赵云
```

查询结果显示，只有“赵云”连续两年获得了优秀员工的称号。

对于 MySQL，我们可以使用以下内连接查询实现相同的结果：

```
SELECT t1.emp_id, t1.emp_name
FROM excellent_emp t1
JOIN excellent_emp t2
ON (t1.emp_id = t2.emp_id AND t1.year = 2019 AND t2.year = 2020);
```

以上语句也可以用于其他 4 种数据库。

如果我们还想知道 2019 年和 2020 年的所有优秀员工，可以使用 UNION 运算符实现：

```
SELECT emp_id, emp_name
FROM excellent_emp
WHERE year = 2019
```

```
UNION ALL
SELECT emp_id, emp_name
FROM excellent_emp
WHERE year = 2020;
```

查询返回的结果如下：

```
emp_id|emp_name
------|--------
     9|赵云
     9|赵云
    11|关平
    16|周仓
```

我们使用了 UNION ALL，因此查询结果中出现了两个“赵云”，说明他在 2019 年和 2020 年都获得了优秀员工称号。如果我们将 UNION ALL 运算符替换成 UNION 运算符，则“赵云”在查询结果中只会出现一次。

接下来，我们想要找出 2020 年有哪些新晋的优秀员工，其在 2019 年没有获得这个称号。我们可以使用 EXCEPT 运算符实现：

```
-- Microsoft SQL Server、PostgreSQL 以及 SQLite
SELECT emp_id, emp_name
FROM excellent_emp
WHERE year = 2020
EXCEPT
SELECT emp_id, emp_name
FROM excellent_emp
WHERE year = 2019;
```

查询返回的结果如下：

```
emp_id|emp_name
------|--------
    16|周仓
```

查询结果显示，只有“周仓”是 2020 年新晋的优秀员工。

对于 Oracle 数据库，我们需要使用 MINUS 运算符替换查询中的 EXCEPT 运算符。

对于 MySQL，我们可以使用以下连接查询实现相同的结果：

```
SELECT t1.emp_id, t1.emp_name
FROM excellent_emp t1
```

```
LEFT JOIN excellent_emp t2 ON (t1.emp_id = t2.emp_id AND t2.year = 2019)
WHERE t1.year = 2020
AND t2.emp_id IS NULL;
```

以上语句也可以用于其他 4 种数据库。注意 WHERE 和 ON 子句中的查询条件。

8.7.2 案例二：用户权限管理

现代用户权限管理系统通常采用基于角色的访问控制方式。也就是说，用户可以拥有角色，角色可以拥有权限。另外，用户也可以直接拥有权限。这种方式使用的表结构如图 8.4 所示。

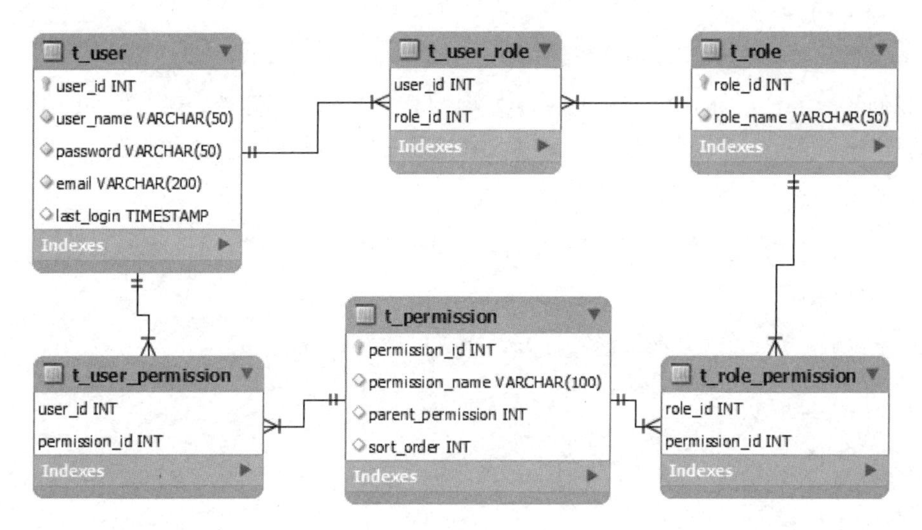

图 8.4　基于角色的用户权限

图 8.4 中共计包含了 6 张表，创建示例表的脚本可以通过“读者服务”获取。它们的简单描述如下：

- 用户表（t_user）。用户编号（user_id）是主键，其他字段包括用户名（user_name）、密码（password）、电子邮箱（email）以及最后一次登录时间（last_login）。
- 角色表（t_role）。角色编号（role_id）是主键，其他字段包括角色名（role_name）。
- 权限表（t_permission）。权限编号（permission_id）是主键，其他字段包括权限名（permission_name）、父级权限（parent_permission）以及排序顺序（sort_order）。
- 用户所属角色表（t_user_role）。通过用户编号（user_id）和用户表关联，通过角色编号（role_id）和角色表关联。
- 用户权限表（t_user_permission）。通过用户编号（user_id）和用户表关联，通过权限编号（permission_id）和权限表关联。

- 角色权限表（t_role_permission）。通过角色编号（role_id）和角色表关联，通过权限编号（permission_id）和权限表关联。

下面我们分析一个具体的业务需求。当用户登录系统后，应用前端需要根据用户的权限显示不同的页面，那么我们应该如何获得该用户的权限呢？

用户的权限既可以通过角色获得，也可以直接通过用户权限表获得。因此，我们可以使用 UNION 运算符实现这一需求：

```
SELECT p.permission_id, p.permission_name, p.parent_permission
FROM t_user_permission up
JOIN t_permission p ON (p.permission_id = up.permission_id)
WHERE user_id = 2
UNION
SELECT p.permission_id, p.permission_name, p.parent_permission
FROM t_role_permission rp
JOIN t_permission p ON (p.permission_id = rp.permission_id)
JOIN t_user_role ur ON (rp.role_id = ur.role_id)
WHERE ur.user_id = 2;
```

UNION 运算符左边的查询语句返回了用户直接获得的权限，右边的查询语句返回了用户通过角色获得的权限。我们使用了 UNION 运算符而不是 UNION ALL 运算符，因为两个查询语句可能会返回重复的权限。查询返回的结果如下：

```
permission_id|permission_name|parent_permission
-------------|---------------|-----------------
            2|员工管理        |
            3|查看员工信息    |                2
            4|修改员工信息    |                2
```

进一步来说，我们不但需要返回用户拥有的权限，还需要知道该用户没有获得的权限，类似于以下结果：

```
permission_id|permission_name|parent_permission|has_permission
-------------|---------------|-----------------|--------------
            1|系统管理        |                 |N
            2|员工管理        |                 |Y
            3|查看员工信息    |                2|Y
            4|修改员工信息    |                2|Y
```

其中，若 has_permission 字段的结果为“Y”，则表示用户拥有该权限；若其结果为“N”，则表示用户没有该权限。为此，我们可以在以上示例的基础上使用外连接查询连接权限表：

```
SELECT p.permission_id, p.permission_name, p.parent_permission,
      COALESCE(t.has_permission,'N') AS has_permission
FROM t_permission p
LEFT JOIN (
    SELECT p.permission_id, 'Y' has_permission
    FROM t_user_permission up
    JOIN t_permission p ON (p.permission_id = up.permission_id)
    WHERE user_id = 2
    UNION
    SELECT p.permission_id, 'Y'
    FROM t_role_permission rp
    JOIN t_permission p ON (p.permission_id = rp.permission_id)
    JOIN t_user_role ur ON (rp.role_id = ur.role_id)
    WHERE ur.user_id = 2
    ) t ON (t.permission_id = p.permission_id)
ORDER BY p.sort_order;
```

其中，左连接查询返回了所有的权限，COALESCE 函数返回了用户拥有的权限（Y）和用户没有获得的权限（N）。

8.8 小结

SQL 中的集合运算符可以将多个查询的结果集组合成一个结果集。三种集合运算符分别为 UNION [ALL]、INTERSECT [ALL]以及 EXCEPT [ALL]，使用多个集合运算符时需要注意它们的优先级和执行顺序。同时，我们还介绍了如何利用连接查询实现与集合运算相同的效果。

9

第 9 章 通用表表达式

本章将会介绍如何利用通用表表达式（Common Table Expression）简化复杂的子查询和连接查询，实现树状结构数据的遍历，提高 SQL 语句的可读性和性能。另外，我们还会详细讨论一个实用的案例：社交网络中的好友、粉丝关系分析。

本章涉及的主要知识点包括：

- 通用表表达式。
- 递归形式的通用表表达式。
- 递归查询的终止条件。
- 案例分析：社交网络关系。

9.1 表即变量

在使用编程语言时，我们通常会定义一些变量和函数（方法）。变量可以被重复使用；函数（方法）可以将代码模块化，从而提高程序的可读性与可维护性。

与此类似，SQL 中的通用表表达式也能够实现查询结果的重复利用，简化复杂的连接查询和子查询。SQL 通用表表达式的基本语法如下：

```
WITH cte_name(col1, col2, ...) AS (
  subquery
)
SELECT * FROM cte_name;
```

其中，WITH 关键字表示定义通用表表达式（简称 CTE），因此通用表表达式也被称为 WITH 查询。cte_name 指定了 CTE 的名称，后面是可选的字段名。AS 关键字后面的子查询是 CTE 的定义语句，定义了它的表结构和数据。最后的 SELECT 是主查询语句，它可以引用前面定义的 CTE。除了 SELECT，主查询语句也可以是 INSERT、UPDAT 或 DELETE 等。

例如，以下是一个简单的 CTE 示例：

```
WITH t(n) AS (
  SELECT 1 -- Oracle 数据库需要使用 SELECT 1 FROM dual
)
SELECT n
FROM t;
```

其中，WITH 关键字表示定义 CTE。t 就是一个 CTE，包含一个字段 n 并且只有一行数据。最后，我们在主查询语句中使用了前面定义的 t。查询返回的结果如下：

```
n
-
1
```

如果使用 Oracle 数据库，t 的定义中需要使用 dual 表。

提示： WITH 语句定义了一个变量，这个变量的值是一个表，所以称为通用表表达式。CTE 和临时表或子查询类似，可以用于 SELECT、INSERT、UPDATE 以及 DELETE 等语句。在 Oracle 数据库中，WITH 语句被称为子查询因子。

CTE 与子查询类似，只在当前语句中有效。我们在一个 WITH 子句中可以定义多个 CTE，并且已经定义的 CTE 可以被后续的 CTE 引用。例如，以下示例中定义了 2 个 CTE：

```
WITH t1(n) AS (
  SELECT 1 -- Oracle 数据库需要使用 SELECT 1 FROM dual
),
t2(m) AS (
```

```
    SELECT n+1
    FROM t1
)
SELECT t1.n, t2.m
FROM t1
CROSS JOIN t2;
```

其中，WITH 关键字表示定义 CTE。t1 包含一个字段 n 并且只有一行数据。t2 包含一个字段 m，同时在 t2 的定义中引用了前面的 t1。两个 CTE 之间使用逗号进行分隔。最后，我们在主查询语句中通过 t1 和 t2 的交叉连接返回了两个表中的数据。查询返回的结果如下：

```
n|m
-|-
1|2
```

如果使用 Oracle 数据库，t1 的定义中需要使用 dual 表。

我们再来看一个示例，以下语句中使用了子查询：

```
SELECT dept_cost.dept_name AS "部门名称",
       dept_cost.total AS "部门成本",
       detp_avg_cost.avg_total AS "平均成本"
FROM (SELECT dept_name, SUM(salary*12 + COALESCE(bonus, 0)) total
      FROM employee e
      JOIN department d ON (e.dept_id = d.dept_id)
      GROUP BY dept_name
     ) dept_cost
JOIN (SELECT SUM(total)/COUNT(*) avg_total
      FROM (SELECT dept_name, SUM(salary*12 + COALESCE(bonus, 0)) total
            FROM employee e
            JOIN department d
            ON (e.dept_id = d.dept_id)
            GROUP BY dept_name
           ) dept_cost
     ) detp_avg_cost
ON (dept_cost.total > detp_avg_cost.avg_total);
```

其中，FROM 子句中的子查询 dept_cost 返回了每个部门的总体成本。我们在 JOIN 子句中再次定义了相同的子查询 dept_cost，并且基于该子查询定义了子查询 detp_avg_cost，得到了所有部门的平均成本。最后，我们在外部查询中返回了部门成本高于平均成本的部门。查询返回的结果如下：

```
部门名称  |部门成本   |平均成本
```

```
---------|---------|-------------
行政管理部|990000.00|601420.000000
研发部    |824400.00|601420.000000
```

通过以上示例可以看出，当逻辑稍微复杂一些时，使用子查询编写的语句不易阅读和理解，同时也为性能优化增加了难度。

我们使用 CTE 将上面的示例进行改写：

```
WITH dept_cost(dept_name, total) AS
  (SELECT dept_name, SUM(salary*12 + COALESCE(bonus, 0))
   FROM employee e
   JOIN department d ON (e.dept_id = d.dept_id)
   GROUP BY dept_name
),
detp_avg_cost(avg_total) AS (
  SELECT SUM(total)/COUNT(*) avg_total
  FROM dept_cost
)
SELECT dept_cost.dept_name AS "部门名称",
       dept_cost.total AS "总成本",
       detp_avg_cost.avg_total AS "平均成本"
FROM dept_cost
JOIN detp_avg_cost
ON (dept_cost.total > detp_avg_cost.avg_total);
```

其中，dept_cost 是一个 CTE，包含了每个部门的名称和成本。detp_avg_cost 也是一个 CTE，引用了前面定义的 dept_cost，包含了所有部门的平均成本。最后，我们在主查询语句中，通过这两个 CTE 的连接查询返回了部门成本高于平均成本的部门。显然，使用 CTE 编写的查询语句更易理解，且更加高效。

提示： 通用表表达式（WITH 语句）可以将 SQL 语句进行模块化和重复利用，从而提高复杂查询语句的可读性和性能。

9.2 强大的递归

除提高查询的可读性和性能外，CTE 还支持在定义中进行自我引用，也就是实现了编程语言中的递归调用。递归形式的通用表表达式可以用于遍历具有层次结构或者树状结构的数据，例如遍历组织结构、查询地铁线路图。

9.2.1　递归查询语法

递归 CTE 的基本语法如下：

```
WITH RECURSIVE cte_name AS(
    cte_query_initial -- 初始化部分
    UNION [ALL]
    cte_query_iterative  -- 递归部分
) SELECT * FROM cte_name;
```

其中，关键字 WITH RECURSIVE 表示定义递归形式的 CTE（即递归 CTE）。递归 CTE 的定义包含两部分，cte_query_initial 是初始化查询语句，用于创建初始结果集。cte_query_iterative 是递归查询语句，可以对当前 CTE 进行自我引用。每一次递归查询语句执行的结果都会再次作为输入，传递给下一次查询。如果递归查询无法从上一次迭代中返回更多的数据，将会终止递归。最后，UNION [ALL]运算符用于合并这两个结果集。

提示： Oracle 和 Microsoft SQL Server 不支持 RECURSIVE，而直接使用 WITH 定义递归形式的 CTE，同时它们必须使用 UNION ALL 运算符。SQLite 可以省略 RECURSIVE。

接下来我们介绍一些递归 CTE 的使用示例。

9.2.2　生成数字序列

以下查询通过递归 CTE 生成一个 1～10 的数字序列：

```
-- MySQL、PostgreSQL 以及 SQLite
WITH RECURSIVE t(n) AS
(
  SELECT 1
  UNION ALL
  SELECT n + 1 FROM t WHERE n < 10
)
SELECT n FROM t;

-- Oracle
WITH t(n) AS
(
  SELECT 1 FROM dual
  UNION ALL
  SELECT n + 1 FROM t WHERE n < 10
)
```

```
SELECT n FROM t;

-- Microsoft SQL Server
WITH t(n) AS
(
  SELECT 1
  UNION ALL
  SELECT n + 1 FROM t WHERE n < 10
)
SELECT n FROM t;
```

其中，WITH 或者 WITH RECURSIVE 表示定义递归形式的 CTE。该语句的执行过程如下：

（1）首先运行初始化语句，生成数字 1。

（2）第 1 次运行递归部分，此时 n 等于 1，生成数字 2（n+1）。

（3）第 2 次运行递归部分，此时 n 等于 2，生成数字 3。

（4）继续运行递归部分，直到 n 等于 9，生成数字 10。

（5）第 10 次运行递归部分，此时 n 等于 10。由于不满足查询条件（WHERE n < 10），不返回任何结果，同时终止递归。

（6）最后，主查询语句返回 t 中的全部数据，也就是一个 1～10 的数字序列。

查询返回的结果如下：

```
 n
--
 1
 2
 3
 ...
 9
10
```

从该示例中可以看出，递归 CTE 非常适用于生成具有某种规律的数字序列，例如斐波那契数列（Fibonacci Series）等。

9.2.3 遍历层次结构

员工表（employee）中存储了员工的各种信息，包括员工编号、姓名以及员工经理的编号。该公司的组织结构如图 9.1 所示。其中“刘备”没有上级，他的经理字段 manager 为空。

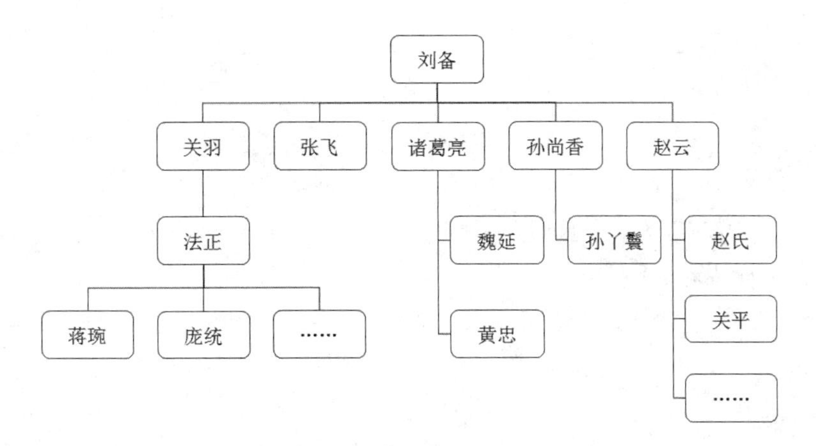

图 9.1　公司的组织结构图

以下查询利用递归 CTE 生成一个组织结构图，显示每个员工从上到下的管理路径：

```
-- MySQL
WITH RECURSIVE employee_path (emp_id, emp_name, path) AS
(
  SELECT emp_id, emp_name, emp_name AS path
  FROM employee
  WHERE manager IS NULL
  UNION ALL
  SELECT e.emp_id, e.emp_name,
         CONCAT(ep.path, '->', e.emp_name)
  FROM employee_path ep
  JOIN employee e ON ep.emp_id = e.manager
)
SELECT emp_name AS "员工姓名", PATH AS "管理路径"
FROM employee_path
ORDER BY emp_id;
```

其中，employee_path 是一个递归 CTE。UNION ALL 前面的初始化部分用于查找上级经理为空的员工，也就是“刘备”。path 字段用于保存从上到下的管理路径。

然后第一次执行递归部分，将初始化的结果集（employee_path）与员工表进行连接查询，并找出“刘备”的所有直接下属。CONCAT 函数用于将之前的管理路径加上当前员工的姓名，生成新的管理路径。第一次执行递归部分之后的结果如下：

```
员工姓名|管理路径
--------|----------
刘备    |刘备
```

```
关羽    |刘备->关羽
张飞    |刘备->张飞
诸葛亮  |刘备->诸葛亮
孙尚香  |刘备->孙尚香
赵云    |刘备->赵云
```

查询继续执行递归部分，不断返回其他员工的下级员工，直到不再返回新的员工为止。查询最终返回的查询结果如下：

```
员工姓名|管理路径
-------|-------------------
刘备    |刘备
关羽    |刘备->关羽
张飞    |刘备->张飞
...
简雍    |刘备->关羽->法正->简雍
孙乾    |刘备->关羽->法正->孙乾
```

如果使用 Oracle 数据库，我们需要删除 RECURSIVE 关键字，并且将 CONCAT 函数替换为连接运算符（||）。如果使用 Microsoft SQL Server，我们需要将查询语句修改如下：

```sql
-- Microsoft SQL Server
WITH employee_path (emp_id, emp_name, path) AS
(
  SELECT emp_id, emp_name, CAST(emp_name AS VARCHAR) AS path
  FROM employee
  WHERE manager IS NULL
  UNION ALL
  SELECT e.emp_id, e.emp_name,
         CAST(CONCAT(ep.path, '->', e.emp_name)  AS VARCHAR)
  FROM employee_path ep
  JOIN employee e ON ep.emp_id = e.manager
)
SELECT emp_name AS "员工姓名", PATH AS "管理路径"
FROM employee_path ;
```

首先，我们删除了 RECURSIVE 关键字。其次，我们使用 CAST 函数将 path 字段的类型转换为 VARCHAR 类型，否则查询会返回数据类型不匹配的错误。

如果使用 PostgreSQL，我们需要使用 CAST 函数将 path 字段的类型转换为 VARCHAR(n) 或者 TEXT 类型，否则查询会返回数据类型不匹配的错误。

如果使用 SQLite，我们需要将 CONCAT 函数替换为连接运算符（||）。

9.2.4　递归的终止

一般而言，递归 CTE 的定义中需要包含一个终止递归的条件。否则的话，递归将会进入死循环。例如，以下语句删除了 9.2.2 节示例中的 WHERE 条件：

```
-- MySQL、PostgreSQL 以及 SQLite
WITH RECURSIVE t(n) AS
(
 SELECT 1
 UNION ALL
 SELECT n + 1 FROM t
)
SELECT n FROM t;

-- Oracle
WITH t(n) AS
(
 SELECT 1 FROM dual
 UNION ALL
 SELECT n + 1 FROM t
)
SELECT n FROM t;

-- Microsoft SQL Server
WITH t(n) AS
(
 SELECT 1
 UNION ALL
 SELECT n + 1 FROM t
)
SELECT n FROM t;
```

如果我们执行以上语句，MySQL 默认递归 1000 次（由系统变量 cte_max_recursion_depth 控制）后终止递归，并提示错误。PostgreSQL 和 SQLite 没有进行递归次数限制，查询进入死循环。Oracle 能够检测到查询语句中的死循环问题，并提示错误。Microsoft SQL Server 默认递归 100 次（可以在查询中使用 MAXRECURSION 选项进行设置）后终止，并提示错误。

递归终止条件可以是遍历完表中的所有数据后不再返回更多结果（9.2.3 节），或者在递归查询部分的 WHERE 子句中指定一个终止条件（9.2.2 节）。

另外，限制递归次数的终止条件必须写在 CTE 的定义中，而不能通过主查询实现，例如：

```
-- MySQL、PostgreSQL 以及 SQLite
WITH RECURSIVE t(n) AS
(
  SELECT 1
  UNION ALL
  SELECT n + 1 FROM t
)
SELECT n FROM t WHERE n < 10;
```

由于主查询语句中的 WHERE 条件并不会对 CTE 产生影响，因此以上语句仍然会返回错误或者进入死循环。

9.3 案例分析：社交网络关系

在本节中，我们分析一下社交软件是如何建立网络关系的。常见的社交网络关系主要分为两类：

- 好友关系。在微信、Facebook 等软件中，两个用户可以相互加为好友，这样用户就可以和朋友、同事、同学以及周围的人保持互动交流。
- 粉丝关注。在微博、知乎等软件中，用户可以通过“关注”成为其他人的粉丝，了解他们/她们的最新动态。关注可以是单向的。两个用户也可以互相关注。

对于这些社交软件而言，首先需要解决的问题就是如何存储好友关系或者粉丝关系。

9.3.1 数据结构

社交网络是一个复杂的非线性结构，通常使用图（Graph）这种数据结构进行表示。对于好友这种关系，每个用户是一个顶点（Vertex），两个用户相互加为好友就会在两者之间建立一条边（Edge）。图 9.2 是一个简单的好友关系示意图。

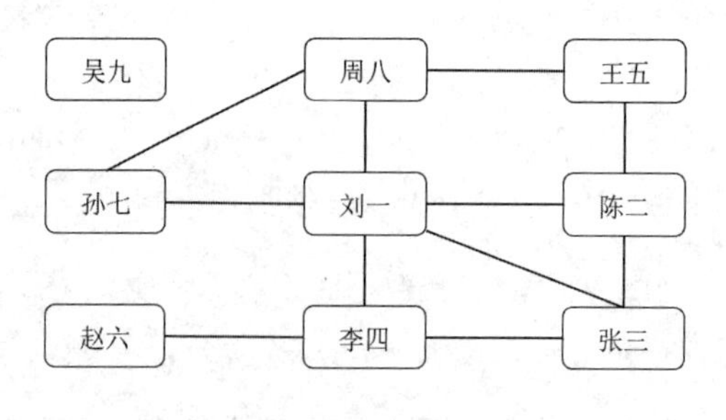

图 9.2 好友关系示意图

显然，好友关系是一种无向图（Undirected Graph），不会存在 A 是 B 的好友而 B 不是 A 的好友的情况。另外，一个用户有多少个好友，连接到该顶点的边就有多少条。这个也叫作顶点的度（Degree），图 9.2 中“刘一”的度为 5（微信中的好友数量）。

而粉丝关系需要使用有向图（Directed Graph）表示。因为关注是单向关联，A 关注了 B，但是 B 不一定关注 A。图 9.3 是一个简单的粉丝关系示意图。

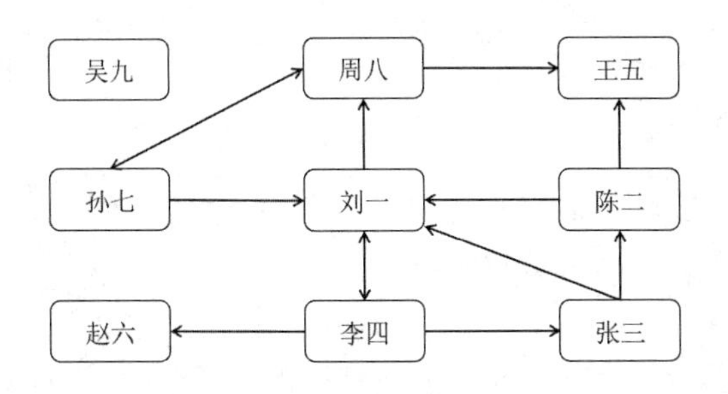

图 9.3　粉丝关系示意图

如果 A 关注了 B，就会存在一条从 A 到 B 的带箭头的边。图 9.3 中的“刘一”关注了“周八”，同时“刘一”和“李四”相互关注。对于有向图而言，度又分为入度（In-degree）和出度（Out-degree）。入度表示有多少条边指向该顶点，出度表示有多少条边是以该顶点为起点的。“刘一”的入度为 4（微博的粉丝数），出度为 2（微博关注的人数）。

对于社交网络关系中的图数据而言，一般使用邻接列表（Adjacency List）进行存储。例如，上面的粉丝关系可以使用图 9.4 所示的邻接列表进行描述。

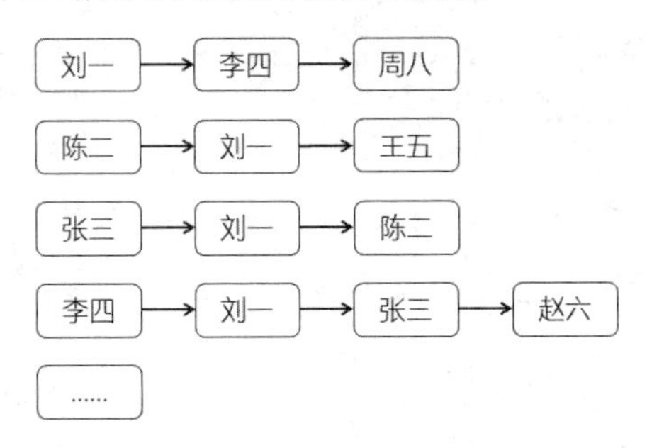

图 9.4　粉丝关系的邻接列表

每个顶点都有一个记录着与它相关的顶点列表。“刘一”关注了“李四”和“周八”，图 9.4 显示了一个关注列表。我们也可以创建一个逆向的邻接列表，用于存储用户的粉丝。对于好友关系这种无向图，每条边都是双向的关注关系，可以使用两个邻接列表进行存储。

具体到数据库中的表而言，我们可以为顶点创建一个表，为顶点之间的边创建一个表，从而实现邻接表模型。在接下来的案例分析中，我们使用 t_user 表存储用户信息：

```
user_id|user_name
-------|---------
      1|刘一
      2|陈二
      3|张三
...
```

其中，user_id 是用户编号，user_name 是用户姓名。

t_friend 表中存储了好友关系，每个好友关系存储两条记录，例如：

```
user_id|friend_id
-------|---------
      1|        2
      2|        1
      4|        1
...
```

其中，user_id 是用户编号，friend_id 是好友的用户编号。

t_follower 表中存储了用户的粉丝，例如：

```
user_id|follower_id
-------|-----------
      1|          2
      1|          3
      1|          4
...
```

其中，user_id 是用户编号，follower_id 是该用户的粉丝编号。

t_followed 表中存储了用户关注的人，例如：

```
user_id|followed_id
-------|-----------
      1|          4
      1|          8
      2|          1
...
```

其中，user_id 是用户编号，followed_id 是该用户关注的其他用户。

以上示例表的创建脚本可以通过“读者服务”获取。下面我们介绍一下利用这些存储的数据能够进行哪些分析、获取哪些隐藏的信息。

9.3.2　好友关系分析

1. 查看好友列表

微信中的通讯录就是用户的好友列表，我们可以通过以下语句查找“王五”（user_id = 5）的好友列表：

```
SELECT u.user_id AS "好友编号", u.user_name AS "好友姓名"
FROM t_user u
JOIN t_friend f
ON (u.user_id = f.friend_id AND f.user_id = 5);
```

查询返回的结果如下：

```
好友编号|好友姓名
-------|-------
      2|陈二
      8|周八
```

“王五”有两个好友，分别是“陈二”和“周八”。

2. 查看共同好友

我们还可以通过好友关系表获取更多的关联信息。例如，以下语句查找“张三”和“李四”的共同好友：

```
WITH f1(friend_id) AS (
  SELECT f.friend_id
  FROM t_user u
  JOIN t_friend f ON (u.user_id = f.friend_id AND f.user_id = 3)
),
f2(friend_id) AS (
  SELECT f.friend_id
  FROM t_user u
  JOIN t_friend f ON (u.user_id = f.friend_id AND f.user_id = 4)
)
SELECT u.user_id AS "好友编号", u.user_name AS "好友姓名"
FROM t_user u
JOIN f1 ON (u.user_id = f1.friend_id)
JOIN f2 ON (u.user_id = f2.friend_id);
```

我们在查询中定义了两个 CTE，f1 代表“张三”的好友，f2 代表“李四”的好友，主查询语句通过连接这两个结果集返回了他们的共同好友。查询返回的结果如下：

```
好友编号|好友姓名
--------|--------
       1|刘一
```

3. 可能认识的人

社交软件通常实现了推荐好友的功能：一方面，其可能读取了该用户的手机通讯录，并找到已经在系统中注册，但不属于该用户好友的用户进行推荐；另一方面，其会找出和该用户不是好友，但是有共同好友的用户进行推荐。

例如，以下语句返回了可以推荐给“陈二”的用户：

```sql
WITH friend(id) AS (
  SELECT f.friend_id
  FROM t_user u
  JOIN t_friend f ON (u.user_id = f.friend_id AND f.user_id = 2)
),
fof(id) AS (
  SELECT f.friend_id
  FROM t_user u
  JOIN t_friend f ON (u.user_id = f.friend_id)
  JOIN friend ON (f.user_id = friend.id AND f.friend_id != 2)
)
SELECT u.user_id AS "用户编号", u.user_name AS "用户姓名",
       count(*) AS "共同好友"
FROM t_user u
JOIN fof ON (u.user_id = fof.id)
WHERE fof.id NOT IN (SELECT id FROM friend)
GROUP BY u.user_id, u.user_name;
```

我们在查询中定义了两个 CTE，friend 代表了“陈二”的好友，fof 代表了“陈二”好友的好友（排除了“陈二”自己）。主查询语句通过 WHERE 条件排除了 fof 中已经是“陈二”好友的用户，并且统计了被推荐的用户和“陈二”的共同好友数量。查询返回的结果如下：

```
用户编号|用户姓名|共同好友
--------|--------|--------
       4|李四    |   2
       7|孙七    |   1
       8|周八    |   2
```

基于查询结果，我们可以向“陈二”推荐 3 个可能认识的人，并且告诉他和这些用户有几位共同好友。

4. 最遥远的距离

在社会学中存在一个六度关系理论（Six Degrees of Separation），该理论指的是，地球上的任意两个人都可以通过六层以内的关系链联系起来。2011 年 Facebook 以一个月内访问其平台的 7.21 亿名活跃用户为研究对象，计算出其中任意两个独立的用户之间平均间隔的人数为 4.74。

我们以“赵六”和“孙七”为例，查找他们之间的好友关系链：

```
-- MySQL
WITH RECURSIVE relation(uid, fid, hops, path) AS (
  SELECT user_id, friend_id, 0, CONCAT(',', user_id , ',', friend_id)
  FROM t_friend
  WHERE user_id = 6
  UNION ALL
  SELECT r.uid, f.friend_id, hops+1, CONCAT(r.path, ',', f.friend_id)
  FROM relation r
  JOIN t_friend f
  ON (r.fid = f.user_id)
  AND (INSTR(r.path, CONCAT(',',f.friend_id,',')) = 0)
  AND hops < 6
)
SELECT uid, fid, hops, SUBSTR(path, 2) AS path
FROM relation
WHERE fid = 7
ORDER BY hops;
```

其中，relation 是一个递归 CTE。初始化语句用于查找“赵六”的好友，第 1 次递归返回了“赵六”好友的好友，然后依此类推。我们将关系层数 hops 限制为小于 6，path 字段中存储了使用逗号分隔的关系链，INSTR 函数可用于防止形成 A→B→A 这样的环路。

查询返回的结果如下：

```
uid|fid|hops|path
---|---|----|---------------
  6|  7|   2|6,4,1,7
  6|  7|   3|6,4,1,8,7
  6|  7|   3|6,4,3,1,7
  6|  7|   4|6,4,3,1,8,7
  6|  7|   4|6,4,3,2,1,7
```

```
  6|   7|  5|6,4,1,2,5,8,7
  6|   7|  5|6,4,3,2,1,8,7
  6|   7|  5|6,4,3,2,5,8,7
  6|   7|  6|6,4,1,3,2,5,8,7
  6|   7|  6|6,4,3,1,2,5,8,7
  6|   7|  6|6,4,3,2,5,8,1,7
```

“赵六”和“孙七”之间最近的关系是，通过“李四”和“刘一”两个人进行联系。

如果使用 Oracle，我们需要删除 RECURSIVE，并且将 CONCAT 函数替换为连接运算符(||)。

如果使用 Microsoft SQL Server，我们需要省略 RECURSIVE，并且使用 CAST 函数将 path 字段的类型转换为 VARCHAR 类型，同时使用 SUBTRING 函数替代 SUBSTR 函数。

如果使用 PostgreSQL，我们需要使用 CAST 函数，将 path 字段的类型转换为 VARCHAR 类型，同时使用 POSTITION 函数替代 INSTR 函数。

如果使用 SQLite，我们需要将 CONCAT 函数替换为连接运算符（||）。

另外，我们也可以统计任意两个用户之间平均最少间隔的人数：

```
-- MySQL
WITH RECURSIVE relation(uid, fid, hops, path) AS (
  SELECT user_id, friend_id, 0, CONCAT(',', user_id , ',', friend_id)
  FROM t_friend
  UNION ALL
  SELECT r.uid, f.friend_id, hops+1, CONCAT(r.path, ',', f.friend_id)
  FROM relation r
  JOIN t_friend f
  ON (r.fid = f.user_id)
  AND (INSTR(r.PATH, CONCAT(',',f.friend_id,',')) = 0)
)
SELECT AVG(min_hops)
FROM (
  SELECT uid, fid, MIN(hops) min_hops
  FROM relation
  GROUP BY uid, fid
) mh;
```

查询返回的结果如下：

```
avg(min_hops)
-------------
       0.8214
```

我们提供的测试数据集很小，任意两个人之间平均间隔 0.8 个人。

9.3.3　粉丝关系分析

1. 我的关注

我们首先看看“刘一”关注了哪些用户：

```
SELECT u.user_name AS "我的关注"
FROM t_followed f
JOIN t_user u ON (u.user_id = f.followed_id)
WHERE f.user_id = 1;
```

查询返回的结果如下：

```
我的关注
------
李四
周八
```

“刘一”关注了“李四”和“周八”。

2. 共同关注

我们进一步查看和“刘一”关注了相同用户的其他用户：

```
WITH cf(user1, user2, followed) AS (
  SELECT d.user_id, r.follower_id, r.user_id
  FROM t_followed d
  JOIN t_follower r
  ON (r.user_id = d.followed_id AND r.follower_id != d.user_id)
  WHERE d.user_id = 1
)
SELECT u1.user_name "用户一",
       u2.user_name AS "用户二",
       u3.user_name AS "共同关注"
FROM cf
JOIN t_user u1 ON (u1.user_id = cf.user1)
JOIN t_user u2 ON (u2.user_id = cf.user2)
JOIN t_user u3 ON (u3.user_id = cf.followed);
```

其中，cf 代表了和“刘一”拥有共同关注用户的其他用户。主查询通过多个连接语句返回了这些用户的姓名。查询返回的结果如下：

```
用户姓名|共同关注
-------|-------
孙七    |周八
```

“刘一”和“孙七”共同关注了“周八”。

3. 我的粉丝

下面我们看看哪些用户是“刘一”的粉丝：

```
SELECT u.user_name AS "我的粉丝"
FROM t_follower f
JOIN t_user u ON (u.user_id = f.follower_id)
WHERE f.user_id = 1;
```

查询返回的结果如下：

```
我的粉丝
-------
陈二
张三
李四
孙七
```

“刘一”拥有 4 个粉丝。

4. 互为粉丝

最后，我们看看哪些用户之间互为粉丝，或者互相关注：

```
WITH df(user1, user2) AS (
  SELECT r.user_id, r.follower_id
  FROM t_follower r
  JOIN t_followed d
  ON (r.user_id = d.user_id
      AND r.follower_id = d.followed_id
      AND r.user_id < r.follower_id)
)
SELECT u1.user_name AS "用户一", u2.user_name AS "用户二"
FROM df
JOIN t_user u1 ON (u1.user_id = df.user1)
JOIN t_user u2 ON (u2.user_id = df.user2);
```

其中，df 代表了相互关注的两个用户。主查询通过连接语句返回了这些用户的姓名。查询返回的结果如下：

```
用户一 | 用户二
-----|-----
 刘一  | 李四
 孙七  | 周八
```

“刘一”和“李四”互为粉丝，而“孙七”和“周八”则互相关注。

9.4　小结

通用表表达式（CTE）能够将复杂的查询语句模块化，实现结果集的重复使用，提高 SQL 语句的可读性和性能。递归形式的 CTE 提供了遍历层次数据和分析网络图数据的强大功能。

10

第 10 章 窗口函数

SQL 窗口函数为在线分析处理（OLAP）和商业智能（BI）提供了复杂分析和报表统计的功能，例如产品的累计销售额统计、分类排名、同比/环比分析等。这些功能通常很难通过聚合函数和分组操作来实现。

本章将会介绍 SQL 窗口函数的定义和参数选项，以及各类窗口函数的作用，涉及的主要知识点包括：

- 窗口函数定义。
- 聚合窗口函数。
- 排名窗口函数。
- 取值窗口函数。

10.1 窗口函数定义

窗口函数（Window Function）可以像聚合函数一样对一组数据进行分析并返回结果，二者的不同之处在于，窗口函数不是将一组数据汇总成单个结果，而是为每一行数据都返回一个结果。聚合函数和窗口函数的区别如图 10.1 所示。

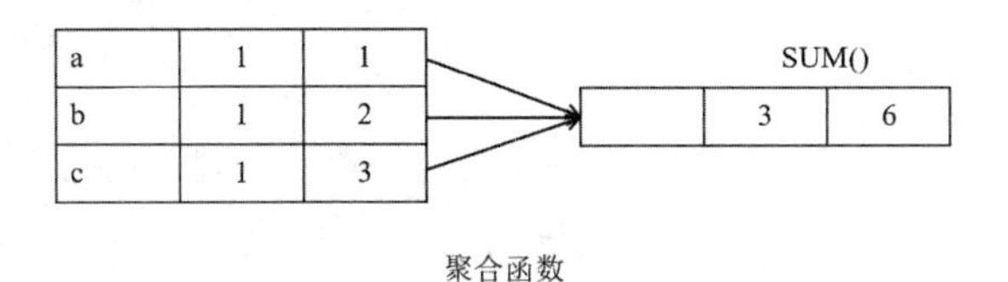

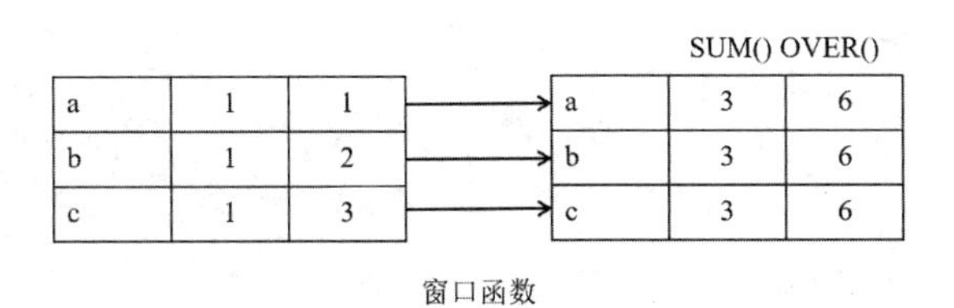

图 10.1　聚合函数与窗口函数的区别

我们以 SUM 函数为例演示这两种函数的差异，以下语句中的 SUM()是一个聚合函数：

```
SELECT SUM(salary) AS "月薪总和"
FROM employee;
```

以上 SUM 函数可作为聚合函数使用，表示将所有员工的数据汇总成一个结果。因此，查询返回了所有员工的月薪总和：

```
月薪总和
---------
245800.00
```

以下语句中的 SUM()是一个窗口函数：

```
SELECT emp_name AS "员工姓名",
       SUM(salary) OVER () AS "月薪总和"
FROM employee;
```

其中，关键字 OVER 表明 SUM()是一个窗口函数。括号内为空，表示将所有数据作为一个分组进行汇总。该查询返回的结果如下：

```
员工姓名|月薪总和
-------|---------
刘备    |245800.00
关羽    |245800.00
```

```
张飞     |245800.00
...
```

以上查询结果返回了所有的员工姓名，并且通过聚合函数 SUM()为每个员工都返回了相同的汇总结果。

从以上示例中可以看出，窗口函数的语法与聚合函数的不同之处在于，它包含了一个 OVER 子句。OVER 子句用于指定一个数据分析的窗口，完整的窗口函数定义如下：

```
window_function ([expression]) OVER (
    PARTITION BY ...
    ORDER BY ...
    frame_clause
)
```

其中 window_function 是窗口函数的名称，expression 是可选的分析对象（字段名或者表达式），OVER 子句包含分区（PARTITION BY）、排序（ORDER BY）以及窗口大小（frame_clause）3 个选项。

提示：聚合函数将同一个分组内的多行数据汇总成单个结果，窗口函数则保留了所有的原始数据。在某些数据库中，窗口函数也被称为在线分析处理（OLAP）函数，或者分析函数（Analytic Function）。

10.1.1 创建数据分区

窗口函数 OVER 子句中的 PARTITION BY 选项用于定义分区，其作用类似于查询语句中的 GROUP BY 子句。如果我们指定了分区选项，窗口函数将会分别针对每个分区单独进行分析。

例如，以下语句按照不同部门分别统计员工的月薪合计：

```
SELECT emp_name "员工姓名", salary "月薪", dept_id "部门编号",
       SUM(salary) OVER (
         PARTITION BY dept_id
       ) AS "部门合计"
FROM employee;
```

其中，PARTITION BY 选项表示按照部门进行分区。查询返回的结果如下：

```
员工姓名|月薪       |部门编号|部门合计
-------|--------|-------|--------
刘备    |30000.00|      1|80000.00
关羽    |26000.00|      1|80000.00
```

```
张飞    |24000.00|        1|80000.00
诸葛亮  |24000.00|        2|39500.00
黄忠    | 8000.00|        2|39500.00
魏延    | 7500.00|        2|39500.00
...
```

查询结果中的前 3 行数据属于同一个部门，因此它们对应的部门合计字段都等于 80000（30000+26000+24000）。其他部门的员工采用同样的方式进行统计。

提示： 在窗口函数 OVER 子句中指定了 PARTITION BY 选项之后，我们无须使用 GROUP BY 子句也能获得分组统计结果。如果不指定 PARTITION BY 选项，表示将全部数据作为一个整体进行分析。

10.1.2　分区内的排序

窗口函数 OVER 子句中的 ORDER BY 选项用于指定分区内数据的排序方式，作用类似于查询语句中的 ORDER BY 子句。

排序选项通常用于数据的分类排名。例如，以下语句用于分析员工在部门内的月薪排名：

```
SELECT emp_name "姓名", salary "月薪", dept_id "部门编号",
       RANK() OVER (
         PARTITION BY dept_id
         ORDER BY salary DESC
       ) AS "部门排名"
FROM employee;
```

其中，RANK 函数用于计算数据的名次，PARTITION BY 选项表示按照部门进行分区，ORDER BY 选项表示在部门内按照月薪从高到低进行排序。查询返回的结果如下：

```
姓名  |月薪      |部门编号|部门排名
-----|--------|-------|-------
刘备  |30000.00|      1|  1
关羽  |26000.00|      1|  2
张飞  |24000.00|      1|  3
诸葛亮|24000.00|      2|  1
黄忠  | 8000.00|      2|  2
魏延  | 7500.00|      2|  3
...
```

查询结果中的前 3 行数据属于同一个部门：“刘备”的月薪最高，在部门内排名第 1；“关羽”排名第 2；“张飞”排名第 3。其他部门的员工采用同样的方式进行排名。

提示： 窗口函数 OVER 子句中的 ORDER BY 选项和查询语句中的 ORDER BY 子句的使用方法相同。因此，对于 Oracle、PostgreSQL 以及 SQLite，我们也可以使用 NULLS FIRST 或者 NULLS LAST 选项指定空值的排序位置。

10.1.3 指定窗口大小

窗口函数 OVER 子句中的 frame_clause 选项用于指定一个移动的分析窗口，窗口总是位于分区的范围之内，是分区的一个子集。在指定了分析窗口之后，窗口函数不再基于分区进行分析，而是基于窗口内的数据进行分析。

窗口选项可以用于实现各种复杂的分析功能，例如计算累计到当前日期为止的销售额总和，每个月及其前后各 *N* 个月的平均销售额等。

指定窗口大小的具体选项如下：

```
{ ROWS | RANGE } frame_start
{ ROWS | RANGE } BETWEEN frame_start AND frame_end
```

其中，ROWS 表示以数据行为单位计算窗口的偏移量，RANGE 表示以数值（例如 10 天、5 km 等）为单位计算窗口的偏移量。

frame_start 选项用于定义窗口的起始位置，可以指定以下内容之一：

- **UNBOUNDED PRECEDING**——表示窗口从分区的第一行开始。
- **N PRECEDING**——表示窗口从当前行之前的第 *N* 行开始。
- **CURRENT ROW**——表示窗口从当前行开始。

frame_end 选项用于定义窗口的结束位置，可以指定以下内容之一：

- **CURRENT ROW**——表示窗口到当前行结束。
- **M FOLLOWING**——表示窗口到当前行之后的第 *M* 行结束。
- **UNBOUNDED FOLLOWING**——表示窗口到分区的最后一行结束。

图 10.2 说明了这些窗口大小选项的含义。

随着窗口函数对每一行数据的分析，图 10.2 中的 CURRENT ROW 代表了当前正在处理的数据行，其他的数据行则可以通过它们相对于当前行的位置进行表示。例如，以下窗口选项：

```
ROWS BETWEEN UNBOUNDED PRECEDING AND CURRENT ROW
```

表示分析窗口从当前分区的第一行开始，直到当前行结束。

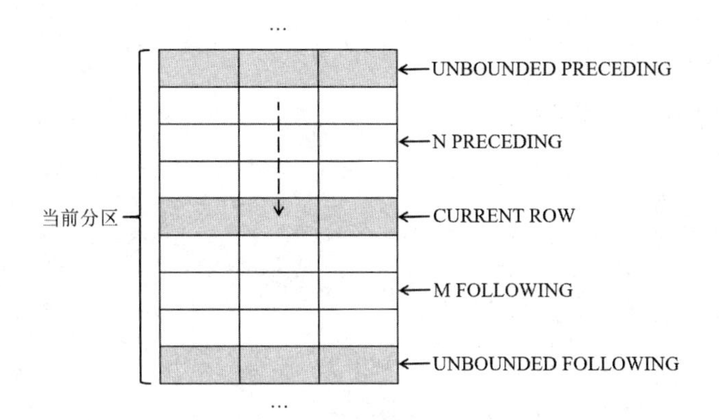

图 10.2　窗口大小选项

分析窗口的大小不会超出当前分区的范围，每个窗口函数支持的窗口大小选项不同，我们将会在下面的案例分析中分别进行介绍。

10.1.4　窗口函数分类

常见的 SQL 窗口函数可以分为以下几类：

- **聚合窗口函数**（Aggregate Window Function）——许多常见的聚合函数也可以作为窗口函数使用，包括 AVG()、SUM()、COUNT()、MAX()以及 MIN()等函数。
- **排名窗口函数**（Ranking Window Function）——排名窗口函数用于对数据进行分组排名，包括 ROW_NUMBER()、RANK()、DENSE_RANK()、PERCENT_RANK()、CUME_DIST()以及 NTILE()等函数。
- **取值窗口函数**（Value Window Function）——取值窗口函数用于返回指定位置上的数据行，包括 FIRST_VALUE()、LAST_VALUE()、LAG()、LEAD()、NTH_VALUE()等函数。

接下来我们将会使用两个示例表，其中 sales_monthly 表中存储了不同产品（苹果、香蕉、橘子）每个月的销售额情况。以下是该表中的部分数据：

```
product|ym    |amount
-------|------|--------
苹果    |201801|10159.00
苹果    |201802|10211.00
苹果    |201803|10247.00
苹果    |201804|10376.00
苹果    |201805|10400.00
```

```
苹果    |201806|10565.00
...
```

transfer_log 表中记录了一些银行账户的交易日志。以下是该表中的部分数据：

```
log_id|log_ts             |from_user     |to_user       |type|amount
------|-------------------|--------------|--------------|----|------
     1|2019-01-02 10:31:40|62221234567890|              |存款 | 50000
     2|2019-01-02 10:32:15|62221234567890|              |存款 |100000
     3|2019-01-03 08:14:29|62221234567890|62226666666666|转账 |200000
     4|2019-01-05 13:55:38|62221234567890|62226666666666|转账 |150000
     5|2019-01-07 20:00:31|62221234567890|62227777777777|转账 |300000
     6|2019-01-09 17:28:07|62221234567890|62227777777777|转账 |500000
...
```

该表中的字段分别表示交易日志编号、交易时间、交易发起账户、交易接收账户、交易类型以及交易金额。这两个表的初始化脚本可以通过"读者服务"获取。

10.2 聚合窗口函数

10.2.1 案例分析：移动平均值

AVG 函数在作为窗口函数使用时，可以用于计算随着当前行移动的窗口内数据行的平均值。例如，以下语句用于查找不同产品每个月以及截至当前月最近 3 个月的平均销售额（本章示例中的销售额单位省略）：

```
SELECT product AS "产品", ym "年月", amount "销售额",
       AVG(amount) OVER (
         PARTITION BY product
         ORDER BY ym
         ROWS BETWEEN 2 PRECEDING AND CURRENT ROW
       ) AS "最近平均销售额"
FROM sales_monthly
ORDER BY product, ym;
```

AVG 函数 OVER 子句中的 PARTITION BY 选项表示按照产品进行分区；ORDER BY 选项表示按照月份进行排序；ROWS BETWEEN 2 PRECEDING AND CURRENT ROW 表示窗口从当前行的前 2 行开始，直到当前行结束。该查询返回的结果如下：

```
产品|年月   |销售额   |最近平均销售额
---|------|--------|------------
橘子|201801|10154.00|10154.000000
```

```
橘子|201802|10183.00|10168.500000
橘子|201803|10245.00|10194.000000
橘子|201804|10325.00|10251.000000
橘子|201805|10465.00|10345.000000
橘子|201806|10505.00|10431.666667
...
```

对于“橘子”，第一个月的分析窗口只有 1 行数据，因此平均销售额为“10154”。第二个月的分析窗口为第 1 行和第 2 行数据，因此平均销售额为“10168.5”（(10154+10183)/2）。第三个月的分析窗口为第 1 行到第 3 行数据，因此平均销售额为“10194”((10154+10183+10245)/3)。依此类推，直到计算完“橘子”所有月份的平均销售额，然后开始计算其他产品的平均销售额。

10.2.2　案例分析：累计求和

SUM 函数作为窗口函数时，可以用于统计指定窗口内的累计值。例如，以下语句用于查找不同产品截至当前月份的累计销售额：

```
SELECT product AS "产品", ym "年月", amount "销售额",
       SUM(amount) OVER (
         PARTITION BY product
         ORDER BY ym
         ROWS BETWEEN UNBOUNDED PRECEDING AND CURRENT ROW
       ) AS "累计销售额"
FROM sales_monthly
ORDER BY product, ym;
```

SUM 函数 OVER 子句中的 PARTITION BY 选项表示按照产品进行分区；ORDER BY 选项表示按照月份进行排序；ROWS BETWEEN UNBOUNDED PRECEDING AND CURRENT ROW 表示窗口从当前分区第 1 行开始，直到当前行结束。该查询返回的结果如下：

```
产品|年月    |销售额    |累计销售额
---|------|--------|---------
橘子|201801|10154.00| 10154.00
橘子|201802|10183.00| 20337.00
橘子|201803|10245.00| 30582.00
橘子|201804|10325.00| 40907.00
橘子|201805|10465.00| 51372.00
橘子|201806|10505.00| 61877.00
...
```

对于“橘子”，第一个月的分析窗口只有 1 行数据，因此累计销售额为“10154”。第二个月的分析窗口为第 1 行和第 2 行数据，因此累计销售额为“20337”（10154+10183）。第三个月的分析窗口为第 1 行到第 3 行数据，因此累计销售额为“30582”（10154+10183+10245）。依此类推，直到计算完“橘子”所有月份的累计销售额，然后开始计算其他产品的累计销售额。

提示： 对于聚合窗口函数，如果我们没有指定 ORDER BY 选项，默认的窗口大小就是整个分区。如果我们指定了 ORDER BY 选项，默认的窗口大小就是分区的第一行到当前行。因此，以上示例语句中的 ROWS BETWEEN UNBOUNDED PRECEDING AND CURRENT ROW 选项可以省略。

除使用 ROWS 关键字以数据行为单位指定窗口的偏移量外，我们也可以使用 RANGE 关键字以数值为单位指定窗口的偏移量。例如，以下语句用于查找短期之内（5 天）累计转账超过 100 万元的账户：

```
-- Oracle、MySQL 以及 PostgreSQL
SELECT log_ts, from_user, total_amount
FROM (
    SELECT log_ts, from_user,
    SUM(amount) OVER (
      PARTITION BY from_user
      ORDER BY log_ts
      RANGE INTERVAL '5' DAY PRECEDING
      ) AS total_amount
    FROM transfer_log
    WHERE TYPE = '转账'
    ) t
WHERE total_amount >= 1000000;
```

其中，SUM 函数 OVER 子句中的 RANGE 选项指定了一个 5 天之内的时间窗口。该查询返回的结果如下：

```
log_ts             |from_user     |total_amount
-------------------|--------------|------------
2021-01-10 07:46:02|62221234567890|     1050000
```

截至 2021 年 1 月 10 日 7 时 46 分 02 秒，账户“62221234567890”在最近 5 天之内累计转账 105 万元。

SQLite 不支持 INTERVAL 时间常量，我们可以将时间戳数据转换为整数后使用，例如：

```
-- SQLite
WITH t1(log_ts, unix, from_user, amount) AS (
```

```
   SELECT log_ts, CAST(STRFTIME('%s', log_ts) AS INT), from_user, amount
   FROM transfer_log
   WHERE type = '转账'
 )
 SELECT log_ts, from_user, total_amount
 FROM (
    SELECT log_ts, from_user,
    SUM(amount) OVER (
      PARTITION BY from_user
      ORDER BY unix
      RANGE 5 * 86400 PRECEDING
      ) AS total_amount
    FROM t1
    ) t
 WHERE total_amount >= 1000000;
```

我们首先定义了一个 CTE，字段 unix 表示将 log_ts 转换为 1970 年 1 月 1 日以来的整数秒。然后我们在 SUM 函数中通过 RANGE 选项指定了一个 5 天（5*86 400 秒）之内的时间窗口。

Microsoft SQL Server 中的 RANGE 窗口大小选项只能指定 UNBOUNDED PRECEDING、UNBOUNDED FOLLOWING 或者 CURRENT ROW，不能指定一个具体的数值，因此无法实现以上查询。

10.3　排名窗口函数

排名窗口函数可以用于获取数据的分类排名。常见的排名窗口函数如下：

- **ROW_NUMBER** 函数可以为分区中的每行数据分配一个序列号，序列号从 1 开始。
- **RANK** 函数返回当前行在分区中的名次。如果存在名次相同的数据，后续的排名将会产生跳跃。
- **DENSE_RANK** 函数返回当前行在分区中的名次。即使存在名次相同的数据，后续的排名也是连续值。
- **PERCENT_RANK** 函数以百分比的形式返回当前行在分区中的名次。如果存在名次相同的数据，后续的排名将会产生跳跃。
- **CUME_DIST** 函数计算当前行在分区内的累积分布。
- **NTILE** 函数将分区内的数据分为 *N* 等份，并返回当前行所在的分片位置。

排名窗口函数不支持动态的窗口大小选项，而是以整个分区作为分析的窗口。

10.3.1 案例分析：分类排名

以下查询使用 4 个不同的排名函数计算每个员工在其部门内的月薪排名：

```
SELECT d.dept_name AS "部门名称", e.emp_name AS "姓名", e.salary AS "月薪",
       ROW_NUMBER()
       OVER (PARTITION BY e.dept_id ORDER BY e.salary DESC) AS "row_number",
       RANK()
       OVER (PARTITION BY e.dept_id ORDER BY e.salary DESC) AS "rank",
       DENSE_RANK()
       OVER (PARTITION BY e.dept_id ORDER BY e.salary DESC) AS "dense_rank",
       PERCENT_RANK()
       OVER (PARTITION BY e.dept_id ORDER BY e.salary DESC) AS "percent_rank"
FROM employee e
JOIN department d ON (e.dept_id = d.dept_id);
```

其中，4 个窗口函数的 OVER 子句完全相同，PARTITION BY 表示按照部门进行分区，ORDER BY 表示按照月薪从高到低进行排序。该查询返回的结果如下：

```
部门名称  |姓名 |月薪     |row_number|rank|dense_rank|percent_rank
--------|-----|--------|----------|----|----------|----------------
行政管理部|刘备 |30000.00|         1|   1|         1|             0.0
行政管理部|关羽 |26000.00|         2|   2|         2|             0.5
行政管理部|张飞 |24000.00|         3|   3|         3|             1.0
...
研发部   |赵云 |15000.00|         1|   1|         1|             0.0
研发部   |周仓 | 8000.00|         2|   2|         2|           0.125
研发部   |关兴 | 7000.00|         3|   3|         3|            0.25
研发部   |关平 | 6800.00|         4|   4|         4|           0.375
研发部   |赵氏 | 6600.00|         5|   5|         5|             0.5
研发部   |廖化 | 6500.00|         6|   6|         6|           0.625
研发部   |张苞 | 6500.00|         7|   6|         6|           0.625
研发部   |赵统 | 6000.00|         8|   8|         7|           0.875
...
```

我们以“研发部”为例，ROW_NUMBER 函数为每个员工分配了一个连续的数字编号，其中“廖化”和“张苞”的月薪相同，但是编号不同。

RANK 函数为每个员工返回了一个名次，其中“廖化”和“张苞”的名次都是 6，在他们之后“赵统”的名次为 8，产生了跳跃。

DENSE_RANK 函数为每个员工返回了一个名次，其中“廖化”和“张苞”的名次都是 6，在他们之后“赵统”的名次为 7，没有产生跳跃。

PERCENT_RANK 函数按照百分比指定名次，取值位于 0 到 1 之间。其中“赵统”的百分比排名为 0.875，产生了跳跃。

提示：我们也可以使用 COUNT()窗口函数产生和 ROW_NUMBER 函数相同的结果，读者可以自行尝试。

另外，以上示例中 4 个窗口函数的 OVER 子句完全相同。此时，我们可以采用一种更简单的写法：

```
-- MySQL、PostgreSQL 以及 SQLite
SELECT d.dept_name AS "部门名称", e.emp_name AS "姓名", e.salary AS "月薪",
       ROW_NUMBER() OVER w AS "row_number",
       RANK() OVER w AS "rank",
       DENSE_RANK() OVER w AS "dense_rank",
       PERCENT_RANK() OVER w AS "percent_rank"
FROM employee e
JOIN department d ON (e.dept_id = d.dept_id)
WINDOW w AS (PARTITION BY e.dept_id ORDER BY e.salary DESC);
```

我们在查询语句的最后使用 WINDOW 子句定义了一个窗口变量 w，然后在所有窗口函数的 OVER 子句中使用了该变量。该查询返回的结果和上面的示例相同。

这种使用窗口变量的写法可以简化窗口选项的输入，目前 Oracle 和 Microsoft SQL Server 还不支持这种语法。

基于排名窗口函数，我们还可以实现分类 Top-*N* 排行榜。例如，以下语句用于查找每个部门中最早入职的 2 名员工：

```
WITH ranked_emp AS (
  SELECT d.dept_name,
         e.emp_name,
         e.hire_date,
         ROW_NUMBER()
         OVER (PARTITION BY e.dept_id ORDER BY e.hire_date) AS rn
  FROM employee e
  JOIN department d ON (e.dept_id = d.dept_id)
)
SELECT dept_name "部门名称", emp_name "姓名",
       hire_date "入职日期", rn "入职顺序"
FROM ranked_emp
```

```
WHERE rn <= 2;
```

其中，ranked_emp 是一个通用表表达式，包含了员工在其部门内的入职顺序。然后，我们在主查询语句中返回了每个部门前 2 名入职的员工：

```
部门名称  |姓名  |入职日期    |入职顺序
--------|-----|----------|-------
行政管理部|刘备  |2000-01-01|   1
行政管理部|关羽  |2000-01-01|   2
人力资源部|诸葛亮|2006-03-15|   1
人力资源部|魏延  |2007-04-01|   2
财务部    |孙尚香|2002-08-08|   1
财务部    |孙丫鬟|2002-08-08|   2
...
```

10.3.2 案例分析：累积分布

CUME_DIST 函数可以返回当前行在分区内的累积分布，也就是排名在当前行之前（包含当前行）所有数据所占的比率，取值范围为大于 0 且小于或等于 1。

例如，以下查询返回了所有员工按照月薪排名的累积分布情况：

```
SELECT emp_name AS "姓名", salary AS "月薪",
       CUME_DIST() OVER (ORDER BY salary) AS "累积占比"
FROM employee;
```

其中，OVER 子句没有指定分区选项，因此 CUME_DIST 函数会将全体员工作为一个整体进行分析。ORDER BY 选项表示按照月薪从低到高进行排序。该查询返回的结果如下：

```
姓名 |月薪      |累积占比
----|--------|-------
蒋琬 | 4000.00|0.08
邓芝 | 4000.00|0.08
庞统 | 4100.00|0.12
...
关羽 |26000.00|0.96
刘备 |30000.00| 1.0
```

结果显示 8%（2/25）的员工月薪小于或等于 4000 元；或者也可以说，月薪 4000 元，意味着在公司中的月薪排名属于最低的 8%。

NTILE 函数用于将分区内的数据分为 *N* 等份，并计算当前行所在的分片位置。例如，以下语句将员工按照入职先后顺序分为 5 组，并计算每个员工所在的分组：

```
SELECT emp_name AS "姓名", hire_date AS "入职日期",
       NTILE(5) OVER (ORDER BY hire_date) AS "分组位置"
FROM employee;
```

其中，OVER 子句没有指定分区选项，因此 NTILE 函数会将全体员工作为一个整体进行分析。ORDER BY 选项表示按照入职先后进行排序。该查询返回的结果如下：

```
姓名  |入职日期    |分组位置
-----|----------|-------
刘备  |2000-01-01|   1
关羽  |2000-01-01|   1
张飞  |2000-01-01|   1
孙尚香|2002-08-08|   1
孙丫鬟|2002-08-08|   1
赵云  |2005-12-19|   2
...
简雍  |2019-05-11|   5
```

分组位置为 1 的是最早入职的 20%员工，分组位置为 5 的是最晚入职的 20%员工。

10.4　取值窗口函数

取值窗口函数可以用于返回窗口内指定位置的数据行。常见的取值窗口函数如下：

- **LAG** 函数可以返回窗口内当前行之前的第 *N* 行数据。
- **LEAD** 函数可以返回窗口内当前行之后的第 *N* 行数据。
- **FIRST_VALUE** 函数可以返回窗口内第一行数据。
- **LAST_VALUE** 函数可以返回窗口内最后一行数据。
- **NTH_VALUE** 函数可以返回窗口内第 *N* 行数据。

其中，LAG 函数和 LEAD 函数不支持动态的窗口大小，它们以整个分区作为分析的窗口。

10.4.1　案例分析：环比、同比分析

环比增长指的是本期数据与上期数据相比的增长，例如，产品 2019 年 6 月的销售额与 2019 年 5 月的销售额相比增加的部分。以下语句统计了各种产品每个月的环比增长率：

```
SELECT product AS "产品", ym "年月", amount "销售额",
```

```
       ((amount - LAG(amount, 1) OVER (PARTITION BY product ORDER BY ym))/
       LAG(amount, 1) OVER (PARTITION BY product ORDER BY ym)) * 100
       AS "环比增长率（%）"
FROM sales_monthly
ORDER BY product, ym;
```

其中，LAG(amount, 1)表示获取上一期的销售额，PARTITION BY 选项表示按照产品分区，ORDER BY 选项表示按照月份进行排序。当前月份的销售额 amount 减去上一期的销售额，再除以上一期的销售额，就是环比增长率。该查询返回的结果如下：

```
产品|年月   |销售额    |环比增长率（%）
---|------|--------|------------
橘子|201801|10154.00|
橘子|201802|10183.00| 0.285602
橘子|201803|10245.00| 0.608858
...
香蕉|201904|11408.00| 1.063076
香蕉|201905|11469.00| 0.534712
香蕉|201906|11528.00| 0.514430
```

2018 年 1 月是第一期，因此其环比增长率为空。“橘子”2018 年 2 月的环比增长率约为 0.2856%（(10183－10154) / 10154×100），依此类推。

同比增长指的是本期数据与上一年度或历史同期相比的增长，例如，产品 2019 年 6 月的销售额与 2018 年 6 月的销售额相比增加的部分。以下语句统计了各种产品每个月的同比增长率：

```
SELECT product AS "产品", ym "年月", amount "销售额",
       ((amount - LAG(amount, 12) OVER (PARTITION BY product ORDER BY ym))/
       LAG(amount, 12) OVER (PARTITION BY product ORDER BY ym)) * 100
       AS "同比增长率（%）"
FROM sales_monthly
ORDER BY product, ym;
```

其中，LAG(amount, 12)表示当前月份之前第 12 期的销售额，也就是去年同月份的销售额。PARTITION BY 选项表示按照产品分区，ORDER BY 选项表示按照月份进行排序。当前月份的销售额 amount 减去去年同期的销售额，再除以去年同期的销售额，就是同比增长率。该查询返回的结果如下：

```
产品|年月   |销售额    |同比增长率（%）
---|------|--------|------------
橘子|201801|10154.00|
橘子|201802|10183.00|
```

```
橘子|201803|10245.00|
...
橘子|201901|11099.00| 9.306677
橘子|201902|11181.00| 9.800648
橘子|201903|11302.00|10.317228
...
```

2018 年的 12 期数据都没有对应的同比增长率，“橘子”2019 年 1 月的同比增长率约为 9.3067%（(11099－10154) / 10154×100），依此类推。

提示： LEAD 函数与 LAG 函数的使用方法类似，不过它的返回结果是当前行之后的第 *N* 行数据。

10.4.2　案例分析：复合增长率

复合增长率是第 *N* 期的数据除以第一期的基准数据，然后开 *N*-1 次方再减去 1 得到的结果。假如 2018 年的产品销售额为 10 000，2019 年的产品销售额为 12 500，2020 年的产品销售额为 15 000（销售额单位省略，下同）。那么这两年的复合增长率的计算方式如下：

$$(15000/10000)^{(1/2)} - 1 = 22.47\%$$

以年度为单位计算的复合增长率被称为年均复合增长率，以月度为单位计算的复合增长率被称为月均复合增长率。以下查询统计了自 2018 年 1 月以来不同产品的月均销售额复合增长率：

```
WITH s(product, ym, amount, first_amount, num) AS (
  SELECT product, ym, amount,
       FIRST_VALUE(amount) OVER (PARTITION BY product ORDER BY ym),
       ROW_NUMBER() OVER (PARTITION BY product ORDER BY ym)
  FROM sales_monthly
)
SELECT product AS "产品", ym "年月", amount "销售额",
       (POWER(1.0*amount/first_amount, 1.0/NULLIF(num-1, 0)) - 1) * 100
       AS "月均复合增长率（%）"
FROM s
ORDER BY product, ym;
```

我们首先定义了一个通用表表达式，其中 FIRST_VALUE(amount)返回了第一期（201801）的销售额，ROW_NUMBER 函数返回了每一期的编号。主查询中的 POWER 函数用于执行开方运算，NULLIF 函数用于处理第一期数据的除零错误，常量 1.0 用于避免由整数除法所导致的精度丢失问题。该查询返回的结果如下：

```
产品|年月   |销售额     |月均复合增长率（%）
```

```
---|------|--------|-----------------
橘子|201801|10154.00|
橘子|201802|10183.00| 0.285602
橘子|201803|10245.00| 0.447100
橘子|201804|10325.00| 0.558233
橘子|201805|10465.00| 0.757067
橘子|201806|10505.00| 0.681987
...
```

2018 年 1 月是第一期，因此其产品月均销售额复合增长率为空。“橘子”2018 年 2 月的月均销售额复合增长率等于它的环比增长率，2018 年 3 月的月均销售额复合增长率等于 0.4471%，依此类推。

以下语句统计了不同产品最低销售额、最高销售额以及第三高销售额所在的月份：

```
SELECT product AS "产品", ym "年月", amount "销售额",
       FIRST_VALUE(ym) OVER (
         PARTITION BY product ORDER BY amount DESC
         ROWS BETWEEN UNBOUNDED PRECEDING AND UNBOUNDED FOLLOWING)
         AS "最高销售额月份",
       LAST_VALUE(ym) OVER (
         PARTITION BY product ORDER BY amount DESC
         ROWS BETWEEN UNBOUNDED PRECEDING AND UNBOUNDED FOLLOWING)
         AS "最低销售额月份",
       -- Microsoft SQL Server 不支持 NTH_VALUE
       NTH_VALUE(ym, 3) OVER (
         PARTITION BY product ORDER BY amount DESC
         ROWS BETWEEN UNBOUNDED PRECEDING AND UNBOUNDED FOLLOWING)
         AS "第三高月份"
FROM sales_monthly
ORDER BY product, ym;
```

三个窗口函数的OVER子句相同，PARTITION BY选项表示按照产品进行分区，ORDER BY选项表示按照销售额从高到低排序。以上三个函数的默认窗口都是从分区的第一行到当前行，因此我们将窗口扩展到了整个分区。该查询返回的结果如下：

```
产品|年月  |销售额|最高销售额月份|最低销售额月份|第三高月份
---|------|-----|-----------|------------|---------
橘子|201801|10154|201906      |201801       |201904
橘子|201802|10183|201906      |201801       |201904
橘子|201803|10245|201906      |201801       |201904
橘子|201804|10325|201906      |201801       |201904
```

```
橘子|201805|10465|201906      |201801      |201904
橘子|201806|10505|201906      |201801      |201904
...
```

“橘子”的最高销售额出现在 2019 年 6 月，最低销售额出现在 2018 年 1 月，第三高销售额出现在 2019 年 4 月。

Microsoft SQL Server 目前还不支持 NTH_VALUE()窗口函数，因此无法得到销售额第三高的月份。

10.5 小结

SQL 窗口函数是一类能够提供复杂报表功能的函数，这些功能通常很难通过聚合函数和分组操作来实现。在本章中，我们介绍了窗口函数的定义和参数选项，以及各类窗口函数的使用案例，它们在各种数据库中的实现几乎一致，具有很好的移植性。

11

第 11 章 数据的增删改合

前面我们已经学习了各种查询和分析数据的技能。除查询语句外，SQL 还提供了对数据进行插入、更新、删除以及合并的数据操作语言（Data Manipulation Language，DML）。

本章将介绍数据操作语言的使用，涉及的主要知识点包括：

- 插入数据的 INSERT 语句。
- 更新数据的 UPDATE 语句。
- 删除数据的 DELETE 语句。
- 合并数据的 MERGE 语句。
- 外键约束的级联操作。

11.1 插入数据

SQL 标准主要提供了两种插入数据的语法：

- INSERT INTO … VALUES ...
- INSERT INTO … SELECT ...

第一种语法用于将指定的数据插入目标表，第二种语法可以将一个查询结果插入目标表。

11.1.1　插入单行记录

前面所述的第一种插入语法的基本格式如下：

```
INSERT INTO t(col1, col2, ...)
VALUES (value1, value2, ...);
```

其中 t 是插入数据的目标表，VALUES 子句提供了需要插入的数据，value*N* 的数量必须和 INSERT INTO 子句中的字段 col*N* 数量相同，并且数据类型能够兼容。

例如：

```
INSERT INTO employee (emp_name, sex, dept_id, manager, hire_date,
                      job_id, salary, bonus, email, comments,
                      create_by, create_ts, update_by, update_ts)
VALUES ('张三', '男', 5, 18, CURRENT_DATE, -- Microsoft SQL Server 需要替换该函数
       10, 6000, NULL, 'zhangsan@shuguo.com', NULL,
       'Admin', CURRENT_TIMESTAMP, NULL, NULL);

-- Oracle 需要执行以下 COMMIT 语句
-- COMMIT;
```

以上语句的作用是增加一名新员工。其中 CURRENT_DATE 和 CURRENT_TIMESTAMP 函数分别返回了系统的当前日期和时间戳，NULL 表示未知。另外，员工表中的 emp_id 是一个自增字段，无须我们提供数据，由数据库系统自动生成。

如果使用 Microsoft SQL Server，我们需要使用 CAST(GETDATE() AS DATE)函数返回系统的当前日期。

如果使用 Oracle 数据库，我们需要在执行 INSERT 语句之后使用 COMMIT 语句提交修改，包括本章后续的所有示例。具体原因我们将会在第 12 章中进行解释。

以上语句执行成功之后，我们可以查看最新插入的数据：

```
SELECT emp_id, emp_name, sex
FROM employee
WHERE emp_name = '张三';
```

该查询返回的结果如下：

```
emp_id|emp_name|sex
------|--------|---
    26|张三     |男
```

如果我们再次执行上面的插入语句，将会产生以下错误：

```
-- Oracle
SQL 错误 [1] [23000]: ORA-00001: 违反唯一约束条件 (TONY.UK_EMP_EMAIL)

-- MySQL
SQL 错误 [1062] [23000]: Duplicate entry 'zhangsan@shuguo.com' for key 'employee.uk_emp_email'

-- Microsoft SQL Server
SQL 错误 [2627] [23000]: 违反了 UNIQUE KEY 约束“uk_emp_email”。不能在对象“dbo.employee”中插入重复键。重复键值为 (zhangsan@shuguo.com)。

-- PostgreSQL
SQL 错误 [23505]: 错误: 重复键违反唯一约束"uk_emp_email"
  详细：键值"(email)=(zhangsan@shuguo.com)" 已经存在

-- SQLite
SQL 错误 [19]: [SQLITE_CONSTRAINT]  Abort due to constraint violation (UNIQUE constraint failed: employee.email)
```

数据库在插入、更新或者删除数据之前会执行数据的完整性检查。如果违反约束，将会返回错误信息，而不会修改数据。以上语句违反了 email 字段上的唯一约束，下面两个语句则分别违反了非空约束和检查约束：

```
-- 违反非空约束，sex 字段不能为空
INSERT INTO employee (emp_name)
VALUES('张三');

-- 违反检查约束，salary 必须大于 0
INSERT INTO employee (emp_name, sex, dept_id, manager, hire_date,
                      job_id, salary, bonus, email, comments,
                      create_by, create_ts, update_by, update_ts)
VALUES ('李四', '女', 5, 18, CURRENT_DATE, -- Microsoft SQL Server 需要替换该函数
        10, 0, NULL, 'lisi@shuguo.com', NULL,
        'Admin', CURRENT_TIMESTAMP, NULL, NULL);
```

如果我们在定义表的字段时指定了默认值，也可以使用 DEFAULT 插入默认值，例如：

```
CREATE TABLE t_default(
  id INTEGER,
  c INTEGER DEFAULT 100
);

INSERT INTO t_default VALUES (1, DEFAULT);

SELECT * FROM t_default;

id|c
--|---
 1|100
```

我们在 VALUES 子句中为 t_default 表的所有字段都指定了数据，此时可以省略表名之后的字段名列表。

11.1.2　插入多行记录

除 Oracle 外，其他 4 种数据库的 INSERT INTO ... VALUES ...语句支持一次插入多行记录。我们只需在 VALUES 子句中指定多行数据，并且使用逗号进行分隔，比如以下语句一次增加了 3 名员工：

```
-- MySQL、Microsoft SQL Server、PostgreSQL 以及 SQLite
INSERT INTO employee (emp_name, sex, dept_id, manager, hire_date,
                      job_id, salary, bonus, email, comments,
                      create_by, create_ts, update_by, update_ts)
VALUES ('李四', '女', 5, 18, '2021-06-06',
        10, 6000, NULL, 'lisi@shuguo.com', NULL,
        'Admin', CURRENT_TIMESTAMP, NULL, NULL),
       ('王五', '男', 5, 18, '2021-06-06',
        10, 6000, NULL, 'lisi@shuguo.com', NULL,
        'Admin', CURRENT_TIMESTAMP, NULL, NULL),
       ('赵六', '女', 5, 18, '2021-06-06',
        10, 6000, NULL, 'lisi@shuguo.com', NULL,
        'Admin', CURRENT_TIMESTAMP, NULL, NULL);
```

对于 Oracle 数据库，我们可以采用下面介绍的第二种语法插入多行记录。

11.1.3 复制数据

本节（11.1 节）开头所述的第二种插入语法通过 SELECT 语句得到一个查询结果，然后将该结果插入目标表。我们创建一个新的测试表 emp_devp：

```
CREATE TABLE emp_devp
   ( emp_id    INTEGER NOT NULL PRIMARY KEY
   , emp_name  VARCHAR(50) NOT NULL
   , sex       VARCHAR(10) NOT NULL
   , dept_id   INTEGER NOT NULL
   , manager   INTEGER
   , hire_date DATE NOT NULL
   , job_id    INTEGER NOT NULL
   , salary    NUMERIC(8,2) NOT NULL
   , bonus     NUMERIC(8,2)
   , email     VARCHAR(100) NOT NULL
   );
```

emp_devp 表的字段定义来自 employee 表，我们用它来存储复制后的数据。

以下示例将“研发部”的员工信息复制到 emp_devp 表中：

```
INSERT INTO emp_devp(emp_id, emp_name, sex, dept_id, manager,
                hire_date, job_id, salary, bonus, email)
SELECT e.emp_id, e.emp_name, e.sex, e.dept_id, e.manager,
     e.hire_date, e.job_id, e.salary, e.bonus, e.email
FROM employee e
JOIN department d ON (d.dept_id = e.dept_id)
WHERE dept_name = '研发部';
```

如果我们单独执行以上语句中的 SELECT 子句，可以预览复制的源数据。

以上语句执行成功之后，我们可以验证一下 emp_devp 表中的数据：

```
SELECT COUNT(*)
FROM emp_devp;

COUNT(*)
--------
       9
```

“研发部”9 名员工的信息都被复制到了 emp_devp 表中。

提示： INSERT INTO... SELECT ...插入语法通常用于数据仓库中的 ETL（抽取、转换和加载）过程或者用于生成测试数据。

11.2　更新数据

SQL 标准使用 UPDATE 语句更新表中的数据。

11.2.1　单表更新

UPDATE 语句的基本语法如下：

```
UPDATE t
SET col1 = expr1,
   col2 = expr2,
   ...
[WHERE condition];
```

其中 t 是更新操作的目标表，SET 子句指定了需要更新的列和更新后的值，多个字段使用逗号进行分隔。如果指定了 WHERE 子句，只有满足条件的数据行才会被更新。如果没有指定条件，将会更新表中的所有数据行，这一点需要小心。

例如，以下语句将会更新 emp_devp 表中“赵云”的月薪和奖金：

```
UPDATE emp_devp
SET salary = salary + 1000,
   bonus = 8000
WHERE emp_name = '赵云';
```

我们在 WHERE 子句中指定了姓名为“赵云”，因此不会更新其他的员工。以上语句执行成功之后，我们可以验证一下数据：

```
SELECT emp_name AS "姓名", salary AS "月薪", bonus AS "奖金"
FROM emp_devp
WHERE emp_name = '赵云';

姓名|月薪     |奖金
---|--------|-------
赵云|16000.00|8000.00
```

“赵云”的月薪增加了 1000 元，奖金增加为 8000 元。

数据库在更新数据时也会执行完整性约束校验，确保不会产生违反约束的数据。例如，以下语句试图将“赵云”的电子邮箱设置为空，这违反了非空约束：

```
UPDATE emp_devp
SET email = NULL
WHERE emp_name = '赵云';
```

11.2.2 关联更新

除直接指定更新后的字段值外，我们也可以通过一个关联子查询获取更新后的数据。例如，以下语句通过关联 employee 表获得更新 emp_devp 表的源数据：

```
-- Oracle、PostgreSQL 以及 SQLite
UPDATE emp_devp
SET (salary, bonus, email) = (SELECT salary, bonus, email
                              FROM employee e
                              WHERE e.emp_id = emp_devp.emp_id);
```

我们在 SET 子句中将多个需要被更新的字段使用括号组合在一起，并且通过一个关联子查询从 employee 表中得到员工的相应数据。

对于 MySQL 和 Microsoft SQL Sever，我们需要为 SET 子句中的每个字段分别指定一个关联子查询，因为它们不支持多个字段的组合更新。

另外，一些数据库中也可以使用 UPDATE JOIN 语句连接其他表，进行数据更新，例如：

```
-- MySQL
UPDATE emp_devp ed
JOIN employee e ON (e.emp_id = ed.emp_id)
SET ed.salary = e.salary,
   ed.bonus = e.bonus,
   ed.email = e.email;

-- Microsoft SQL Server
UPDATE emp_devp
SET salary = e.salary,
   bonus = e.bonus,
   email = e.email
FROM emp_devp ed
JOIN employee e ON (e.emp_id = ed.emp_id);
-- PostgreSQL
UPDATE emp_devp AS ed
```

```
SET salary = e.salary,
   bonus = e.bonus,
   email = e.email
FROM employee e
WHERE e.emp_id = ed.emp_id;
```

MySQL、Microsoft SQL Sever 以及 PostgreSQL 提供了这种关联更新的方式，不过它们使用的语法略有不同。

11.3　删除数据

SQL 标准使用 DELETE 语句删除表中的数据。

11.3.1　单表删除

DELETE 语句的基本语法如下：

```
DELETE FROM t
[WHERE conditions];
```

其中，t 是删除操作的目标表。如果指定了 WHERE 子句，则只有满足条件的数据行才会被删除。如果没有指定条件，将会删除表中的所有数据行，这一点需要小心。

例如，以下语句将会删除员工表中的“张三”、“李四”、“王五”和“赵六”：

```
-- SELECT *
DELETE
FROM employee
WHERE emp_name IN ('张三', '李四', '王五', '赵六');
```

如果使用 Oracle 或者 Microsoft SQL Server，我们可以省略 FROM 关键字。

另外，在执行删除语句之前，我们可以使用相应的 SELECT 语句确认将要删除的数据。

11.3.2　关联删除

DELETE 语句也可以像 UPDATE 语句一样通过子查询来获取需要删除的数据，例如：

```
-- SELECT *
DELETE
FROM emp_devp
WHERE emp_id IN (SELECT emp_id FROM employee);
```

以上语句可以删除 emp_devp 表中 emp_id 出现在员工表中的所有数据。

同样，在一些数据库中，也可以使用 DELETE JOIN 语法连接其他表进行数据删除，例如：

```
-- MySQL
DELETE ed
FROM emp_devp ed
JOIN employee e ON (ed.emp_id = e.emp_id);

-- PostgreSQL
DELETE
FROM emp_devp ed
USING employee e
WHERE ed.emp_id = e.emp_id;
```

MySQL 和 PostgreSQL 提供了这种关联删除的方式，不过它们使用的语法略有不同。

11.3.3　快速删除全表数据

如果我们想要删除表中的全部数据，数据量比较少时可以直接使用 DELETE 语句，但是，这种方式对于数据量很大的表所需的时间比较长。此时，我们可以考虑使用快速删除全表数据的 TRUNCATE 语句。

例如，以下语句可以快速删除 emp_devp 表中的全部数据，也称为截断 emp_devp 表：

```
-- Oracle、MySQL、Microsoft SQL Server 以及 PostgreSQL
TRUNCATE TABLE emp_devp;
```

对于 MySQL 和 PostgreSQL，我们可以省略 TABLE 关键字。

SQLite 没有提供 TRUNCATE 语句，不过它对 DELETE 语句进行了优化：如果我们不指定 WHERE 子句，实际的效果等同于 TRUNCATE 语句。

DELETE 和 TRUNCATE 语句都可以用于删除数据，但是这两种删除方式存在一些差异：

- DELETE 语句通过 WHERE 子句删除指定的数据行。如果不指定过滤条件，将会删除所有的数据。DELETE 属于数据操作语言（DML），删除数据后可以选择提交或者回滚。如果删除的数据较多，则其执行速度比较慢。
- TRUNCATE 语句用于快速删除表中的所有数据，并且释放表的存储空间。TRUNCATE 属于数据定义语言（DDL），删除数据时默认提交，无法回滚。TRUNCATE 语句相当于删除并重建表，通常其执行速度很快。

11.4　合并数据

SQL 标准于 2003 年增加了一个新的数据操作语句：MERGE（合并），它可以同时完成 INSERT 语句和 UPDATE 语句，甚至 DELETE 语句的操作。

11.4.1　标准合并语句

目前只有 Oracle 和 Microsoft SQL Server 实现了 MERGE 语句，它的基本语法如下：

```
-- Oracle 和 Microsoft SQL Server
MEGRE INTO target_table [AS t_alias]
USING source_table [AS s_alias]
ON (conditions)
WHEN MATCHED THEN
 UPDATE
 SET col1 = expr1,
    col2 = expr2,
    ...
WHEN NOT MATCHED THEN
 INSERT (col1, col2, ...)
 VALUES (expr1, expr2, ...);
```

其中，target_table 是合并操作的目标表。USING 子句指定了数据源，可以是一个表或者查询语句。ON 子句指定了数据合并的条件，通常使用主键或者唯一键相等作为合并的条件。

对于数据源中的每条记录，如果目标表中存在匹配的记录，则执行 WHEN MATCHED THEN 分支的更新操作；如果目标表中不存在匹配的记录，则执行 WHEN NOT MATCHED THEN 分支的插入操作。

以下示例使用 MERGE 语句将员工表中“研发部”的员工信息合并到 emp_devp 表中：

```
-- Oracle 和 Microsoft SQL Server
MERGE INTO emp_devp t
USING (SELECT emp_id, emp_name, sex, dept_id, manager,
           hire_date, job_id, salary, bonus, email
      FROM employee
      WHERE dept_id = 4) s
ON (t.emp_id = s.emp_id)
WHEN MATCHED THEN
 UPDATE
 SET t.emp_name = s.emp_name, t.sex = s.sex,
```

```
    t.dept_id = s.dept_id, t.manager = s.manager,
    t.hire_date = s.hire_date, t.job_id = s.job_id,
    t.salary = s.salary, t.bonus = s.bonus,
    t.email = s.email
WHEN NOT MATCHED THEN
  INSERT (emp_id, emp_name, sex, dept_id, manager,
        hire_date, job_id, salary, bonus, email)
  VALUES (s.emp_id, s.emp_name, s.sex, s.dept_id, s.manager,
        s.hire_date, s.job_id, s.salary, s.bonus, s.email);
```

以上合并操作的判断条件为数据源和目标表中的 emp_id 是否相等。如果相等，则更新目标表中的数据；否则，插入数据到目标表。第一次运行以上语句时，emp_devp 表中没有任何数据，因此对于数据源中的每条记录都会执行 WHEN NOT MATCHED THEN 分支，也就是插入数据。

以上语句执行成功之后，我们可以查看合并后的数据：

```
SELECT emp_id, emp_name
FROM emp_devp;
```

该查询返回的结果如下：

```
emp_id|emp_name
------|--------
     9|赵云
    10|廖化
    11|关平
    12|赵氏
    13|关兴
    14|张苞
    15|赵统
    16|周仓
    17|马岱
```

接下来我们修改 emp_devp 表中的某些数据：

```
DELETE
FROM emp_devp
WHERE emp_name = '赵云';

UPDATE emp_devp
SET salary = 5000,
   email = 'liaohua@shuguo.net'
WHERE emp_name = '廖化';
```

然后我们再次运行上面的 MERGE 语句。此时，对于数据源中的“赵云”，将会执行 WHEN NOT MATCHED THEN 分支中的插入记录；对于数据源中的“廖化”，将会执行 WHEN MATCHED THEN 分支的更新目标表中的记录。

对于 MERGE 语句，我们也可以只定义更新操作或者插入操作，例如：

```
-- Oracle 和 Microsoft SQL Server
MERGE INTO emp_devp t
USING (SELECT emp_id, emp_name, sex, dept_id, manager,
              hire_date, job_id, salary, bonus, email
         FROM employee
         WHERE dept_id = 4) s
ON (t.emp_id = s.emp_id)
WHEN NOT MATCHED THEN
  INSERT (emp_id, emp_name, sex, dept_id, manager,
          hire_date, job_id, salary, bonus, email)
  VALUES (s.emp_id, s.emp_name, s.sex, s.dept_id, s.manager,
          s.hire_date, s.job_id, s.salary, s.bonus, s.email);
```

以上语句只在没有找到匹配数据时插入新的记录，而不会在找到匹配数据时更新已有的记录。

另外，MERGE 语句还支持 DELETE 子句，可以用于删除目标表中匹配的数据，例如：

```
-- Oracle
MERGE INTO emp_devp t
USING (SELECT emp_id, emp_name, sex, dept_id, manager,
              hire_date, job_id, salary, bonus, email
         FROM employee
         WHERE dept_id = 4) s
ON (t.emp_id = s.emp_id)
WHEN MATCHED THEN
  UPDATE
  SET t.emp_name = s.emp_name, t.sex = s.sex,
      t.dept_id = s.dept_id, t.manager = s.manager,
      t.hire_date = s.hire_date, t.job_id = s.job_id,
      t.salary = s.salary, t.bonus = s.bonus,
      t.email = s.email
  DELETE WHERE t.emp_name = '赵氏'
WHEN NOT MATCHED THEN
  INSERT (emp_id, emp_name, sex, dept_id, manager,
          hire_date, job_id, salary, bonus, email)
  VALUES (s.emp_id, s.emp_name, s.sex, s.dept_id, s.manager,
```

```
        s.hire_date, s.job_id, s.salary, s.bonus, s.email);
```

我们在 WHEN MATCHED THEN 分支中增加了一个 DELETE 子句和一个 WHERE 条件。如果运行以上语句，emp_devp 表中姓名为“赵氏”的员工记录将会被删除。

Microsoft SQL Server 也支持 DELETE 子句，不过其语法和 Oracle 略有不同：

```
-- Microsoft SQL Server
MERGE INTO emp_devp t
USING (SELECT emp_id, emp_name, sex, dept_id, manager,
              hire_date, job_id, salary, bonus, email
       FROM employee
       WHERE dept_id = 4) s
ON (t.emp_id = s.emp_id)
WHEN MATCHED AND t.emp_name = '赵氏' THEN
     DELETE
WHEN MATCHED THEN
  UPDATE
  SET t.emp_name = s.emp_name, t.sex = s.sex,
      t.dept_id = s.dept_id, t.manager = s.manager,
      t.hire_date = s.hire_date, t.job_id = s.job_id,
      t.salary = s.salary, t.bonus = s.bonus,
      t.email = s.email
WHEN NOT MATCHED THEN
  INSERT (emp_id, emp_name, sex, dept_id, manager,
          hire_date, job_id, salary, bonus, email)
  VALUES (s.emp_id, s.emp_name, s.sex, s.dept_id, s.manager,
          s.hire_date, s.job_id, s.salary, s.bonus, s.email);
```

我们定义了 2 个 WHEN MATCHED THEN 分支。其中，第一个分支指定了 DELETE 操作和条件。如果运行以上语句，emp_devp 表中姓名为“赵氏”的员工记录将会被删除。

11.4.2 非标准合并语句

MySQL、PostgreSQL 以及 SQLite 没有提供标准的 MERGE 语句，不过我们可以使用专有的语法实现合并操作，例如：

```
-- MySQL
INSERT INTO emp_devp(emp_id, emp_name, sex, dept_id, manager,
                     hire_date, job_id, salary, bonus, email)
SELECT emp_id, emp_name, sex, dept_id, manager,
       hire_date, job_id, salary, bonus, email
```

```
FROM employee s
WHERE dept_id = 4
ON DUPLICATE KEY UPDATE
  emp_name = s.emp_name, sex = s.sex,
  dept_id = s.dept_id, manager = s.manager,
  hire_date = s.hire_date, job_id = s.job_id,
  salary = s.salary, bonus = s.bonus,
  email = s.email;

-- PostgreSQL 和 SQLite
INSERT INTO emp_devp(emp_id, emp_name, sex, dept_id, manager,
                     hire_date, job_id, salary, bonus, email)
SELECT emp_id, emp_name, sex, dept_id, manager,
       hire_date, job_id, salary, bonus, email
FROM employee s
WHERE dept_id = 4
ON CONFLICT(emp_id) DO UPDATE
SET emp_name = EXCLUDED.emp_name, sex = EXCLUDED.sex,
    dept_id = EXCLUDED.dept_id, manager = EXCLUDED.manager,
    hire_date = EXCLUDED.hire_date, job_id = EXCLUDED.job_id,
    salary = EXCLUDED.salary, bonus = EXCLUDED.bonus,
    email = EXCLUDED.email;
```

MySQL 使用 ON DUPLICATE KEY UPDATE 子句合并数据。在插入数据时，如果主键或者唯一索引出现重复值，则执行更新操作。这种专有语法不支持 DELETE 子句。

PostgreSQL 和 SQLite 使用 ON CONFLICT(emp_id) DO UPDATE 子句合并数据。在插入数据时，如果 emp_id 出现重复值，则执行更新操作。EXCLUDED 代表了数据源中的记录。这种专有语法不支持 DELETE 子句。

此外，MySQL 和 SQLite 还提供了 REPLACE 语句，也可以实现数据合并或者替换的功能。REPLACE 的语法和 INSERT 语句相同，可以参考 11.1 节中的内容。

11.5　外键约束与级联操作

11.5.1　违反外键约束

如果 DML 语句违反了外键约束，数据库会返回错误并取消数据操作，例如：

```
-- 违反外键约束，职位不存在
```

```sql
INSERT INTO employee (emp_name, sex, dept_id, manager, hire_date,
                      job_id, salary, bonus, email, comments,
                      create_by, create_ts, update_by, update_ts)
VALUES ('马超', '男', 5, 18, CURRENT_DATE, -- Microsoft SQL Server 需要替换该函数
        11, 6000, NULL, 'machao@shuguo.com', NULL,
        'Admin', CURRENT_TIMESTAMP, NULL, NULL);
```

以上语句在插入数据时违反了外键约束，因为 job_id=11 的记录在 job 表中不存在，我们不能给员工分配一个不存在的职位。

注意： 如果使用 SQLite，我们需要在编译时启用外键约束支持，并且执行 PRAGMA foreign_keys = ON;命令启用外键约束，具体信息可以参考官方文档。

除插入操作外，数据库的更新和删除操作同样需要遵循外键约束，例如：

```sql
-- 违反外键约束，职位不存在
UPDATE employee
SET job_id = 11
WHERE emp_id = 1;

-- 违反外键约束，存在子记录
DELETE
FROM job
WHERE job_id = 1;
```

UPDATE 语句将员工的职位设置为一个不存在的职位，违反了外键约束。DELETE 语句删除了一个职位，同样会导致员工表中的记录指向一个不存在的职位。

提示： 外键约束可以防止由于我们的误操作而导致数据不一致，从而维护数据的完整性。

11.5.2 级联更新和删除

一般情况下，子表中的外键约束引用的都是父表中的主键字段，主键字段通常无须进行更新，或者说我们应该避免使用可能被更新的字段作为主键。

如果我们需要更新父表中的主键字段，或者删除父表中的记录，应该同时对子表中的数据进行更新或者删除。为了方便这一操作，数据库提供了级联更新和级联删除的功能。

我们首先创建两个测试表：

```sql
CREATE TABLE t_parent(id INTEGER PRIMARY KEY);
INSERT INTO t_parent(id) VALUES (1);
```

```
CREATE TABLE t_child(
  id INTEGER PRIMARY KEY,
  pid INTEGER NOT NULL,
  CONSTRAINT fk1 FOREIGN KEY (pid) REFERENCES t_parent(id)
    ON UPDATE CASCADE -- Oracle 不支持该选项
    ON DELETE CASCADE
);
INSERT INTO t_child(id, pid) VALUES (1, 1);
INSERT INTO t_child(id, pid) VALUES (2, 1);
```

其中 t_parent 是父表，t_child 是子表，子表的 pid 字段引用了父表的主键字段 id。外键定义中的 ON UPDATE CASCADE 子句表示更新父表主键时，级联更新子表中的记录；ON DELETE CASCADE 子句表示删除父表记录时，级联删除子表中的记录。

Oracle 不支持 ON UPDATE CASCADE 选项。

以下示例验证了级联更新的效果：

```
-- MySQL、Microsoft SQL Server、PostgreSQL 以及 SQLite
UPDATE t_parent
SET id = 3
WHERE id = 1;

SELECT * FROM t_child;

id|pid
--|---
 1|  3
 2|  3
```

从查询结果中可以看出，更新 t_parent 表中的主键会级联更新 t_child 表中的外键字段。对于 Oracle 数据库，如果我们执行上面的 UPDATE 语句，将会违反外键约束。

之后我们验证一下级联删除的效果：

```
DELETE
FROM t_parent
WHERE id = 3;

SELECT * FROM t_child;

id|pid
--|---
```

从查询结果中可以看出，删除 t_parent 表中的记录会级联删除 t_child 表中的相应记录。对于 Oracle 数据库，我们应该删除 id 为 1 的记录。

SQL 标准对于外键定义中的 ON UPDATE 和 ON DELETE 子句提供了以下选项：

- **NO ACTION**——如果父表上的 UPDATE 或者 DELETE 语句违反外键约束，则返回错误，数据库在事务提交（COMMIT）时检查是否违反约束。
- **RESTRICT**——如果父表上的 UPDATE 或者 DELETE 语句违反外键约束，则返回错误，数据库在语句执行时立即检查是否违反约束。
- **CASCADE**——如果在父表上执行 UPDATE 或者 DELETE 语句，级联更新或者删除子表上的记录。
- **SET NULL**——如果在父表上执行 UPDATE 或者 DELETE 语句，将子表中的外键字段设置为 NULL。
- **SET DEFAULT**——如果在父表上执行 UPDATE 或者 DELETE 语句，将子表中的外键字段设置为默认值。

PostgreSQL 和 SQLite 支持以上全部选项。

MySQL 不支持 SET DEFAULT 选项，并且 NO ACTION 和 RESTRICT 的作用相同，都是在语句执行时立即检查。Microsoft SQL Server 不支持 RESTRICT 选项。Oracle 只支持 ON UPDATE 子句的 NO ACTION 选项以及 ON DELETE 子句的 NO ACTION、CASCADE 以及 SET NULL 选项。

11.6 小结

在本章中，我们学习了数据操作语言（DML），DML 语句的作用是操作表中的数据，包括数据的插入（INSERT）、更新（UPDATE）、删除（DELETE）以及合并（MERGE）。DML 语句和查询语句一样，也是以集合（关系表）为操作的对象。

12

第 12 章 数据库事务

在第 11 章中，我们学习了如何利用 DML 语句执行数据的增删改合操作。DML 语句的修改操作可以通过事务控制语言（Transaction Control Language，TCL）进行提交（确认数据的修改）或者撤销（取消数据的修改），因此本章将会介绍数据库中事务的概念、事务控制语句以及并发事务的隔离问题。

本章涉及的主要知识点包括：

- 数据库事务以及事务的 ACID 属性。
- 事务控制语句的作用。
- 并发事务带来的问题。
- 事务的隔离级别。

12.1 什么是数据库事务

在数据库中，事务（Transaction）指的是一组相关的 SQL 语句，它们在业务逻辑上组成一个原子单元。数据库管理系统必须保证一个事务中的所有操作全部提交或者全部撤销。

最常见的数据库事务就是银行账户之间的转账操作。例如，从账户 A 转出 1000 元到账户 B。此时，银行账户的转账流程如图 12.1 所示。

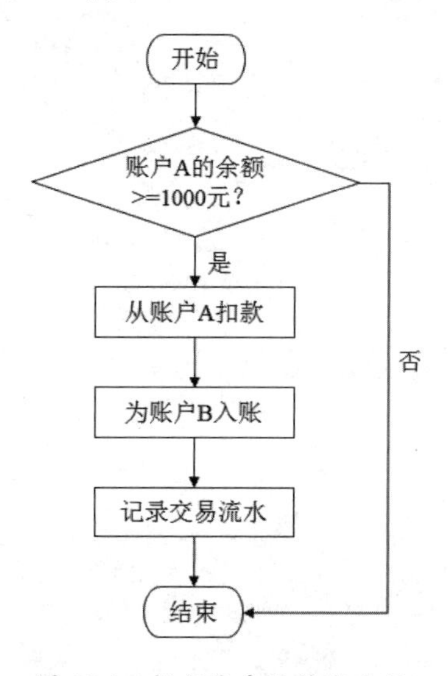

图 12.1　银行账户的转账流程

图 12.1 是一个简化的转账流程，实际上银行转账还需要检查账户的状态、判断是否收取转账费用等。以上流程包括以下几个步骤：

（1）开始转账流程。查询账户 A 的余额是否足够，如果其余额不足，则终止转账。

（2）从账户 A 扣除 1000 元。

（3）往账户 B 存入 1000 元。

（4）在系统中记录本次转账的交易流水。

（5）提交并结束本次转账流程。

数据库管理系统必须保证以上所有操作要么全部成功，要么全部失败。如果从账户 A 扣除 1000 元成功，但是往账户 B 存入 1000 元失败，就意味着账户 A 将会损失 1000 元。用数据库的术语来说，这种情况导致了数据的不一致。

数据库管理系统的最重要功能就是确保数据的一致性和完整性。在用户执行操作的过程中，数据库可能会遇到系统崩溃、介质失效等故障，此时数据库必须能够从失败的状态恢复到一致的状态。为了实现这些核心功能，数据库中的事务需要满足 4 种基本的属性。

12.2　事务的 ACID 属性

按照 SQL 标准，数据库中的事务具有原子性（Atomicity）、一致性（Consistency）、隔离性（Isolation）以及持久性（Durability），也就是 ACID 属性：

- **原子性**指的是一个事务中的操作要么全部成功，要么全部失败。例如，某个事务需要更新 100 条记录，但是在更新到一半时系统出现故障，数据库必须保证能够撤销已经修改过的数据，就像没有执行过任何更新一样。
- **一致性**意味着在事务开始之前数据库处于一致性的状态，事务完成之后数据库仍然处于一致性的状态。例如，在银行转账事务中如果一个账户扣款成功，但是另一个账户入账失败，就会出现数据不一致（此时需要撤销已经执行的扣款操作）的情况。另外，数据库还必须确保数据的完整性，比如账户扣款之后不能出现余额为负数的情况（可以通过余额字段上的检查约束实现）。
- **隔离性**与并发事务有关，表示一个事务的修改在提交之前对其他事务不可见，多个并发的事务之间相互隔离。例如，在账户 A 向账户 B 转账的过程中，账户 B 查询的余额应该是转账之前的数目。如果多个账户同时向账户 B 转账，最终账户 B 的余额也应该保持一致性，和多个账户依次进行转账的结果一样。SQL 标准定义了 4 种不同的事务隔离级别，我们将会在下文中进行介绍。
- **持久性**表示已经提交的事务必须永久生效，即使发生断电、系统崩溃等故障，数据库也不会丢失数据。数据库管理系统通常使用重做日志（REDO）或者预写式日志（WAL）实现事务的持久性。简单来说，它们都是在提交之前将数据的修改记录到日志文件中，当数据库出现崩溃时就可以利用这些日志重做之前的修改，从而避免数据的丢失。

下面我们介绍如何通过事务控制语句来实现事务的提交和撤销等操作。

12.3　事务控制语句

SQL 标准定义了以下用于管理数据库事务的事务控制语句：

- **START TRANSACTION**，开始一个新的事务。
- **COMMIT**，提交一个事务。
- **ROLLBACK**，撤销一个事务。
- **SAVEPOINT**，设置一个事务保存点，用于撤销部分事务。
- **RELEASE SAVEPOINT**，释放事务保存点。

- **ROLLBACK TO**，将事务撤销到保存点，保存点之前的修改仍然保留。

5 种主流数据库对于 SQL 事务控制语句的支持如表 12.1 所示。

表 12.1　SQL事务控制语句与实现

事务控制	Oracle	MySQL（InnoDB）	Microsoft SQL Server	PostgreSQL	SQLite
开始事务	自动开始	START TRANSACTION、BEGIN	BEGIN TRANSACTION	START TRANSACTION、BEGIN	BEGIN
提交事务	COMMIT	COMMIT	COMMIT	COMMIT	COMMIT
撤销事务	ROLLBACK	ROLLBACK	ROLLBACK TRANSACTION	ROLLBACK	ROLLBACK
设置事务保存点	SAVEPOINT	SAVEPOINT	SAVE TRANSACTION	SAVEPOINT	SAVEPOINT
释放事务保存点	系统自动管理	RELEASE SAVEPOINT	系统自动管理	RELEASE SAVEPOINT	RELEASE SAVEPOINT
撤销到保存点	ROLLBACK TO	ROLLBACK TO	ROLLBACK TRANSACTION	ROLLBACK TO	ROLLBACK TO
设置自动提交	手动提交 不支持设置	默认自动提交 SET autocommit = {ON | OFF}	默认自动提交 SET IMPLICIT_TRANSACTIONS {ON | OFF}	自动提交 不支持设置	自动提交 不支持设置

下面演示一下这些事务控制语句的作用，为此首先需要创建一个银行账户表：

```
CREATE TABLE bank_card(
  card_id   VARCHAR(20) NOT NULL PRIMARY KEY, -- 卡号
  user_name VARCHAR(50) NOT NULL, -- 用户名
  balance   NUMERIC(10,4) NOT NULL, -- 余额
  CHECK (balance >= 0)
);
```

bank_card 是一个简化的账户表，只包含银行卡号、用户名以及余额信息，同时要求余额大于或等于 0。

12.3.1　开始事务

我们首先为 bank_card 表增加一个账户：

```
-- Oracle 无须执行 BEGIN 语句
-- Microsoft SQL Server 使用 BEGIN TRANSACTION 语句
BEGIN;
```

```
INSERT INTO bank_card VALUES ('62220801', 'A', 1000);
```

其中，BEGIN 语句表示开始一个新的事务，INSERT 语句表示插入一条记录。

Oracle 数据库自动开始一个新的事务，无须执行 BEGIN 语句。Microsoft SQL Server 使用 BEGIN TRANSACTION 语句开始一个新的事务。

此时，如果我们打开另一个数据库连接，查询 bank_card 表不会返回任何结果。这是因为数据库事务具有隔离性，而我们还没有提交上面的数据修改。

12.3.2　提交事务

为了使得上面的数据修改生效，我们可以使用 COMMIT 语句提交当前事务：

```
COMMIT;
```

此时，我们可以在另一个数据库连接中查询到账户 A，即使服务器出现故障而崩溃，数据库也能够保证数据不会丢失。

在第 11 章的示例中，我们提到除 Oracle 外，其他数据库在修改数据之后都无须执行 COMMIT 语句。这是因为它们默认都会自动提交 DML 语句的操作。以 MySQL 为例，它默认启用了自动提交（autocommit）功能：

```
-- MySQL
show variables like 'autocommit';
Variable_name|Value
-------------|-----
autocommit   |ON
```

show 命令可以查看 MySQL 中的变量设置，启用 autocommit 相当于在每个语句之后自动执行了一个 COMMIT 语句。我们也可以将该变量设置为 OFF，关闭自动提交功能。

对于 Microsoft SQL Server，我们可以使用 IMPLICIT_TRANSACTIONS 变量控制事务的自动提交。默认情况下该参数为 OFF，表示启用自动提交功能；将其设置为 ON，表示自动开始一个新的事务，但是需要手动进行提交。

PostgreSQL 和 SQLite 默认启用自动提交功能，它们同时也可以通过 BEGIN 加上 COMMIT 或者 ROLLBACK 的事务控制方式来提交事务，但其不支持自动提交的设置。

提示： 许多数据库客户端和开发工具提供了自动提交和手动提交的设置功能，实际上它们都是通过在后台隐式执行 COMMIT 或者 BEGIN 语句来实现的。

12.3.3 撤销事务

如果我们想要撤销没有提交的事务，可以使用 ROLLBACK 语句，例如：

```
-- Oracle 无须执行 BEGIN 语句，Microsoft SQL Server 使用 BEGIN TRANSACTION 语句
BEGIN;
INSERT INTO bank_card VALUES ('62220802', 'B', 500);
ROLLBACK; -- Microsoft SQL Server 使用 ROLLBACK TRANSACTION 语句

SELECT card_id, user_name, balance
FROM bank_card;
```

其中，BEGIN 语句表示开始一个新的事务，然后使用 INSERT 语句插入一条记录，最后的 ROLLBACK 语句撤销了该事务。

Oracle 数据库自动开始一个新的事务，无须执行 BEGIN 语句。Microsoft SQL Server 使用 BEGIN TRANSACTION 语句开始一个新的事务，使用 ROLLBACK TRANSACTION 语句撤销一个事务。

我们执行以上语句之后不会创建账户 B。查询返回的结果如下：

```
card_id |user_name|balance
--------|---------|---------
62220801|A        |1000.0000
```

12.3.4 事务保存点

事务保存点（Savepoint）可以实现数据库事务的部分撤销，例如：

```
-- Oracle 无须执行 BEGIN 语句，Microsoft SQL Server 使用 BEGIN TRANSACTION 语句
BEGIN;
INSERT INTO bank_card VALUES ('62220802', 'B', 500);
SAVEPOINT sv; -- Microsoft SQL Server 使用 SAVE TRANSACTION 语句
INSERT INTO bank_card VALUES ('62220803', 'C', 2000);
ROLLBACK TO sv; -- Microsoft SQL Server 使用 ROLLBACK TRANSACTION 语句
COMMIT;
```

其中，BEGIN 语句表示开始一个新的事务，然后使用 INSERT 语句插入一条记录并设置保存点 sv，接着插入另一条记录并使用 ROLLBACK 语句撤销该事务到保存点 sv，此时第一个插入语句的修改没有被撤销，最后使用 COMMIT 语句提交事务。

Oracle 数据库自动开始一个新的事务，无须执行 BEGIN 语句。Microsoft SQL Server 使用

BEGIN TRANSACTION 语句开始一个新的事务，使用 SAVE TRANSACTION 语句设置事务保存点，使用 ROLLBACK TRANSACTION 语句撤销事务。

我们执行以上语句之后不会创建账户 C，但是会创建账户 B。如果我们再次查询 bank_card 表，将会返回如下结果：

```
card_id |user_name|balance
--------|---------|---------
62220801|A        |1000.0000
62220802|B        | 500.0000
```

注意：数据库中的某些操作可能会导致隐式的提交操作，相当于执行了一次 COMMIT 语句，常见的这类语句包括 DDL、DBA 执行的管理操作以及数据库备份恢复等。

12.4　并发事务与隔离级别

在企业应用中，数据库通常需要支持多用户的并发访问，这就意味着我们在操作数据的同时，其他人或者应用程序可能也在操作相同的数据。此时数据库管理系统必须保证多个用户之间不会产生相互影响，数据不会出现不一致性。

提示：SQLite 通常只支持单个进程访问数据库，不存在并发的问题。因此本节内容不适用于 SQLite 数据库。

12.4.1　并发问题

数据库的并发事务意味着多个用户同时访问相同的数据，比如账户 A 和账户 C 同时给账户 B 转账。数据库的并发访问可能会带来以下问题：

- **脏读**（Dirty Read）。当一个事务允许读取另一个事务修改但未提交的数据时，就可能发生脏读。例如，账户 B 的初始余额为 0，账户 A 向账户 B 转账 1000 元但没有提交。如果此时账户 B 能够看到账户 A 转过来的 1000 元，并且取款 1000 元，然后 A 账户取消了转账操作，就意味着银行损失了 1000 元。显然，银行不会允许这种事情发生。
- **不可重复读**（Nonrepeatable Read）。一个事务读取某条记录后，该数据被另一个事务修改并提交，该事务再次读取相同的记录时，结果发生了变化。例如，在对账户 B 进行查询时的初始余额为 0，此时账户 A 向账户 B 转账 1000 元并且提交成功，之后对账户 B 再次查询时，发现余额变成了 1000 元。这种情况并不会导致数据的不一致。

- **幻读**（Phantom Read）。一个事务第一次读取数据后，另一个事务增加或者删除了某些记录，导致该事务再次读取时返回结果的数量发生了变化。幻读和不可重复读有点类似，都是由于其他事务修改数据导致了结果发生变化。
- **更新丢失**（Lost Update）。第一类更新丢失指的是，当两个事务更新相同的数据时，第一个事务被提交，之后第二个事务被撤销，这导致第一个事务的更新也被撤销。所有遵循 SQL 标准的数据库都不会产生第一类更新丢失。第二类更新丢失指的是，当两个事务同时读取某个记录后分别进行修改提交，造成先提交事务的修改丢失。

为了解决数据库并发访问可能导致的各种问题，SQL 标准定义了事务的隔离级别。

12.4.2 隔离级别

SQL 标准定义了 4 种不同的事务隔离级别，它们（从低到高排列）可能产生的问题如表 12.2 所示。

表 12.2 数据库事务的隔离级别

隔离级别	脏读	不可重复读	幻读	更新丢失
读未提交（Read Uncommitted）	可能	可能	可能	第二类
读已提交（Read Committed）	不可能	可能	可能	第二类
可重复读（Repeatable Read）	不可能	不可能	可能	不可能
序列化（Serializable）	不可能	不可能	不可能	不可能

读未提交隔离级别最低：一个事务可以看到其他事务未提交的修改，相当于不隔离。该级别可能产生各种并发异常。Oracle 不支持读未提交隔离级别。PostgreSQL 读未提交隔离级别的实现等同于读已提交隔离级别的实现。

读已提交隔离级别：使用该隔离级别，只能看到其他事务已经提交的数据，因此不会出现脏读，但是存在不可重复读、幻读和第二类更新丢失问题。“读已提交”是大部分数据库的默认隔离级别，包括 Oracle、Microsoft SQL Server 以及 PostgreSQL。

可重复读隔离级别：使用该隔离级别，可能出现幻读。MySQL（InnoDB）和 PostgreSQL 在可重复读隔离级别消除了幻读，但是存在第二类更新丢失问题。MySQL（InnoDB）默认使用可重复读隔离级别。Oracle 不支持可重复读隔离级别。

“序列化”提供了最高级别的事务隔离，它要求事务只能一个接着一个地执行，不支持并发访问。SQLite 实际上实现的就是这种隔离级别。

事务的隔离级别越高，越能保证数据的一致性，但同时会对并发带来更大的影响。我们通常使用数据库的默认隔离级别，至少可以避免脏读，同时拥有不错的并发性能。尽管可能存在不可重复读（某些数据库不会）、幻读以及更新丢失的问题，但是它们并不一定会导致数据的不一致性，而且我们在必要时可以通过应用程序进行处理或者设置为更高的隔离级别。

12.5 案例分析

接下来，我们通过一个案例演示读已提交隔离级别的作用和存在的问题。如果使用 MySQL 数据库，我们首先需要在每个连接会话中执行以下语句，将隔离级别设置为读已提交：

```
-- MySQL
SET TRANSACTION ISOLATION LEVEL READ COMMITTED;
```

SET TRANSACTION 是标准 SQL 语句，除 SQLite 外的其他数据库都支持该语句。

我们打开一个连接会话，开始一个事务并查询账户 A 的余额：

```
-- 会话 1
-- Oracle 无须执行 BEGIN 语句，Microsoft SQL Server 使用 BEGIN TRANSACTION 语句
BEGIN;
SELECT card_id, user_name, balance
FROM bank_card
WHERE user_name = 'A';

card_id |user_name|balance
--------|---------|---------
62220801|A        |1000.0000
```

账户 A 的当前余额为 1000 元。然后我们打开另一个连接会话，开始一个事务并修改账户 A 的余额：

```
-- 会话 2
-- Oracle 无须执行 BEGIN 语句，Microsoft SQL Server 使用 BEGIN TRANSACTION 语句
BEGIN;
UPDATE bank_card
SET balance = balance + 100
WHERE user_name = 'A';
SELECT card_id, user_name, balance
FROM bank_card
WHERE user_name = 'A';
```

```
card_id |user_name|balance
--------|---------|---------
62220801|A        |1100.0000
```

在会话 2 中显示，账户 A 的当前余额已经被修改为 1100 元。

此时我们再次查询会话 1 中的余额：

```
-- 会话 1
SELECT card_id, user_name, balance
FROM bank_card
WHERE user_name = 'A';

card_id |user_name|balance
--------|---------|---------
62220801|A        |1000.0000
```

查询结果仍然是“1000”，没有出现数据的脏读问题。然后我们在会话 2 中提交事务：

```
-- 会话 2
COMMIT;
```

接着我们再次查询会话 1 中的余额：

```
-- 会话 1
SELECT card_id, user_name, balance
FROM bank_card
WHERE user_name = 'A';

card_id |user_name|balance
--------|---------|---------
62220801|A        |1100.0000
```

查询结果变成了“1100”，意味着会话 1 读取了会话 2 提交后的结果，同时也意味着发生了数据的不可重复读。

接着我们在会话 2 中开始一个新的事务，删除账户 A 并提交：

```
-- 会话 2
-- Oracle 无须执行 BEGIN 语句，Microsoft SQL Server 使用 BEGIN TRANSACTION 语句
BEGIN;
DELETE
FROM bank_card
```

```
WHERE user_name = 'A';
COMMIT;
```

我们再次查询会话 1 中的余额：

```
-- 会话 1
SELECT card_id, user_name, balance
FROM bank_card
WHERE user_name = 'A';

card_id |user_name|balance
--------|---------|---------
```

查询没有返回任何数据，意味着此时产生了数据的幻读。

最后，我们演示一下并发修改可能导致的更新丢失问题。我们在会话 1 中给账户 B 转账 100 元但不提交事务：

```
-- 会话 1
UPDATE bank_card
SET balance = 500 + 100
WHERE user_name = 'B';

SELECT card_id, user_name, balance
FROM bank_card
WHERE user_name = 'B';

card_id |user_name|balance
--------|---------|---------
62220802|B        |600.0000
```

我们继续在会话 2 中开始一个新的事务，并且给账户 B 转账 200 元：

```
-- 会话 2
-- Oracle 无须执行 BEGIN 语句，Microsoft SQL Server 使用 BEGIN TRANSACTION 语句
BEGIN;
SELECT card_id, user_name, balance
FROM bank_card
WHERE user_name = 'B';


card_id |user_name|balance
--------|---------|---------
62220802|B        |500.0000
```

```
UPDATE bank_card
SET balance = 500 + 200
WHERE user_name = 'B';
```

此时，会话 2 将会处于等待状态。因为当一个事务已经修改某个记录但未提交时，另一个事务不允许同时修改该记录，数据库的并发写操作一定是按照顺序执行的。

然后我们在会话 1 中提交事务：

```
-- 会话 1
COMMIT;
```

提交之后会话 2 中的更新语句可以正常执行，我们在会话 2 中也提交事务：

```
-- 会话 2
COMMIT;
```

最后，账户 B 的余额为 700 元。我们总共为账户 B 转账了 300 元，正确的结果应该是“800”，会话 1 中的更新丢失了。问题的原因在于会话 2 无法得知会话 1 的修改。对于我们给出的这个示例比较好解决，可以使用以下语句替换上面的 UPDATE 语句：

```
UPDATE bank_card
SET balance = balance + 200
WHERE user_name = 'B';
```

每次更新账户余额时基于字段值进行更新，而不是使用之前查询返回的结果（500）。

提示：解决更新丢失问题的其他方法包括悲观锁、乐观锁以及设置更高的隔离级别等，具体内容超出了本文的讨论范畴。

12.6 小结

数据库事务是由多个相关 SQL 语句组成的一个原子单元，所有语句必须全部成功，或者全部失败。数据库事务具有 ACID 属性，能够确保数据库的一致性和完整性。数据库通过隔离来实现对并发事务的支持，隔离级别与并发性能不可兼得，在开发应用程序时需要进行权衡和选择。一般情况下，我们使用数据库的默认隔离级别。

第 13 章 数据库设计与实现

一个良好的设计对于数据库系统至关重要，它可以减少数据冗余，确保数据的一致性和完整性，同时使得数据库易于维护和扩展。

本章将会介绍数据库设计过程中的常用技术，如何为表中的字段选择合适的数据类型，以及数据库常见对象的管理。本章涉及的主要知识点包括：

- 实体关系图。
- 规范化设计。
- 常用数据类型。
- 管理数据库、模式和数据表。

13.1 实体关系图

实体关系图（Entity-Relationship Diagram，ERD）是一种用于数据库设计的结构图，它描述了数据库中的实体以及它们之间的关系。从结构上来说，数据库的 ERD 主要包括实体、属性以及关系三个部分。

13.1.1 实体

实体代表了一种对象或者概念。例如，员工、部门和职位都可以被称为实体。实体包含一个或多个属性，实体在数据库中对应的就是关系表。

13.1.2 属性

属性表示实体的某种特性，例如员工拥有姓名、性别、工资等属性。属性在数据库中对应的就是表中的字段，字段拥有一个指定的名称和数据类型。图 13.1 是一个包含各种属性的员工实体（employee）。

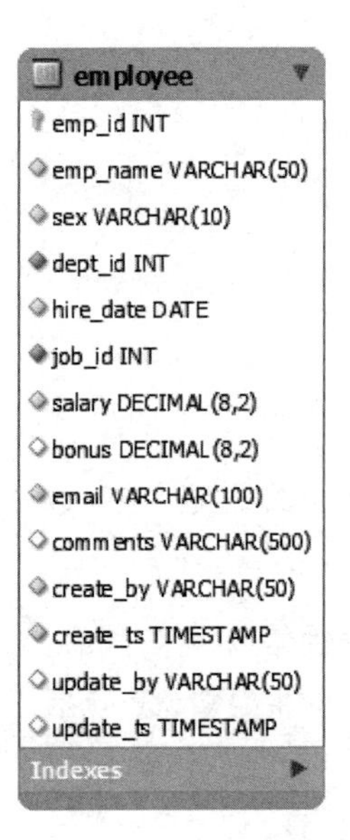

图 13.1　员工实体和属性

其中，员工编号（emp_id）属性可用于唯一标识每一位员工，被称为主键（Primary Key）。主键可以是单个字段，也可以由多个字段组成。

13.1.3 关系

关系用于表示两个实体之间的联系，三种常见的关系类型包括一对一、一对多以及多对多的关系。

例如，一夫一妻制是一种典型的一对一的关系。一个员工只能属于一个部门，一个部门可以拥有多个员工，因此部门和员工之间是一对多的关系。一个学生可以选修多门课程，一门课程可以被多个学生选修，因此学生和课程之间是多对多的关系。

13.1.4　ERD 建模

数据库的 ERD 模型可以按照业务抽象层次分为三种类型：

- **概念 ERD**。概念数据模型用于描述系统中存在的业务对象以及它们之间的联系，一般由业务分析人员使用。在概念 ERD 中使用长方形表示实体，使用椭圆形表示属性，使用菱形表示联系。
- **逻辑 ERD**。逻辑数据模型用于对概念数据模型进行进一步的分解和细化，将其转换为关系模型（表和字段）。同时，逻辑 ERD 还会引入规范化过程，对关系模式进行优化。
- **物理 ERD**。物理数据模型是针对特定数据库的设计描述。物理 ERD 需要为每个字段指定数据类型、长度、可否为空等属性，同时为表增加主键、外键以及索引等。

许多常用的数据库软件都提供了 ERD 建模功能，例如 Visual Paradigm Community Edition、MySQL Workbench、Oracle SQL Developer、SQL Server Management Studio 等免费软件，以及 Toad Data Modeler、PowerDesigner、Navicat Data Modeler 等商业软件。

我们以 MySQL Workbench 为例简单介绍如何创建一个用于 MySQL 数据库的物理 ERD。首先点击软件主界面中的“File”→“New Model”菜单，然后在打开的模型界面中点击“Add Diagram”按钮，新建一个 ERD 模型。

接下来，我们在 ERD 模型中通过拖曳加编辑的方式创建 department、job、employee 以及 job_history 4 个表，同时通过连线建立它们之间的关系。其中 department 和 employee 之间是一对多的关系，job 和 employee 之间也是一对多的关系，job_history 则和其他 3 个表之间存在外键关联。最终，我们创建的 ERD 如图 13.2 所示。

最后，我们可以点击“File”→“Export”菜单，将 ERD 模型导出为 SQL 脚本或者图片。也可以点击“Database”→“Forward Engineer”菜单，连接 MySQL 数据库来创建物理表和索引。

另外，我们还可以点击“Database”→“Reverse Engineer”菜单，从已有的 MySQL 数据库中反向生成物理 ERD 模型。

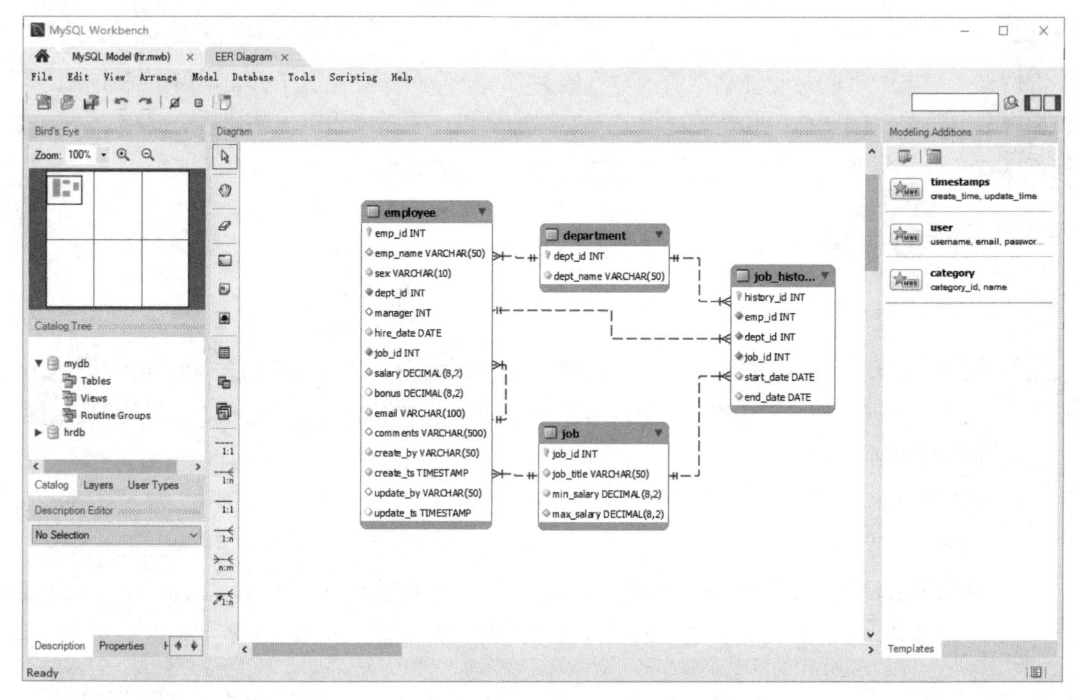

图 13.2　MySQL 示例数据库的 ERD

13.2　规范化设计

规范化（Normalization）指的是用于数据库设计的一系列原理和技术，它可以减少表中数据的冗余，增加数据的完整性和一致性。我们通常在创建逻辑 ERD 或者物理 ERD 时引入规范化技术。

13.2.1　数据异常

假如我们不考虑规范化设计，将部门、员工以及职位等信息全部存储到一个表中，得到的表结构如图 13.3 所示（图 13.3 到图 13.6 各表中的月薪单位均为“元”）。

图 13.3 所示表中的每一行数据对应一个员工的信息，包括员工所在的部门、姓名、性别、职位等。显然，这种设计存在以下问题：

- **数据冗余**。同一个部门的信息存储多份，占用了更多的磁盘空间。由于数据冗余，有时候也可能导致在不同的表中存储了重复的数据或者字段。

部门名称	部门地址	姓名	性别	经理	职位	入职日期	最低月薪	最高月薪	月薪	电话
行政管理部	办公楼一层	刘备	男		总经理	2000-01-01	24000	50000	30000	61238888，13612345678
行政管理部	办公楼一层	关羽	男	刘备	副总经理	2000-01-01	20000	30000	26000	61238887，13812312345
行政管理部	办公楼一层	张飞	男	刘备	副总经理	2000-01-01	20000	30000	24000	61238886
财务部	办公楼二层	孙尚香	女	刘备	财务经理	2002-08-08	10000	20000	12000	61236666
财务部	办公楼二层	孙丫鬟	女	孙尚香	会计	2002-08-08	5000	8000	6000	61236665

图 13.3　非规范化的表结构

- **插入异常**。如果我们想要成立一个新的部门，由于还没有增加新的员工，因此无法录入这个部门的信息。
- **删除异常**。如果我们删除了某个部门的所有员工，该部门的信息也将不复存在。
- **更新异常**。如果我们想要修改部门信息，必须更新与该部门相关的多个记录，执行效率低下。如果不小心忽略了某些记录的话，将会导致数据不一致。

为了解决这些问题，数据库引入了规范化过程。规范化过程使用范式（Normal Form）进行定义和衡量，范式就是关系模型需要满足的一种规范要求或者标准级别。

关系模型的创始人 Edgar Frank Codd 博士最早提出了第一范式（1NF）、第二范式（2NF）以及第三范式（3NF）。随后人们又提出了更高级别的范式，包括 BC 范式（BCNF）、第四范式（4NF）以及第五范式（5NF）等。每个范式都基于前面的范式进行定义，例如若要实现第二范式，需要先满足第一范式的条件。

13.2.2　第一范式

第一范式要求关系模型满足以下条件：

- 表中的字段都是不可再分的原子属性。
- 表需要定义一个主键（Primary Key）。

简单来说，首先就是每个属性要有单独的字段。在上面的不规范设计中，员工的个人电话和工作电话存储在一个字段中，破坏了原子性。另外，我们还需要为表定义一个主键，用于唯一地识别每一行数据。假如每个部门中的员工姓名不会重复（实际上并非如此），我们可以使用部门名称加上员工姓名作为主键。

因此，我们将“电话”字段拆分成两个字段就可以满足第一范式，如图 13.4 所示。

部门名称	部门地址	姓名	性别	经理	职位	入职日期	最低月薪	最高月薪	月薪	工作电话	个人电话
行政管理部	办公楼一层	刘备	男		总经理	2000-01-01	24000	50000	30000	61238888	13612345678
行政管理部	办公楼一层	关羽	男	刘备	副总经理	2000-01-01	20000	30000	26000	61238887	13812312345
行政管理部	办公楼一层	张飞	男	刘备	副总经理	2000-01-01	20000	30000	24000	61238886	
财务部	办公楼二层	孙尚香	女	刘备	财务经理	2002-08-08	10000	20000	12000	61236666	
财务部	办公楼二层	孙丫鬟	女	孙尚香	会计	2002-08-08	5000	8000	6000	61236665	

图 13.4　第一范式的表结构

第一范式要求表中的字段具有不可分割的原子性。不过我们知道，原子虽然是化学反应中不可再分的基本粒子，但其在物理状态下仍然可以被分割，它是由原子核和绕核运动的电子组成的。因此，我们同样需要了解数据库设计中的字段不可分割到底是针对什么而言的。

例如，“姓名”实际上也可以拆分成两个字段：“姓氏”和“名字”。我们要不要进行拆分取决于应用程序如何使用这些信息。一般我们可以将“姓名”作为一个字段存储，但是某些应用可能会对其进行拆分，比如申请信用卡时填写的表单。这样我们在给客户发送消息时，可以方便地称呼其为“尊敬的某先生/女士”。

另一个类似的情况是地址信息，比如“××省××市××区（县）××小区”。我们应该将其存储到一个字段中，还是拆分成多个字段呢？大部分情况下，应用程序可能需要统计不同地区的用户数据，将地址拆分成多个字段可以便于分析。

图 13.4 中的表结构仍然存在数据冗余的问题（部门和职位信息），这可能导致插入异常、删除异常以及修改异常等问题，因此我们还需要对其进一步规范化。

13.2.3　第二范式

第二范式要求关系模型满足以下条件：

- 满足第一范式。
- 非主键字段必须完全依赖于主键，不能只依赖于主键的一部分。

“部门地址”取决于“部门名称”，也就是依赖于主键的一部分。这种依赖关系被称为部分函数依赖（Partial Functional Dependency）。此时，部门地址信息存在冗余，这可能会导致各种数据异常问题。另外，职位信息也存在相同的问题。

我们可以将部门和职位信息分别单独存储到一张部门表中，并且在它们和员工表之间维护一个一对多的外键关系，如图 13.5 所示。

部门编号	部门名称	部门地址
1	行政管理部	办公楼一层
3	财务部	办公楼二层
……	……	……

职位编号	职位名称	最低月薪	最高月薪
1	总经理	24000	50000
2	副总经理	20000	30000
……	……		

部门编号	工号	姓名	性别	经理	职位编号	入职日期	月薪	工作电话	个人电话
1	1	刘备	男		1	2000-01-01	30000	61238888	13612345678
1	2	关羽	男	1	2	2000-01-01	26000	61238887	13812312345
1	3	张飞	男	1	2	2000-01-01	24000	61238886	
3	7	孙尚香	女	1	5	2002-08-08	12000	61236666	
3	8	孙丫鬟	女	7	6	2002-08-08	6000	61236665	

图 13.5　第二范式的表结构

我们将员工信息拆分成了 3 个表，并且为它们分别增加了一个编号字段。这是因为姓名、部门名称、职位名称等信息并不适合作为主键。例如，当我们使用部门名称作为主键时，如果需要修改某个部门的名称，员工表中就需要相应地修改多条记录。通常我们可以为每个表增加一个与业务无关的字段作为主键。

13.2.4　第三范式

第三范式要求关系模型满足以下条件：

- 满足第二范式。
- 属性不依赖于其他的非主属性。

如果主键决定了字段 A，字段 A 又决定了字段 B，这种依赖关系被称为传递函数依赖（Transitive Functional Dependency）。考虑到在同一个部门中可能存在多个姓名相同的员工这种情况，我们直接在员工表中增加一个编号字段作为主键也可以满足第二范式的要求，如图 13.6 所示。

主键“工号”决定了“部门名称”字段，“部门名称”决定了“部门地址”字段。因此，以上表结构虽然满足第二范式，但是存在传递函数依赖，可能会导致数据的冗余和不一致。

工号	部门名称	部门地址	姓名	性别	经理	职位	入职日期	最低月薪	最高月薪	月薪	工作电话	个人电话
1	行政管理部	办公楼一层	刘备	男		总经理	2000-01-01	24000	50000	30000	61238888	13612345678
2	行政管理部	办公楼一层	关羽	男	刘备	副总经理	2000-01-01	20000	30000	26000	61238887	13812312345
3	行政管理部	办公楼一层	张飞	男	刘备	副总经理	2000-01-01	20000	30000	24000	61238886	
7	财务部	办公楼二层	孙尚香	女	刘备	财务经理	2002-08-08	10000	20000	12000	61236666	
8	财务部	办公楼二层	孙丫鬟	女	孙尚香	会计	2002-08-08	5000	8000	6000	61236665	

图 13.6　传递函数依赖

我们在图 13.5 的表结构中将员工表拆分成了多个表，避免了传递函数依赖问题，因此满足第三范式。此时，我们再来回顾一下非规范化设计时的几个问题：

- 部门、员工以及职位信息分别存储一份，并且通过外键建立了它们之间的关系，因此不存在数据冗余的问题。
- 如果我们需要成立一个新的部门，可以直接录入部门信息。这样就解决了插入异常的问题。
- 删除某个部门的所有员工不会影响该部门的信息，不存在删除异常问题。
- 如果我们需要修改部门信息，直接更新部门表即可，不会导致数据不一致的问题。

对于大多数的交易型数据库系统而言，满足第三范式就已经足够了。我们在进行数据库设计时，只需将不同的实体或者实体的关系单独存储到一张表中即可满足第三范式。

13.2.5　主键与外键

在设计数据库的结构时，还有一个需要考虑的问题，那就是外键（Foreign Key）。外键是数据库用来实现参照完整性约束的，可以保证数据的完整性和一致性。同时，外键的级联操作可以方便数据的自动处理，减少程序出错的可能性。

例如，员工属于某个部门，我们可以在员工表的 dept_id 字段中创建一个引用部门表主键字段 dept_id 的外键约束。此时，我们必须先创建部门，然后才能为该部门创建员工，不会出现员工属于某个不存在的部门的情况，从而保证了数据的完整性。

同样，如果我们想要删除一个部门，必须确保该部门中不存在任何员工，或者同时删除该部门下的所有员工。利用数据库的外键级联删除或者级联更新功能，可以自动删除相关的员工，或者将相关员工的所属部门修改为其他部门。

不过，虽然外键可以实现参照完整性约束，但是也可能会导致性能问题。因为数据库为了维护外键需要牺牲一定的性能，这在大数据量高并发的情况下可能导致性能明显下降。

除以上方法外，另一种解决方法就是在应用层实现完整性检查，因为应用程序相对比较容易扩展。但是这种方案也可能引起一些问题。首先，应用程序中的实现更加复杂，无法百分之百地保证数据的完整性，尤其是在多个应用程序同时共享一个数据库时。另外，缺少外键会导致表之间的关系不明确，需要依赖相应的文档进行说明。

总之，我们在系统设计之初应该尽量利用外键实现数据的完整性约束。如果随着业务的增长而出现了数据库性能问题，可以考虑在应用程序中实现约束检查。

13.2.6　反规范化

简单来说，规范化就是将大表拆分成多个小表，并且通过外键建立它们之间的联系。规范化带来的一个结果就是连接查询。例如，为了查看员工所在的部门和职位，我们需要关联查询 employee、department 以及 job 表。

如果表中的数据量很大，多表连接可能会导致大量的磁盘 I/O，从而降低数据库的性能。因此，有时候为了提高查询性能，可以降低规范化的级别，也就是反规范化（Denormalization）。

常用的反规范化技术包括增加冗余字段、增加计算列、将小表合成大表等。例如，我们需要连接查询 department 和 employee，才能得到每个部门的员工数量。此时，我们可以在 department 表中增加一个存储员工数量的字段（emp_count），然后直接查询部门表就可以得到所需的信息。不过，我们每次增加或者删除员工时，需要同步更新部门表中的 emp_count 字段。

反规范化增加了数据维护的开销和数据的冗余，可能会导致数据完整性和一致性的问题。因此，我们通常应该先进行规范化设计，再根据实际情况考虑是否需要反规范化。一般来说，数据仓库（Data Warehouse）和在线分析处理（OLAP）数据库会用到反规范化技术，因为它们以复杂查询和报表分析为主。

13.3　数据类型

在设计数据库的 ERD 时，首先需要定义实体以及实体的属性，也就是定义表的结构。在定义表的结构时，我们需要明确表中包含哪些字段以及字段的数据类型。字段的数据类型定义了该字段能够存储的数据种类以及支持的操作。

注意： SQLite 使用动态类型，字段的数据类型由实际存储的内容而不是定义时的数据类型决定。例如，我们可以将某个字段定义为整数类型的，然后用于存储字符串数据。由于 SQLite 和其他数据库存在明显差异，本节内容不涉及 SQLite。

常见的 SQL 数据类型包括数字类型、字符串类型、日期时间类型以及二进制类型。

13.3.1 数字类型

数字类型主要分为两类：精确数字和近似数字。4 种主流数据库对于常用数字类型的支持如表 13.1 所示。

表 13.1 常用的SQL数字类型实现

数字类型	Oracle	MySQL	Microsoft SQL Server	PostgreSQL
精确数字	SMALLINT	SMALLINT	SMALLINT	SMALLINT
	INTEGER	INTEGER	INTEGER	INTEGER
		BIGINT	BIGINT	BIGINT
	NUMERIC(p, s)	NUMERIC(p, s)	NUMERIC(p, s)	NUMERIC(p, s)
近似数字	BINARY_FLOAT	FLOAT	REAL	REAL
	BINARY_DOUBLE	DOUBLE PRECISION	DOUBLE PRECISION	DOUBLE PRECISION

1. 精确数字

精确数字类型用于存储整数或者包含固定小数位的数字。其中，SMALLINT、INTEGER 和 BIGINT 都可以表示整数。另外，INT 是 INTEGER 的同义词。

Oracle 中的 SMALLINT 和 INTEGER 都是 NUMBER(38, 0)的同义词，其不支持 BIGINT 类型。

MySQL、Microsoft SQL Server 以及 PostgreSQL 中的 SMALLINT 类型支持的整数范围为 $-2^{15}\sim2^{15}-1$，INTEGER 支持的整数范围为 $-2^{31}\sim2^{31}-1$，BIGINT 支持的整数范围为 $-2^{63}\sim2^{63}-1$。

MySQL 还支持 TINYINT 和 MEDIUMINT 两种整数类型。另外，MySQL 中的所有数字类型都分为有符号类型（INTEGER、INTEGER SIGNED 等）和无符号类型（INTEGER UNSIGNED 等），无符号整型支持的正整数范围（$0\sim2^{32}-1$）比有符号整型中的范围扩大了一倍。

NUMERIC(p, s)用于存储包含小数的精确数字。其中精度 p 表示总的有效位数，刻度 s 表示小数点后允许的位数。例如，123.04 的精度为 5，刻度为 2。

p 和 s 都是可选的参数，s 为 0 表示整数。SQL 标准要求 p 大于或等于 s 并且 p 大于 0，s 大于或等于 0。

另外，DECIMAL 和 DEC 都是 NUMERIC 的同义词。Oracle 中的 NUMERIC 和 DECIMAL 都是 NUMBER 的同义词。

整数类型通常用于存储数字编号、产品数量、课程得分等数字。NUMERIC(p, s)类型通常用于存储产品价格、销售金额等包含小数并且精度要求高的数字。

2. 近似数字

近似数字也被称为浮点型数字（简称“浮点数”），一般较少使用，主要用于科学计算领域。浮点数的运算比普通数字类型快，但是其可能丢失精度，从而导致非预期的结果。

其中，REAL 表示单精度浮点数，通常精确到小数点后 6 位。DOUBLE PRECISION 表示双精度浮点数，通常精确到小数点后 15 位。

Oracle 使用 BINARY_FLOAT 和 BINARY_DOUBLE 表示浮点型数字。

MySQL 使用 FLOAT 表示单精度浮点型数字，同时区分有符号浮点数（FLOAT）和无符号浮点数（FLOAT UNSIGNED）。

13.3.2　字符串类型

字符串类型用于存储文本数据，主要包含 3 种具体的类型：定长字符串、变长字符串以及字符串大对象。4 种主流数据库对于常用字符串类型的支持如表 13.2 所示。

表 13.2　常用的SQL字符串类型实现

字符串类型	Oracle	MySQL	Microsoft SQL Server	PostgreSQL
定长字符串	CHAR(n)	CHAR(n)	CHAR(n)	CHAR(n)
变长字符串	VARCHAR2(n)	VARCHAR(n)	VARCHAR(n)	VARCHAR(n)
字符串大对象	CLOB	TEXT	VARCHAR(MAX)	TEXT

提示：在 SQL 语句中输入字符串类型的常量时需要使用单引号引用，例如'S001'。

1. 定长字符串

CHAR(n)表示长度固定的字符串，其中 n 表示字符串的长度。CHARACTER 和 CHAR 是同义词。定长字符串数据类型的常见定义方式如下：

- CHAR，表示长度为 1 的字符串，只能存储 1 个字符。
- CHAR(5)，表示长度为 5 的字符串。

对于定长字符串类型，如果输入的字符串长度不够，数据库将会使用空格进行填充。例如，对于数据类型为 CHAR(5)的字段，如果输入值为“A”，则实际存储的内容为“A　　”，也就是一个字符“A”加上 4 个空格。当我们在查询条件中使用这种字段的值进行比较时，数据库会将字符串右侧的空格截断后再参与比较。

通常只有存储固定长度的字符串时我们才需要考虑使用定长字符串类型，比如 18 位身份证号或者 6 位邮政编码等。

2. 变长字符串

VARCHAR(n)表示长度不固定的字符串，其中 n 表示允许存储的最大长度。CHARACTER VARYING 和 CHAR VARYING 都是 VARCHAR 的同义词。

对于变长字符串类型，如果输入的字符串长度不够，数据库不会使用空格进行填充。例如，对于数据类型为 VARCHAR(5)的字段，如果输入值为“A”，则实际存储的内容为“A”。

Oracle 使用 VARCHAR2 表示变长字符串类型，虽然目前 VARCHAR 是 VARCHAR2 的同义词，但是将来其会被定义为一种新的数据类型。

变长字符串类型一般用于存储长度不固定的文本，比如姓名、电子邮箱、产品描述等。

3. 字符串大对象

CLOB 表示字符串大对象（Character Large Object），用于存储普通字符串类型无法支持的大型文本数据，比如整篇文章、备注、评论等内容。CHARACTER LARGE OBJECT 和 CHAR LARGE OBJECT 都是 CLOB 的同义词。

MySQL 提供了 TINYTEXT、TEXT、MEDIUMTEXT 以及 LONGTEXT，分别用于存储不同长度的文本数据。

Microsoft SQL Server 使用 VARCHAR(MAX)存储大文本数据。

PostgreSQL 使用 TEXT 类型存储任意长度的字符串数据。

13.3.3 日期时间类型

SQL 中与日期和时间相关的数据类型主要包括以下 3 种：

- DATE，包含年、月、日信息的日期类型。DATE 可以用于存储出生日期、入职日期等。
- TIME，包含时、分、秒以及小数秒的时间类型。TIME 一般较少使用。
- TIMESTAMP，包含年、月、日、时、分、秒以及小数秒的时间戳类型。TIMESTAMP 用于对时间精度要求比较高的场景，比如订单时间、发车时间等。

4 种主流数据库对于常用日期时间类型的支持如表 13.3 所示。

表 13.3　常用的SQL日期时间类型实现

日期时间类型	Oracle	MySQL	Microsoft SQL Server	PostgreSQL
日期类型	DATE	DATE	DATE	DATE
时间类型		TIME	TIME	TIME
时间戳类型	TIMESTAMP	TIMESTAMP	DATETIME2	TIMESTAMP

提示： 某些数据库中的 TIME 和 TIMESTAMP 还支持 WITH TIME ZONE 选项，用于指定一个时区偏移量。例如，UTC（协调世界时）标准时间的 0 点相当于北京时间的早上 8 点。时区选项通常用在支持全球化的应用系统中。

Oracle 中的 DATE 类型包含了额外的时、分、秒信息，其不支持 TIME 类型。

MySQL 中的 DATETIME 也表示时间戳类型，选择时需要注意它和 TIMESTAMP 之间的区别。

Microsoft SQL Server 使用 DATETIME2 表示时间戳类型。另外，它也支持 TIMESTAMP 类型，但这是一个 ROWVERSION 数据类型的同义词，和时间戳无关。

13.3.4　二进制类型

二进制类型用于存储二进制文件，比如文档、图片、视频等。SQL 二进制类型具体包含以下 3 种形式：

- BINARY(n)，表示固定长度的二进制数据，其中 n 表示二进制字符数量。
- VARBINARY(n)，表示可变长度的二进制数据，其中 n 表示最大的二进制字符数量。
- BLOB，表示二进制大对象（Binary Large Object）。

Oracle 支持 BLOB 二进制类型。

MySQL 提供了 BINARY、VARBINARY 以及 TINYBLOB、BLOB、MEDIUMBLOB、LONGBLOB 等二进制类型。

Microsoft SQL Server 支持 BINARY、VARBINARY 以及 VARBINARY(MAX)二进制类型。

PostgreSQL 支持 BYTEA 二进制类型。

13.3.5　选择合适的数据类型

我们在选择字段的数据类型时，首先应该满足存储业务数据的要求，其次还需要考虑性能和使用的便捷性。一般来说，我们可以先确定基本的类型：

- 文本数据使用字符串类型进行存储。
- 数值数据，尤其是需要进行算术运算的数据，使用数字类型。
- 日期和时间信息最好使用原生的日期时间类型。
- 文档、图片、音频和视频等使用二进制类型，或者可以考虑存储在文件服务器上，之后在数据库中存储文件的路径。

然后，我们进一步确定具体的数据类型。

在满足数据存储和扩展的前提下，尽量使用较小的数据类型。这样可以节省一些存储，通常性能也会更好。例如，对于一个小型公司而言，员工人数通常不会超过几百，因此，其可以使用 SMALLINT 类型存储员工编号。对于 MySQL 而言，如果无须支持负数，就可以考虑使用无符号的数字类型。

如果我们需要存储精确的数字，要避免使用浮点数字类型。例如，与财务相关的数据，我们应该使用 NUMERIC(p, s)数据类型。另外，我们也可以将数值乘以 10 的 *N* 次方进行存储，比如将 10.35 存储为整数 103 500，然后在应用程序中进行处理和转换显示。

对于字符串数据，优先使用 VARCHAR 类型。如果字符串的长度固定，我们可以考虑使用 CHAR 类型。另外，只有在普通字符串类型的长度无法满足需求时，才会考虑使用字符串大对象类型。

不建议使用字符串存储日期时间数据，因为它们无法支持数据的运算，比如返回两个日期之间的时间间隔。另外，最好也不要使用当前时间距离 1970 年 1 月 1 日的毫秒数来表示时间，因为这种方式在显示时需要进行额外的转换。

此外，如果一个字段同时出现在多个表中，我们应该使用相同的数据类型。例如，员工表中的部门编号（dept_id）字段与部门表中的编号（dept_id）字段应该保持名称和类型一致。

13.4 管理数据库对象

13.4.1 常见对象

数据库（Database）由一组相关的对象组成，主要的对象包括表、索引、视图、存储过程和函数等。为了方便管理和访问控制，数据库通常使用模式（Schema）来组织这些对象。模式是一个逻辑单元或一个用于存储对象的容器。

一个数据库由多个模式组成，一个模式由多个对象组成，不同模式中可以存在同名的对象。

另外，MySQL 和 SQLite 中的数据库和模式是相同的概念，一个数据库对应一个同名的模式。

13.4.2　管理数据库

客户端和应用程序在连接数据库服务器时需要指定一个目标数据库。我们可以使用 CREATE DATABASE 语句创建一个新的数据库，例如：

```
-- MySQL、Microsoft SQL Server 以及 PostgreSQL
CREATE DATABASE mydb;
```

以上语句将会创建一个名为 mydb 的数据库。

Oracle 11g 以及更早的版本只支持单个数据库，一般在安装数据库时创建。Oracle 12c 开始支持容器数据库（Container Database）。我们可以使用 CREATE PLUGGABLE DATABASE 创建可插拔数据库（Pluggable Database）。相关的具体内容可参考 Oracle 数据库文档。

SQLite 中的一个数据库对应一个文件。例如，我们可以使用 sqlite3 命令行工具的.open 命令创建并打开一个新的数据库文件：

```
-- SQLite
sqlite> .open my.db
```

如果我们想要查看系统已有的数据库，可以使用数据库提供的命令或查询数据字典。对于 MySQL，我们可以使用以下命令返回一个数据库列表：

```
-- MySQL
SHOW DATABASES;
```

对于 Oracle 数据库，我们可以查询系统视图 v$database 和 v$pdbs 来获得数据库的相关信息。

对于 Microsoft SQL Server，我们可以查询系统表 sys.databases 来获得数据库的相关信息。

对于 PostgreSQL，我们可以查询系统表 pg_database 来获得数据库的相关信息。

对于 SQLite，默认打开的主数据库被命名为“main”。

如果不再需要某个数据库，就可以使用 DROP DATABASE 语句将其删除：

```
-- MySQL、Microsoft SQL Server 以及 PostgreSQL
DROP DATABASE mydb;
```

如果任何用户正在连接该数据库，则我们无法执行删除操作，需要等待所有用户断开连接或者强制断开用户连接后再删除该数据库。

对于 Oracle 12c 以及更高版本，我们可以使用 DROP PLUGGABLE DATABASE 命令删除

可插拔数据库。相关的具体内容可参考 Oracle 数据库文档。

对于 SQLite，删除一个数据库文件就会删除相应的数据库。

注意：DROP DATABASE 命令将会删除指定数据库中的所有对象而且无法恢复，因此使用时千万小心。

13.4.3 管理模式

创建数据库之后，我们还需要创建一个模式才能存储数据库对象。创建模式的语法如下：

```
-- Microsoft SQL Server 以及 PostgreSQL
CREATE SCHEMA name
[AUTHORIZATION user_name];
```

CREATE SCHEMA 命令用于创建一个新的模式，可选的 AUTHORIZATION 参数表示为该模式指定一个拥有者，模式的拥有者必须是一个已经存在的数据库用户。

Microsoft SQL Server 在创建数据库时会自动创建一个名为 dbo 的模式，PostgreSQL 在创建数据库时会自动创建一个名为 public 的模式。

在 MySQL 中，数据库和模式是相同的概念，因此 CREATE DATABASE 语句等价于 CREATE SCHEMA 语句。

在 Oracle 数据库中，用户和模式是相同的概念，因此我们使用 CREATE USER 命令创建用户时相当于创建了一个同名的模式。虽然 Oracle 也提供了 CREATE SCHEMA 命令，但它的作用不是创建模式，而是在模式中创建表、视图以及执行授权操作。

在 SQLite 中，数据库和模式是相同的概念，创建数据库就是创建模式。

对于不再需要的模式，我们可以使用 DROP SCHEMA 命令将其删除，例如：

```
-- Microsoft SQL Server 以及 PostgreSQL
DROP SCHEMA hr;
```

以上语句表示删除名为 hr 的模式。

在 MySQL 中，数据库和模式是相同的概念，因此 DROP DATABASE 语句等价于 DROP SCHEMA 语句。

在 Oracle 数据库中，用户和模式是相同的概念，因此我们使用 DROP USER 命令删除用户时，也会删除同名的模式。

在 SQLite 中，数据库和模式是相同的概念，删除数据库就是删除模式。

如果某个模式中存在对象，我们就无法删除该模式。此时需要先删除其中的对象，然后再删除模式。另外，Oracle 和 PostgreSQL 支持级联删除选项，例如：

```
-- Oracle
DROP USER hr CASCADE;

-- PostgreSQL
DROP SCHEMA hr CASCADE;
```

其中，CASCADE 关键字表示同时删除模式以及该模式中的所有对象。

13.4.4 管理数据表

创建了数据库和模式之后，我们可以在模式中创建用于存储数据的表。

1. 创建表

SQL 标准使用 CREATE TABLE 语句创建表，基本的语法如下：

```
CREATE TABLE table_name
(
 column1 data_type column_constraint,
 column2 data_type,
 ...
 table_constraint,
 ...
);
```

其中，table_name 是表的名称。括号内是字段的定义，columnN 是字段的名称，data_type 是字段的数据类型，column_constraint 是可选的字段约束，定义多个字段时使用逗号进行分隔。最后的 table_constraint 是可选的表级约束。常见的约束包括主键、外键、唯一、非空、检查约束以及默认值。

例如，以下语句用于创建一个新表 dept：

```
CREATE TABLE dept -- 部门信息表
(
 dept_id INTEGER NOT NULL PRIMARY KEY, -- 部门编号
 dept_name VARCHAR(50) NOT NULL -- 部门名称
);
```

dept（部门信息表）包含两个字段，dept_id（部门编号）是一个整数类型（INTEGER），

数据不能为空（NOT NULL），同时它还是主键（PRIMARY KEY）。dept_name（部门名称）是一个可变长度的字符串（VARCHAR），最大长度为 50，数据不能为空。

如果想要创建一个自定义名称的主键约束，我们可以使用表级约束，例如：

```
CREATE TABLE dept -- 部门信息表
(
  dept_id INTEGER NOT NULL, -- 部门编号
  dept_name VARCHAR(50) NOT NULL, -- 部门名称
  CONSTRAINT pk_dept PRIMARY KEY (dept_id)
);
```

其中，pk_dept 是自定义的主键名称。

2. 标识列

标识列（Identity Column）也被称为自增字段（Auto Increment Column），可以自动生成一个唯一的数字序列。它的主要用途就是为主键字段提供默认的数据。

SQL 标准中定义标识列的语法如下：

```
column_name data_type GENERATED {ALWAYS | BY DEFAULT} AS IDENTITY;
```

其中，data_type 必须是数字类型（INTEGER、NUMERIC 等）。GENERATED ALWAYS 表示由数据库自动生成数字，不接受用户提供的数据。GENERATED BY DEFAULT 表示如果用户提供了数据，就使用该数据，否则数据库自动生成一个数字。

例如，以下语句为 emp_identity 表定义了一个标识列 emp_id，它也是该表的主键：

```
-- Oracle 以及 PostgreSQL
CREATE TABLE emp_identity
(
  emp_id INTEGER GENERATED ALWAYS AS IDENTITY,
  emp_name VARCHAR(50) NOT NULL,
  PRIMARY KEY (emp_id)
);
```

目前只有 Oracle 和 PostgreSQL 支持这种标准语法。接下来，我们为 emp_identity 表插入一些数据：

```
INSERT INTO emp_identity(emp_name) VALUES ('张三');
INSERT INTO emp_identity(emp_name) VALUES ('李四');
INSERT INTO emp_identity(emp_name) VALUES ('王五');
```

在以上插入语句中，我们没有为 emp_id 字段提供数据，而是使用数据库生成的序列值。以下查询语句返回了这些序列值：

```
SELECT emp_id, emp_name
FROM emp_identity;

emp_id|emp_name
------|--------
     1|张三
     2|李四
     3|王五
```

数据库生成的数字序列默认从 1 开始，并且默认增量为 1。

除 SQL 标准语法外，许多数据库可以使用专有的语法实现类似的功能。MySQL 使用 AUTO_INCREMENT 属性表示自增字段，Microsoft SQL Server 使用 IDENTITY 属性表示标识列，PostgreSQL 使用 SERIAL 类型表示自增字段。SQLite 实现了一个隐式的自增字段 ROWID，通常无须显式指定自增字段。

3. 复制表

除通过定义表的结构创建表外，我们也可以基于其他表或者查询结果创建一个新表：

```
CREATE TABLE table_name
AS
SELECT ...;
```

其中，SELECT 语句的查询结果定义了新表的结构和数据。例如，以下语句用于创建一个新表 emp_devp：

```
-- Oracle、MySQL、PostgreSQL 以及 SQLite
CREATE TABLE emp_devp
AS
SELECT e.*
FROM employee e
JOIN department d
ON (d.dept_id = e.dept_id AND d.dept_name = '研发部');
```

其中，SELECT 子句返回了“研发部”的所有员工信息，CREATE 语句基于这个查询结果创建 emp_devp。

除以上标准语法外，一些数据库还提供了专用的语法，例如：

```
-- Microsoft SQL Server 和 PostgreSQL
```

```
SELECT e.*
INTO emp_devp
FROM employee e
JOIN department d
ON (d.dept_id = e.dept_id AND d.dept_name = '研发部');

-- MySQL 和 PostgreSQL
CREATE TABLE emp_copy
(LIKE employee);
```

其中，LIKE 语法只复制表结构，不复制表中的数据。另外，MySQL 中的括号可以省略。

4. 修改表

业务变更或者代码重构可能导致我们需要对已有的表结构进行修改。SQL 标准中修改表结构的语法如下：

```
ALTER TABLE table_name action;
```

其中，action 表示需要执行的修改操作。不同数据库实现的操作不完全相同，一些通用的操作包括增加字段、修改字段、删除字段、增加约束、修改约束以及删除约束等。例如，增加字段的语法如下：

```
ALTER TABLE table_name
ADD [COLUMN] column_name data_type column_constraint;
```

增加字段和创建表时指定字段定义的方法类似，可以指定的内容包括字段名、数据类型以及可选的字段约束。Oracle 和 Microsoft SQL Server 不支持 COLUMN 关键字，省略即可。

例如，以下语句表示为表 dept 新增一个字段 location，用于表示部门所在的位置：

```
ALTER TABLE dept
ADD location VARCHAR(200);
```

如果不再需要某个字段，我们可以使用 DROP COLUMN 操作将其删除，例如：

```
ALTER TABLE emp_identity
DROP COLUMN location;
```

以上语句将会删除 dept 表中的 location 字段。

5. 删除表

SQL 标准使用 DROP TABLE 语句删除表。例如，以下语句表示删除 dept 表：

```
DROP TABLE dept;
```

我们不能使用 DROP TABLE 语句直接删除外键关联中的父表，比如 department。因为删除父表会导致子表引用不存在的对象。

Oracle 提供了级联删除外键的选项，例如：

```
DROP TABLE department CASCADE CONSTRAINTS;
```

以上语句表示删除表 department 的同时删除所有引用该表的外键，但不会删除子表。

PostgreSQL 级联删除子表的选项，例如：

```
DROP TABLE department CASCADE;
```

以上语句表示删除表 department 以及所有引用该表的子表，包括 employee 和 job_history。

13.5　小结

本章介绍了如何利用实体关系图和规范化技术设计一个良好的数据库结构，同时还介绍了 SQL 中的基本数据类型以及如何为字段选择合适的数据类型。相同的数据类型在不同数据库中支持的范围大小和精度可能不同，使用任何数据类型之前都应该查看相关的数据库文档。

最后，我们介绍了如何使用 DDL 命令管理各种对象，包括数据库、模式以及数据表。

14

第 14 章 索引与性能优化

索引是优化查询最有效的技术，那么索引的原理是什么？索引一定能够优化查询性能吗？使用索引时有哪些需要注意的问题？另外，什么是 SQL 语句的执行计划？如何查看执行计划？有哪些常用的查询优化方法和技巧？在本章中，我们将会一一解答这些问题。

本章涉及的主要知识点包括：

- 索引的原理和类型。
- 索引的维护和注意事项。
- SQL 语句的执行计划。
- 常用的查询优化技巧。

14.1 索引的原理

以下是一个简单的查询语句，它的作用是查找编号为 5 的员工：

```sql
SELECT *
FROM employee
WHERE emp_id = 5;
```

那么，数据库如何找到我们需要的数据呢？如果没有索引，数据库就只能扫描整个员工表，然后依次判断每个数据记录中的员工编号是否等于 5 并且返回满足条件的数据。这种查找数据的方法被称为全表扫描（Full Table Scan）。全表扫描的最大问题就是，当表中的数据量逐渐增加时性能随之明显下降，因为磁盘 I/O 是数据库最大的性能瓶颈。

为了解决大量磁盘访问带来的性能问题，数据库引入了一个新的数据结构：索引（Index）。主流数据库产品都采用了 B-树（B+树、B*树）作为默认的索引结构，它们就像图书后面的关键词索引一样，按照关键词的某种顺序进行排序，并且提供了指向具体内容的页码。

B-树（Balanced Tree）索引就像一棵倒立的树，树的节点按照顺序进行组织，节点左侧的数据都小于该节点的值，节点右侧的数据都大于该节点的值。

B+树和 B*树索引基于 B-树索引进行了优化，它们只在叶子节点存储索引数据（降低树的高度，从而减少了磁盘访问次数），并且增加了叶子节点或者兄弟节点之间的指针（优化范围查询）。如果我们在员工编号字段上创建一个索引（比如主键），它的存储结构如图 14.1 所示。

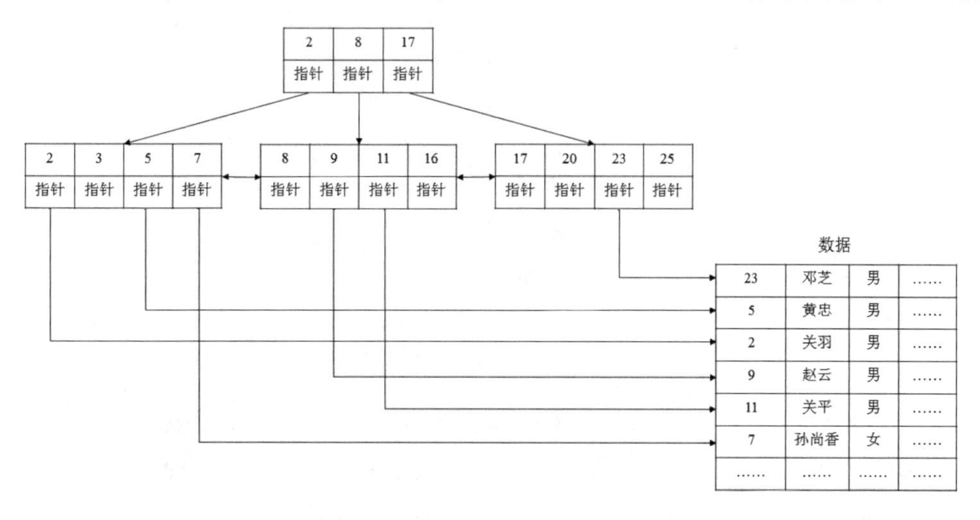

图 14.1　B-树（B+树、B*树）索引结构

创建了以上索引之后，数据库就可以通过索引的根节点，找到索引值小于 5 的最大值（2）指向的节点（最左侧的节点），然后在该节点中找到数值为 5 的记录，再通过该记录的指针（通常是数据的物理地址）访问数据所在的磁盘位置。这种访问方式比全表扫描方式的性能好很多。

举例来说，假设索引的每个分支节点可以存储 100 个键值，100 万（100^3）条记录只需 3 层 B-树即可完成索引。数据库通过索引查找指定数据时需要读取 3 次索引（每次磁盘 I/O 读取整个索引节点），加上 1 次磁盘 I/O 读取数据就可以得到查询结果。

如果采用全表扫描的方式，数据库需要执行的磁盘 I/O 可能高出几个数量级。另外，当数据量增加到 1 亿（100^4）条记录时，通过索引访问只需增加一次磁盘 I/O 即可，全表扫描则需要再增加几个数量级的磁盘 I/O。

提示： 主流数据库默认使用的都是 B-树（B+树、B*树）索引，它们可以用于优化=、<、<=、>、BETWEEN、IN 运算符以及字符串的前向匹配（"abc%"）等查询条件。

14.1.1 聚集索引

聚集索引（Clustered Index）将表中的数据按照索引（通常是主键）的结构进行存储。也就是说，聚集索引的叶子节点中直接存储了表的数据，而不是指向数据的指针。如果我们在员工编号字段上创建一个聚集索引（主键），它的存储结构如图 14.2 所示。

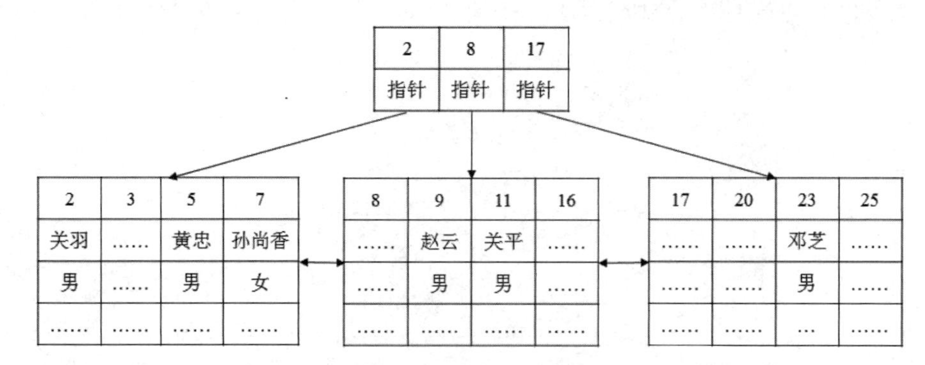

图 14.2　聚集索引结构

聚集索引其实是一种特殊的表，MySQL（InnoDB）和 Microsoft SQL Server 将这种结构的表称为聚集索引，Oracle 数据库中将其称为索引组织表（IOT）。这种存储数据的方式类似于键-值对（Key-Value）存储，适合基于主键进行查询的互联网应用。

14.1.2 非聚集索引

非聚集索引（Non-Clustered Index）就是普通的索引，索引的叶子节点中存储了指向数据所在磁盘位置的指针，数据则在磁盘上随机分布。这种存储结构的表被称为堆表（Heap）。图 14.1

就是一个非聚集索引。

MySQL（InnoDB）中的非聚集索引也被称为二级索引（Secondary Index），叶子节点存储了聚集索引的键值（通常是主键）。我们通过二级索引查找数据时，系统需要先找到相应的主键值，再通过主键索引查找相应的数据。因此，创建聚集索引的主键字段越小，索引就越小。这也是我们通常使用自增数字而不是 UUID 作为 MySQL 主键的原因之一。

在 Microsoft SQL Server 中，如果使用聚集索引创建表，非聚集索引的叶子节点中存储的是聚集索引的键值；否则，非聚集索引的叶子节点中存储的是指向数据行的物理地址。

Oracle 默认创建的是堆表，也可以创建索引组织表。

PostgreSQL 只实现了堆表，不支持聚集索引。

SQLite 和 MySQL（InnoDB）类似，默认使用聚集索引存储数据，同时在二级索引中存储了对应的主键值。

14.2　索引的类型

我们可以从应用的角度将数据库索引分为不同的类型。

14.2.1　唯一索引与非唯一索引

唯一索引（Unique Index）可以确保被索引的字段不存在重复值，从而实现唯一约束。例如，我们可以基于员工的 email 字段创建一个唯一索引，防止两个员工使用相同的电子邮箱。另外，数据库通常会自动为主键和唯一约束创建一个唯一索引。

非唯一索引（Non-Unique Index）允许被索引的字段存在重复值，可以用于提高查询的性能。如果我们没有指定 UNIQUE 关键字，默认创建的索引属于非唯一索引。

14.2.2　单列索引与多列索引

单列索引（Single-Column Index）是基于单个字段创建的索引。例如，员工表的主键索引基于 emp_id 字段创建，这就是一个单列索引。

多列索引（Multi-Column Index）是基于多个字段创建的索引，也叫复合索引（Composite Index）。我们在创建多列索引的时候需要注意字段出现的顺序，查询条件中最常使用的字段应该放在最前面，这样可以最大限度地利用索引来优化查询性能。

14.2.3 升序索引与降序索引

升序索引（Ascending Index）按照索引数据升序排列的方式建立索引，降序索引（Descending Index）按照索引数据降序排序的方式建立索引。当我们通过索引返回数据时可以避免额外的排序操作，尤其是复合索引，它可以为不同的字段指定不同的排列顺序。

默认情况下，索引按照升序排列的方式创建。

14.2.4 函数索引

函数索引（Function-Based Index）也被称为表达式索引（Expression-Based Index），是基于函数或者表达式创建的索引。例如，员工的电子邮箱不区分大小写并且唯一，我们可以基于UPPER(email)函数创建一个唯一的函数索引。

14.3 索引的维护

下面我们介绍如何创建、查看和删除索引，默认创建的索引属于 B+树或者 B*树索引。

14.3.1 创建索引

我们可以使用 CREATE INDEX 语句创建一个索引，该语句的基本语法如下：

```
CREATE [UNIQUE] INDEX index_name
ON table_name(col1 [ASC | DESC], ...);
```

其中，UNIQUE 关键字表示唯一索引。ASC 表示索引值按照升序排列，DESC 表示索引值按照降序排列，默认为 ASC。例如，以下语句基于 emp_devp 表的 emp_name 字段创建一个普通的升序索引：

```
CREATE INDEX idx_emp_devp_name
ON emp_devp(emp_name);
```

提示： 我们在定义主键和唯一约束时，数据库会自动创建相应的索引。另外，MySQL（InnoDB）也会自动为外键约束创建相应的索引。

14.3.2　查看索引

常用的数据库管理和开发工具（比如 MySQL Workbench）都提供了查看索引的图形化方式。在此我们简单介绍一下不同数据库中查看索引的 SQL 命令。

MySQL 可以使用 SHOW INDEXES 命令查看表中的索引，例如：

```
-- MySQL
SHOW INDEXES FROM emp_devp;
Table|Non_unique|Key_name|Seq_in_index|Column_name|Collation|Cardinality|
Sub_part|Packed|Null|Index_type|Comment|Index_comment|Visible|Expression
--------|---------|---------------|------------|----------|-------|----------|------|-----|----|---------|------|----------|-------|---
emp_devp|        0|PRIMARY        |           1|emp_id    |A      |         9|      |     |    |BTREE    |      |          |YES    |
emp_devp|        1|idx_emp_devp_name|         1|emp_name  |A      |         9|      |     |    |BTREE    |      |          |YES    |
```

以上命令返回了两条记录，其中 PRIMARY 是数据库自动为主键创建的索引。

在 Oracle 数据库中，我们可以通过系统表 user_indexes 和 user_ind_columns 查询索引以及相关的字段信息。

在 Microsoft SQL Server 中，查看索引最简单的方法就是使用系统存储过程 sp_helpindex，例如：

```
-- Microsoft SQL Server
EXEC sp_helpindex 'emp_devp';
index_name           |index_description                         |index_keys
---------------------------|---------------------------|----------
idx_emp_devp_name |nonclustered located on PRIMARY       |emp_name
PK__emp_devp__1299A861CF50466E|clustered, unique, primary key located on
PRIMARY|emp_id
```

PostgreSQL 提供了关于索引的系统视图 pg_indexes，可以用于查看表的索引信息。

SQLite 可以通过系统表 sqlite_master 查询关于索引的信息。

14.3.3　删除索引

我们可以使用 DROP INDEX 语句删除一个索引，删除索引不会影响表中的数据，例如：

```
-- Oracle、PostgreSQL 以及 SQLite
DROP INDEX idx_emp_devp_name;
```

对于 MySQL 和 Microsoft SQL Server，我们在删除索引时需要指定表名，例如：

```
-- MySQL 和 Microsoft SQL Server
```

```
DROP INDEX idx_emp_devp_name ON emp_devp;
```

14.3.4 注意事项

索引不仅可以优化 SELECT 语句，在某些情况下也可以优化 UPDATE 或者 DELETE 语句，因为数据库可以通过索引快速找到需要更新或者删除的记录。

既然索引可以优化查询的性能，那么索引是不是越多越好？显然并非如此，因为索引在提高查询速度的同时也需要付出一定的代价。

首先，索引需要占用磁盘空间。索引独立于数据而存在，过多的索引会占用大量的磁盘空间，甚至超过数据文件的大小。其次，对数据进行 DML 操作时，同时也需要对索引进行维护，维护索引可能比修改数据占用的时间还要长。

总之，索引是优化查询的一个有效手段，但是过度使用索引可能会给系统带来负面影响。我们将会在下文中介绍如何创建合适的索引，从而优化 SQL 查询。

提示： 除 B-树（B+树、B*树）索引外，数据库使用的索引还包括哈希索引、位图索引、全文索引以及空间索引等，它们可以用于优化特定的业务场景。

14.4 执行计划

执行计划（Execution Plan）也叫查询计划（Query Plan），它是数据库执行 SQL 语句的具体步骤和过程。SQL 查询语句的执行计划主要包括：

- 访问表的方式。数据库通过索引或全表扫描等方式访问表中的数据。
- 多表连接的方式。数据库使用什么连接算法实现表的连接，包括多个表的先后访问顺序。
- 分组聚合以及排序等操作的实现方式。

14.4.1 查询语句的执行过程

虽然不同数据库对于 SQL 查询的执行过程采用了不同的实现方式，但是一个查询语句大致需要经过分析器、优化器以及执行器的处理并返回最终结果，同时还可能利用各种缓存来提高访问性能。简单来说，一个查询语句从客户端的提交开始，直到服务器返回最终的结果，整个过程大致如图 14.3 所示。

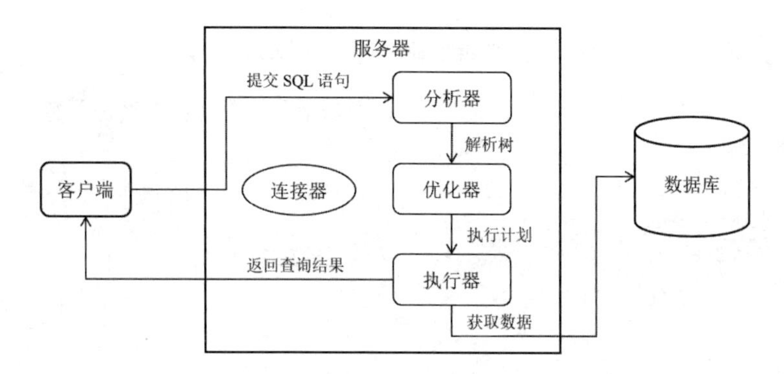

图 14.3　SQL 查询的执行过程

首先，客户端提交 SQL 语句。在此之前客户端必须连接到数据库服务器，图 14.3 中的连接器就是负责建立和管理客户端连接的组件。

然后，分析器（解析器）解析 SQL 语句的各个组成部分，进行语法分析，并检查 SQL 语句的语法是否符合规范。例如，以下语句中的 FROM 关键字错写成了 FORM：

```
SELECT *
FORM employee
WHERE emp_id = 1;

-- Oracle
SQL Error [923] [42000]: ORA-00923: FROM keyword not found where expected

-- MySQL
SQL Error [1064] [42000]: You have an error in your SQL syntax; check the
manual that corresponds to your MySQL server version for the right syntax to use
near 'FORM employee
 WHERE emp_id = 1' at line 2

-- Microsoft SQL Server
SQL Error [102] [S0001]: Incorrect syntax near 'FORM'.

-- PostgreSQL
SQL Error [42601]: ERROR: syntax error at or near "FORM"
  Position: 13

-- SQLite
SQL Error [1]: [SQLITE_ERROR] SQL error or missing database (near "FORM":
syntax error)
```

在这种情况下，所有的数据库管理系统都会返回一个语法错误。

接下来分析器还会进行语义检查，确认查询中使用的表或者字段等是否存在，用户是否拥有访问权限等。例如，以下语句将表名 employee 错写成了 employe：

```
SELECT *
FROM employe
WHERE emp_id = 1;

-- Oracle
SQL Error [942] [42000]: ORA-00942: table or view does not exist

-- MySQL
SQL Error [1146] [42S02]: Table 'hrdb.employe' doesn't exist

-- Microsoft SQL Server
SQL Error [208] [S0002]: Invalid object name 'employe'.

-- PostgreSQL
SQL Error [42P01]: ERROR: relation "employe" does not exist
  Position: 18

-- SQLite
SQL Error [1]: [SQLITE_ERROR] SQL error or missing database (no such table:
employe)
```

在这种情况下，所有的数据库管理系统都会返回对象不存在或者无效的错误。

然后，优化器会利用数据库收集到的统计信息决定 SQL 语句的最佳执行方式。例如，是通过索引还是通过全表扫描的方式访问单个表，使用什么顺序连接多个表，如何实现数据的排序等。优化器是决定查询性能的关键组件，而数据库的统计信息是优化器判断的基础。

最后，执行器根据优化之后的执行计划调用相应的执行模块来获取数据，并将结果返回客户端。MySQL 会根据表的存储引擎调用不同的接口获取数据。PostgreSQL 12 开始引入了类似 MySQL 的插件式存储引擎。

以上执行过程在各种数据库中大体相同，但是还有一些重要的组件，也就是缓存。

MySQL 5.7 之前的版本中有一个查询缓存模块，以 Key-Value 的形式缓存了执行过的历史查询语句和结果集。MySQL 查询缓存的失效频率非常高，因为只要有任何数据更新，表的所有查询缓存都会被清空。所以，MySQL 8.0 删除了查询缓存的模块。

Oracle 和 Microsoft SQL Server 提供了查询计划缓存，对于完全相同的 SQL 语句，可以重复利用已经缓存的执行计划，从而跳过解析和生成执行计划的过程。MySQL 和 PostgreSQL 的查询计划在使用预编译语句（Prepared Statement）时被缓存，但是只在当前会话中有效。

另外，数据库可以在缓冲区中对已经访问过的磁盘数据（表和索引）进行缓存，下次访问相同的记录时可以直接读取内存中的缓存，从而明显提高数据访问的速度。

从以上查询语句的执行过程中可以看出，执行计划是决定查询性能的关键。下面我们介绍如何查看 SQL 语句的执行计划。

14.4.2　查看 SQL 语句的执行计划

在大部分数据库中，我们都可以使用 EXPLAIN 命令查看执行计划，例如：

```
-- MySQL 和 PostgreSQL
EXPLAIN
SELECT *
FROM employee
WHERE emp_name = '赵云';
```

以上命令在 MySQL 和 PostgreSQL 中运行的结果分别如下：

```
-- MySQL
id|select_type|table   |partitions|type|possible_keys|key         |key_len |ref   |rows|filtered|Extra
--|-----------|--------|----------|----|-------------|------------|--------|-----|----|--------|-----
 1|SIMPLE     |employee|          |ref |idx_emp_name |idx_emp_name|202
|const|   1|   100.0|

-- PostgreSQL
QUERY PLAN
--------------------------------------------------------------------------
Index Scan using idx_emp_name on employee  (cost=0.14..8.16 rows=1 width=422)
  Index Cond: ((emp_name)::text = '赵云'::text)
```

对于 MySQL，输出结果中字段 key 的值为 idx_emp_name，表示数据库使用索引扫描的方式来查找数据。对于 PostgreSQL，输出结果中的 Index Scan using idx_emp_name on employee 表示数据库使用索引扫描的方式来查找数据。

在 Oracle 数据库中，我们同样可以使用 EXPLAIN PLAN FOR 命令生成执行计划，不过需要执行两条命令：

```
-- Oracle
EXPLAIN PLAN FOR
SELECT *
FROM employee
WHERE emp_name = '赵云';

SELECT * FROM TABLE(dbms_xplan.display);
PLAN_TABLE_OUTPUT
--------------------------------------------------------------------------------------------
Plan hash value: 813175178

--------------------------------------------------------------------------------------------
| Id|Operation                          |Name           |Rows|Bytes|Cost  (%CPU)|Time     |
--------------------------------------------------------------------------------------------
|  0|SELECT STATEMENT                   |               |   1|   56|    2     (0)|00:00:01|
|  1| TABLE ACCESS BY INDEX ROWID BATCHED|EMPLOYEE      |   1|   56|    2     (0)|00:00:01|
|* 2|  INDEX RANGE SCAN                 |IDX_EMP_NAME   |   1|     |    1     (0)|00:00:01|
--------------------------------------------------------------------------------------------

Predicate Information (identified by operation id):
---------------------------------------------------

   2 - access("EMP_NAME"='赵云')
```

我们首先使用 EXPLAIN PLAN FOR 命令生成执行计划，并将其存储到系统表 PLAN_TABLE 中，然后通过一个查询语句显示生成的执行计划。其中 dbms_xplan.display 是一个 Oracle 系统函数。返回的结果显示，该语句在 Oracle 中同样是通过 IDX_EMP_NAME 索引范围扫描来查找数据的。

在 Microsoft SQL Server 中查看执行计划需要执行 3 个命令，例如：

```
-- Microsoft SQL Server
SET STATISTICS PROFILE ON;

SELECT *
FROM employee
WHERE emp_name = '赵云';
emp_id|emp_name|sex|dept_id|manager|hire_date |job_id|salary  |bonus  |email
------|--------|---|-------|-------|----------|------|--------|-------|-
-----------------
     9|赵云     |男|      4|      1|2005-12-19|     7|15000.00|6000.00
```

```
|zhaoyun@shuguo.com

   Rows|Executes|StmtText|StmtId|NodeId|Parent|PhysicalOp|LogicalOp|Argumen
t|DefinedValues|EstimateRows|EstimateIO|EstimateCPU|AvgRowSize|TotalSubtreeC
ost|OutputList|Warnings|Type    |Parallel|EstimateExecutions
   ----|--------|----------------------------------------|------|------|---
---|--------------------|--------------------|-----------------|------------
----------------------|------------|----------|-----------|----------|-------
---------|------------------------|--------|--------|--------|------------
      1|       1|SELECT * FROM employee WHERE emp_name = '赵云'|      1|     1|    0|
|                |         | |        1.04|          |         |        |
0.003323184|          |        |SELECT  |       0|
      1|   1|                |--Clustered Index
Scan(OBJECT:([hrdb].[dbo].[employee].[PK__employee__1299A861F290FC03]),
WHERE:([hrdb].[dbo].[employee].[emp_name]=N'赵云'))|     1|     3|
2|Clustered Index Scan|Clustered Index
Scan|OBJECT:([hrdb].[dbo].[employee].[PK__employee__1299A861F290FC03]),
WHERE:([hrdb].[dbo].[employee].[emp_name]=N'赵云
')|[hrdb].[dbo].[employee].[emp_id], [hrdb].[dbo].[employee].[emp_name],
[hrdb].[dbo].[employee].[sex], [hrdb].[dbo].[employee].[dept_id],
[hrdb].[dbo].[employee].[manager], [hrdb].[dbo].[employee].[hire_date],
[hrdb].[dbo].[employee].[job_id], [hrdb].[dbo].|       1.04| 0.003125|
0.0001856|     731|      0.0033106|[hrdb].[dbo].[employee].[emp_id],
[hrdb].[dbo].[employee].[emp_name], [hrdb].[dbo].[employee].[sex],
[hrdb].[dbo].[employee].[dept_id], [hrdb].[dbo].[employee].[manager],
[hrdb].[dbo].[employee].[hire_date], [hrdb].[dbo].[employee].[job_id],
[hrdb].[dbo].|      |PLAN_ROW|      0|          1

   SET STATISTICS PROFILE OFF;
```

我们首先使用 SET STATISTICS PROFILE ON 命令打开 SQL 语句统计分析功能，然后执行查询语句。此时，除产生查询结果外，还输出了关于该语句的执行计划。最后，我们再次使用 SET STATISTICS PROFILE OFF 命令，关闭 SQL 语句统计分析功能。

Microsoft SQL Server 返回的执行计划中包含了详细的过程和统计信息，其中 Clustered Index Scan 表明它选择了基于聚集索引（主键）扫描的方式访问数据，也就是全表扫描。

在 SQLite 中，我们可以使用 EXPLAIN QUERY PLAN 命令查看执行计划，例如：

```
-- SQLite
EXPLAIN QUERY PLAN
SELECT *
```

```
FROM employee
WHERE emp_name = '赵云';

id|parent|notused|detail
--|------|-------|-----------------------------------------------------
 3|     0|      0|SEARCH TABLE employee USING INDEX idx_emp_name (emp_name=?)
```

虽然 SQLite 执行计划中显示的信息比较简单，但是我们仍然能够看出以上查询使用了索引扫描（idx_emp_name）访问数据。

虽然不同数据库使用的术语不同，但是执行计划包含的关键信息大同小异，我们可以通过执行计划查找 SQL 语句的性能问题，并给出优化方法。

14.5 查询优化技巧

查询优化的本质是让数据库优化器为 SQL 语句选择最佳的执行计划。一般来说，对于在线交易处理（OLTP）系统的数据库，减少数据库磁盘 I/O 是 SQL 语句性能优化的首要方法，因为磁盘访问通常是数据库性能的瓶颈所在。

另外，我们还需要考虑降低 CPU 和内存的消耗。例如 DISTINCT、GROUP BY、ORDER BY 等操作都会涉及 CPU 运算，需要占用内存或者使用临时磁盘文件，这些都是我们优化的目标。

14.5.1 创建合适的索引

索引是优化查询性能的重要方法，因此我们首先需要了解哪些字段适合创建索引：

- 基于经常出现在 WHERE 条件中的字段建立索引，可以避免全表扫描。
- 基于多表连接查询的关联字段（通常是外键）建立索引，可以提高连接查询的性能。
- 将 GROUP BY 分组字段加入索引中，可以利用索引实现分组。
- 将 ORDER BY 排序字段加入索引中，可以避免额外的排序操作。

另外，我们在创建索引时尽量选择区分度高的字段，比如手机号、姓名等。“性别”这种重复性极高的字段不适合单独创建索引，必要时可以考虑和其他字段一起创建复合索引。

对于复合索引，查询条件中最常出现的字段应该放在索引的最左边，这被称为复合索引最左前缀原则，例如：

```
CREATE TABLE test (
  id   INT NOT NULL,
```

```
  col1 INT,
  col2 INT,
  col3 VARCHAR(100),
  PRIMARY KEY (id)
);

-- MySQL、PostgreSQL 以及 SQLite
INSERT INTO test
WITH RECURSIVE t (id, c1, c2, c3) AS (
  SELECT 1 id,1 c1,1 c2,1 c3
  UNION ALL
  SELECT id+1, c1+1, c2+2, c3+3
  FROM t
  WHERE id < 1000
)
SELECT * FROM t;
```

我们首先创建了一个测试表 test，然后利用一个递归通用表表达式插入了 1000 行数据。如果使用 Oracle 或者 Microsoft SQL Server，就需要对 INSERT 语句进行相应的修改。

假如我们经常同时使用 col1 和 col2 字段作为查询条件，另外也会单独使用 col2 字段作为查询条件，可以创建以下复合索引：

```
CREATE INDEX idx_test
ON test (col2, col1);
```

其中 col2 字段在前，col1 字段在后。下面我们以 MySQL 数据库为例，查看这两种查询条件下的执行计划：

```
-- MySQL
EXPLAIN
SELECT *
FROM test
WHERE col1 = 6 AND col2 = 9;
id|select_type|table|partitions|type|possible_keys|key     |key_len|ref        |rows|filtered|Extra
--|-----------|-----|----------|----|-------------|--------|-------|-----------|----|--------|-----
 1|SIMPLE     |test |          |ref |idx_test     |idx_test|10     |const,const|   1|     100|

EXPLAIN
SELECT *
FROM test
WHERE col2 = 9;
id|select_type|table|partitions|type|possible_keys|key     |key_len|ref  |rows|filtered|Extra
--|-----------|-----|----------|----|-------------|--------|-------|-----|----|--------|-----
 1|SIMPLE     |test |          |ref |idx_test     |idx_test|5      |const|   1|     100|
```

执行计划显示，在这两种情况下，均可以通过索引 idx_test 查找数据。以上示例在其他数据库中的情况也一样。

如果我们需要单独使用 col1 字段作为查询条件，只有 Oracle 会利用索引跳跃式扫描（INDEX SKIP SCAN）来查找数据，其他数据库则通过全表扫描来查找数据。

另外，我们还需要了解一些不适合创建索引的情况。例如，频繁更新的字段不适合创建索引，因为更新索引也需要付出代价。表中的数据量很少时无须创建索引，因为在这种情况下全表扫描可能更快。最后，对于大文本数据的检索可以考虑使用全文搜索技术。

14.5.2 避免索引失效

虽然我们已经创建了合适的索引，但是如果查询语句中的 WHERE 子句编写不当，仍然可能会导致数据库无法使用索引。

首先，在查询条件中对索引字段进行运算或者使用函数都会导致索引失效，例如：

```
SELECT *
FROM employee
WHERE UPPER(email) = 'GUANYU@SHUGUO.COM';
```

虽然我们的初始化脚本在 email 字段上创建了索引 uk_emp_email，但是查询条件中的 UPPER 函数会导致索引失效，因为索引中并没有存储大写形式的 email。

其次，我们在使用 LIKE 运算符进行匹配时，如果通配符出现在左侧，也会导致索引失效，例如：

```
SELECT * FROM employee
WHERE emp_name LIKE '%飞';
```

以上语句将会使用全表扫描的方式来查找数据，只有匹配模式左侧是确定的内容（比如“张%”）时，才可能会使用索引查找数据。如果业务需求中确实存在这类模糊匹配，我们可以考虑使用全文索引或者专门的全文搜索引擎。

如果我们在某个字段上创建了索引，则应该尽量将其设置为 NOT NULL。这是因为不是所有的数据库在使用 IS [NOT] NULL 运算符时，都会通过索引查找数据。以下是一个 Oracle 示例：

```
-- Oracle
EXPLAIN PLAN FOR
SELECT *
```

```
FROM test
WHERE col2 IS NULL;

SELECT * FROM TABLE(dbms_xplan.display);
PLAN_TABLE_OUTPUT
-----------------------------------------------------------------------
Plan hash value: 1357081020

-----------------------------------------------------------------------
| Id | Operation           | Name | Rows  | Bytes |Cost (%CPU)| Time     |
-----------------------------------------------------------------------
|   0 | SELECT STATEMENT  |      |     1 |    91 |     2   (0)| 00:00:01 |
|*  1 |  TABLE ACCESS FULL| TEST |     1 |    91 |     2   (0)| 00:00:01 |
-----------------------------------------------------------------------

Predicate Information (identified by operation id):
---------------------------------------------------

   1 - filter("COL2" IS NULL)
```

Oracle 不会针对索引字段为 NULL 的数据进行索引，因此该查询使用了全表扫描。

以上语句在 Microsoft SQL Server 中也会使用全表扫描。其他数据库虽然可以通过索引查找数据，但是为 NULL 值创建索引时需要进行额外的处理。

另外，我们在第 5 章中介绍了 NULL 值可能导致的各种问题。因此，我们建议将索引字段设置为 NOT NULL，并且为其指定一个特殊的默认值来表示缺失值。

14.5.3　只返回需要的结果

SELECT *表示查询表中的全部字段，这种写法通常会返回不必要的字段，从而影响查询的性能。这是因为数据库需要读取更多的数据，同时需要通过网络传输更多的数据，而客户端可能并不需要这些信息。以下是一个 MySQL 示例：

```
 -- MySQL
EXPLAIN
SELECT *
FROM employee e;
id|select_type|table|partitions|type|possible_keys|key|key_len|ref|rows|filtered|Extra
--|-----------|-----|----------|----|-------------|---|-------|---|----|--------|-----
 1|SIMPLE     |e    |          |ALL |             |   |       |   | 25|     100 |
```

```
EXPLAIN
SELECT emp_name
FROM employee e;
id|select_type|table|partitions|type |possible_keys|key|key_len|ref|rows|          filtered|Extra
--|-----------|-----|----------|-----|-------------|------------|-------|---|----|--------|-----------
 1|SIMPLE     |e    |          |index|             |idx_emp_name|152    |   |25|  100|Using index
```

第一个查询语句需要返回所有的字段，使用了全表扫描。第二个查询只需返回员工的姓名，通过扫描索引 idx_emp_name 就可以得到查询结果，甚至不用访问表。

以上示例在其他数据库中的测试结果也一样。因此，我们在开发和测试过程中可以使用 SELECT *这种方式快速编写查询，但是在实际应用中应该严格控制只返回业务需要的字段。

14.5.4 优化多表连接

我们在第 6 章中介绍了多表连接，连接查询首先需要避免缺少连接条件导致的笛卡儿积，因为这是非常消耗资源的操作。对于连接查询中使用的关联字段，我们应该确保它们的数据类型和字符集相同，并且创建了合适的索引。

对于多表连接查询，数据库的实现算法通常有以下三种。

- **嵌套循环连接**（Nested Loop Join）：针对驱动表（外表）中的每条记录，遍历另一个表并找到匹配的数据，相当于两层 FOR 循环。这种方式适用于驱动表数据比较少，并且连接表中有索引的情况。
- **哈希连接**（Hash Join）：将其中一个表的连接字段计算出一个哈希表，然后从另一个表中一次获取记录并计算哈希值，根据两个哈希值来匹配符合条件的记录。这种方式在数据量大且没有创建索引的情况下的性能可能更好。
- **排序合并连接**（Sort Merge Join）：首先将两个表中的数据基于连接字段分别进行排序，然后合并排序后的结果。这种方式通常用于没有创建索引，并且数据已经排序的情况。

MySQL 不支持排序合并连接方式。SQLite 只实现了嵌套循环连接方式。

MySQL 8.0 之前只支持嵌套循环连接，所以不建议多个表的连接查询，因为多层循环嵌套会导致查询性能的急剧下降。MySQL 8.0 引入了哈希连接，可以用于优化等值连接，例如以下查询：

```
-- MySQL
EXPLAIN ANALYZE
```

```
SELECT *
FROM test t1
JOIN test t2 ON (t1.col3 = t2.col3);
-> Inner hash join (t2.col3 = t1.col3)  (cost=100103.20 rows=100000) (actual time=11.945..25.363 rows=1000 loops=1)
    -> Table scan on t2  (cost=0.01 rows=1000) (actual time=0.206..5.947 rows=1000 loops=1)
    -> Hash
        -> Table scan on t1  (cost=101.00 rows=1000) (actual time=0.236..6.176 rows=1000 loops=1)
```

EXPLAIN ANALYZE 是 MySQL 8.0 引入的扩展命令，可以获取详细的执行计划信息。字段 col3 上没有索引，执行计划选择了采用哈希连接的方式连接两个表。此时 t2 和 t1 都只需扫描一次。与嵌套循环连接相比，其性能更好，尤其在数据量大的情况下。

除 SQLite 外，以上语句在其他数据库中也都会采用哈希连接算法。

数据库优化器选择哪种算法取决于许多因素，比如表中的数据量、关联字段是否已经排序或者创建索引等。一般连接查询的表较少时，优化器可以自行选择合适的实现方法。当复杂查询性能不够理想时，我们可以通过执行计划来查看是否需要采用创建索引、调整多表连接的顺序或者指定连接方法等进行优化。

另外，还有一种优化连接查询的方法，就是通过增加冗余字段来减少连接查询的数量。

14.5.5　尽量避免使用子查询

我们在第 7 章中介绍了子查询，其中非关联子查询可以单独执行，比较容易处理。我们通常需要优化的是关联子查询。以下是一个 MySQL 示例，该查询返回了月薪高于部门平均月薪的员工：

```
-- MySQL
EXPLAIN ANALYZE
SELECT emp_id, emp_name
FROM employee e
WHERE salary > (
  SELECT AVG(salary)
  FROM employee
  WHERE dept_id = e.dept_id
);
-> Filter: (e.salary > (select #2))  (cost=2.75 rows=25) (actual time=0.232..4.401 rows=6 loops=1)
```

```
        -> Table scan on e  (cost=2.75 rows=25) (actual time=0.099..0.190 rows=25
loops=1)
        -> Select #2 (subquery in condition; dependent)
            -> Aggregate: avg(employee.salary)  (actual time=0.147..0.149 rows=1
loops=25)
                -> Index lookup on employee using idx_emp_dept (dept_id=e.dept_id)
(cost=1.12 rows=5) (actual time=0.068..0.104 rows=7 loops=25)
```

从执行计划中可以看出，MySQL 采用了类似嵌套循环连接的实现方式，其中子查询循环执行了 25 次。实际上，数据库可以通过一次扫描来计算并缓存每个部门的平均月薪。以下语句将该子查询替换为等价的连接查询，从而实现了子查询的展开（Subquery Unnest）：

```
-- MySQL
EXPLAIN ANALYZE
SELECT e.emp_id, e.emp_name
FROM employee e
JOIN (SELECT dept_id, AVG(salary) AS dept_average
      FROM employee
      GROUP BY dept_id) t
ON e.dept_id = t.dept_id
WHERE e.salary > t.dept_average;
-> Nested loop inner join  (actual time=0.722..2.354 rows=6 loops=1)
    -> Table scan on e  (cost=2.75 rows=25) (actual time=0.096..0.205 rows=25
loops=1)
    -> Filter: (e.salary > t.dept_average)  (actual time=0.068..0.076 rows=0
loops=25)
        -> Index lookup on t using <auto_key0> (dept_id=e.dept_id)  (actual
time=0.011..0.015 rows=1 loops=25)
            -> Materialize  (actual time=0.048..0.057 rows=1 loops=25)
                -> Group aggregate: avg(employee.salary)  (actual
time=0.228..0.510 rows=5 loops=1)
                    -> Index scan on employee using idx_emp_dept  (cost=2.75
rows=25) (actual time=0.181..0.348 rows=25 loops=1)
```

改写之后的查询利用了物化（Materialization）技术，将子查询的结果保存为一个内存临时表，然后与 employee 表进行嵌套循环连接。通过实际执行时间可以看出，这种方式的查询速度更快。

以上示例在 Oracle 和 Microsoft SQL Server 中会自动执行子查询展开，两种写法区别不大。在 PostgreSQL 中第一个语句使用嵌套循环连接实现，改写为连接查询之后使用性能更好的哈希连接实现。SQLite 中的实现和 MySQL 类似。

14.5.6 优化集合操作

我们在第 8 章中介绍了集合操作符，其中 UNION 和 UNION ALL 都是并集操作符，它们的主要区别在于 UNION 需要将合并后的结果进行去重。例如，以下是一个 MySQL 中的示例：

```
-- MySQL
EXPLAIN
SELECT *
FROM employee
UNION
SELECT *
FROM emp_devp;
id|select_type |table     |partitions|type|possible_keys|key|key_len|ref|rows|filtered|Extra          |
--|------------|----------|----------|----|-------------|---|-------|---|----|--------|---------------|
 1|PRIMARY     |employee  |          |ALL |             |   |       |   |  25|     100|               |
 2|UNION       |emp_devp  |          |ALL |             |   |       |   |   9|     100|               |
  |UNION RESULT|<union1,2>|          |ALL |             |   |       |   |    |        |Using temporary|

EXPLAIN
SELECT *
FROM employee
UNION ALL
SELECT *
FROM emp_devp;
id|select_type|table   |partitions|type|possible_keys|key|key_len|ref|rows|filtered|Extra|
--|-----------|--------|----------|----|-------------|---|-------|---|----|--------|-----|
 1|PRIMARY    |employee|          |ALL |             |   |       |   |  25|     100|     |
 2|UNION      |emp_devp|          |ALL |             |   |       |   |   9|     100|     |
```

从执行计划中可以看出，UNION 操作符需要执行一个额外的操作，同时还使用了临时表（Using temporary）。以上语句在其他数据库中的实现也一样。

数据库在使用 UNION 操作符时需要利用临时表进行数据排序，这增加了 CPU 和内存的消耗，在数据量很大的时候甚至需要利用磁盘文件进行排序。因此，如果我们在确认不会出现重复数据或者不在乎重复数据时，推荐使用 UNION ALL 操作符。

14.5.7 不要使用 OFFSET 实现分页

我们在第 2 章中介绍了如何利用 FETCH（LIMIT）以及 OFFSET 实现 Top-*N* 排行榜和分页查询。当表中的数据量很大时，这种方式的分页查询可能会导致性能问题，例如：

```
-- MySQL、PostgreSQL 以及 SQLite
SELECT *
FROM large_table
ORDER BY id
LIMIT 10 OFFSET 1000000;
```

随着 OFFSET 的增加，查询速度会越来越慢。因为我们虽然只返回 10 条记录，但数据库仍然需要访问并且过滤掉 1 000 000 行记录，即使通过索引，也会涉及不必要的扫描操作。

对于以上分页，我们可以记住上一次获得的最大 id，然后在查询中作为条件，例如：

```
SELECT *
FROM large_table
WHERE id > last_value
ORDER BY id
LIMIT 10;
```

如果 id 字段上存在索引，则这种分页查询的方式可以基本不受数据量的影响。

14.5.8 记住 SQL 子句的逻辑执行顺序

我们回顾一下学习过的完整 SQL 查询语句：

```
(6) SELECT [DISTINCT | ALL] col1, col2, agg_func(col3) AS alias
(1) FROM t1 JOIN t2
(2) ON (join_conditions)
(3) WHERE where_conditions
(4) GROUP BY col1, col2
(5) HAVING having_condition
(7) UNION [ALL]
   ...
(8) ORDER BY col1 ASC, col2 DESC
(9) OFFSET m ROWS FETCH NEXT num_rows ROWS ONLY;
```

以上是 SQL 查询中各个子句的编写顺序，前面括号内的数字代表了它们的逻辑执行顺序。也就是说，数据库并非按照编写顺序先执行 SELECT 子句，然后再执行 FROM 子句等。从逻辑上讲，SQL 子句的执行顺序如下：

（1）首先，FROM 和 JOIN 是 SQL 语句执行的第一步。它们的结果是一个笛卡儿积，该结果决定了接下来要操作的数据集。注意，逻辑执行顺序并不代表物理执行顺序，实际上数据库在获取表中的数据之前会应用 ON 和 WHERE 过滤条件进行访问优化。

（2）然后，应用 ON 条件对上一步的结果进行过滤，并生成新的数据集。

（3）接着执行 WHERE 子句，对上一步的数据集进行过滤。WHERE 和 ON 子句在大多数情况下的效果相同，但是在外连接查询中有所区别。

（4）下一步，基于 GROUP BY 子句指定的表达式进行分组，同时对于每个分组计算聚合函数 agg_func 的结果。经过 GROUP BY 处理之后，数据集的结构就发生了变化，只保留了分组字段和聚合函数的结果。

（5）如果存在 GROUP BY 子句，可以进一步利用 HAVING 子句对分组后的结果进行过滤。

（6）接下来，SELECT 子句可以指定要返回的字段。如果指定了 DISTINCT 关键字，数据库需要对结果进行去重操作。另外，数据库还会为指定了 AS 的字段生成别名。

（7）如果还有集合操作符（UNION、INTERSECT、EXCEPT）和其他的 SELECT 语句，执行该查询，之后合并两个结果集。对于集合操作中的多个 SELECT 语句，数据库通常可以支持并发执行。

（8）随后应用 ORDER BY 子句对结果进行排序。如果存在 GROUP BY 子句或者 DISTINCT 关键字，就只能使用分组字段和聚合函数进行排序；否则可以使用表中的任何字段排序。

（9）最后，利用 OFFSET 和 FETCH（LIMIT、TOP）子句限定返回的行数。

理解以上 SQL 子句的逻辑执行顺序也可以帮助我们进行查询优化。例如，WHERE 子句在 HAVING 子句之前执行，因此我们应该尽量使用 WHERE 子句进行数据过滤，除非业务逻辑需要基于聚合函数的结果进行过滤。

另外，了解 SQL 子句的逻辑执行顺序还可以帮助我们避免一些常见的错误，例如：

```
-- 错误示例
SELECT emp_name AS empname
FROM employee
WHERE empname ='张飞';
```

该语句的错误在于 WHERE 条件中引用了列别名。从 SQL 子句的逻辑执行顺序中可以看出，数据库使用 WHERE 条件过滤数据时还没有执行 SELECT 子句，也就还没有生成字段的别名。

另一个需要注意的操作就是 GROUP BY，我们在第 4 章中给出了一个常见的错误示例：

```
-- GROUP BY 错误示例
SELECT dept_id, emp_name, AVG(salary)
FROM employee
GROUP BY dept_id;
```

经过 GROUP BY 子句处理之后，结果中只保留了分组字段和聚合函数的值，示例中的

emp_name 字段已经不存在了。从逻辑上来说，按照部门分组统计之后再显示某个员工的姓名没有意义。如果需要同时显示员工信息和所在部门的汇总结果，可以使用窗口函数。

还有一些逻辑问题可能不会直接导致查询出错，但是会返回不正确的结果，例如外连接查询中的 ON 和 WHERE 子句。以下是一个左外连接查询的示例：

```
SELECT e.emp_name, d.dept_name
FROM employee e
LEFT JOIN department d
ON (e.dept_id = d.dept_id)
WHERE e.emp_name ='张飞';

emp_name |dept_name
-------- |---------
张飞      |行政管理部

SELECT e.emp_name, d.dept_name
FROM employee e
LEFT JOIN department d
ON (e.dept_id = d.dept_id AND e.emp_name ='张飞');

emp_name|dept_name
--------|---------
刘备     |
关羽     |
张飞     |行政管理部
...
```

第一个查询语句在 ON 子句中指定了连接的条件，然后通过 WHERE 子句找出“张飞”。第二个查询语句将所有的过滤条件都放在 ON 子句中，结果返回了所有员工的姓名。这是因为左外连接会返回左表中的全部数据，即使 ON 子句中指定了员工姓名，也不会生效。

14.6 小结

SQL 语句的声明性使得我们无须关心具体的数据库实现，但同时也可能因此导致查询的性能问题。在本章中，我们介绍了索引的原理，学习了如何通过执行计划查看 SQL 语句的执行过程，以及常用的查询优化技巧。

SQL 语句性能优化只是数据库性能优化的一部分，其他技术还包括表结构的优化、数据库配置参数优化、操作系统和硬件调整以及架构优化（分库分表、读写分离等）。

15

第 15 章 视图不是表

本章将会介绍另一个重要的数据库对象：视图（View）。我们将会学习如何利用视图简化查询语句、实现业务接口以及提高数据的安全性，同时我们还会讨论如何通过可更新视图来修改基础表中的数据。

本章涉及的主要知识点包括：

- 什么是视图以及视图的优缺点。
- 创建、修改和删除视图。
- 可更新视图的使用和限制。

15.1 视图概述

15.1.1 什么是视图

简单来说，视图就是数据库中预定义好的查询语句，如图 15.1 所示。

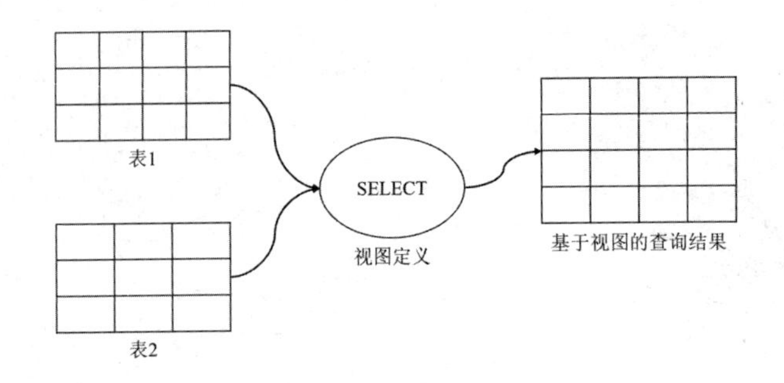

图 15.1　视图

视图可以像表一样作为查询的数据源，视图与表的最大区别在于它不包含数据，数据库中只存储视图的定义语句。因此，视图也被称为虚拟表（Virtual Table）。

15.1.2　视图的优缺点

那么，为什么需要视图呢？因为它可以给我们带来许多好处：

- 视图可以替代复杂查询，减少查询语句的复杂性。我们可以将复杂的查询定义为视图，然后使用视图进行数据访问。
- 视图可以隐藏具体的实现，提供统一的接口。当底层表结构发生变化时，我们只需修改视图的定义，而不用修改外部应用的接口，这样可以简化代码的维护工作，并减少错误。
- 视图可以用于控制表的访问，提高安全性。我们可以通过视图为用户提供必要的数据访问，而不是让用户直接访问表，从而隐藏某些敏感信息，比如身份证号、工资等。

与此同时，我们也需要注意视图可能带来的一些问题：

- 复杂的视图可能会导致性能问题。如果视图的定义中包含了复杂的查询语句，比如多层嵌套的子查询和大量的连接查询等，就可能会导致我们使用视图进行查询时性能不佳。
- 视图通常只能用于查询操作，支持数据修改操作的可更新视图需要满足许多限制条件。

了解了视图的作用和优缺点之后，让我们学习一下如何创建、修改、删除以及使用视图。

15.2　管理视图

15.2.1　创建视图

我们可以使用 CREATE VIEW 语句创建一个新的视图，该语句的基本语法如下：

```
CREATE VIEW view_name
AS
select_statement;
```

其中，view_name 是视图的名称。select_statement 是视图的定义，也就是一个查询语句。例如，以下语句创建了一个名为 developers 的视图：

```
CREATE VIEW developers
AS
SELECT emp_id, emp_name, sex, manager, hire_date, job_id, email
FROM employee
WHERE dept_id = 4;
```

视图 developers 的定义中只包含了“研发部”的员工信息，同时我们还去掉了员工的月薪等字段。其中，employee 表是该视图的基础表。

创建视图之后，我们可以像普通表一样将其作为查询的数据源。例如，以下语句使用视图 developers 进行查询：

```
SELECT emp_name, sex, hire_date, email
FROM developers
WHERE sex = '女';
```

该语句返回了“研发部”的女性员工。查询返回的结果如下：

```
emp_name|sex|hire_date |email
--------|---|----------|------------------
赵氏      |女  |2011-11-10|zhaoshi@shuguo.com
```

视图也可以用于复杂的查询操作。例如，以下语句将视图 developers 与 job 表进行连接，然后执行分组统计：

```
SELECT j.job_title, d.sex, COUNT(*)
FROM developers d
JOIN job j ON (j.job_id = d.job_id)
GROUP BY j.job_title, d.sex;
```

该语句返回了“研发部”中按照职位和性别统计的人数。查询返回的结果如下：

```
job_title|sex|COUNT(*)
---------|---|--------
开发经理     |男  |       1
程序员      |男  |       7
程序员      |女  |       1
```

视图既可以基于一个或多个表定义，也可以基于其他视图进行定义，例如：

```
CREATE VIEW female_developers
AS
SELECT emp_id, emp_name, sex, manager, hire_date, job_id, email
FROM developers
WHERE sex = '女';
```

我们基于视图 developers 创建了另一个视图 female_developers。

视图定义中的 SELECT 语句与普通查询语句一样可以包含任意复杂的子句，比如子查询、集合操作、分组聚合等。但是有一个需要注意的子句就是 ORDER BY。

15.2.2 视图中的 ORDER BY 子句

许多数据库都支持在视图定义中使用 ORDER BY 子句，但是 SQL 标准并不支持这种写法，因为视图并不存储数据。例如，以下语句创建了一个按照 emp_id 排序的视图 developers2：

```
-- Oracle、MySQL、PostgreSQL 以及 SQLite
CREATE VIEW developers2
AS
SELECT emp_id, emp_name, sex, manager, hire_date, job_id, email
FROM employee
WHERE dept_id = 4
ORDER BY emp_id;
```

建议读者不要在视图的定义中使用 ORDER BY 子句，因为当我们使用视图进行查询时，该子句并不能保证最终结果的顺序，而且还可能由于不必要的排序操作而降低查询的性能。

Microsoft SQL Server 不允许视图定义中包含 ORDER BY 子句（除非指定了 TOP、OFFSET 或者 FOR XML 选项）。

15.2.3 修改视图的定义

如果我们需要修改视图的定义，可以删除并重新创建视图。此外，许多数据库还提供了直接替换视图定义的命令，例如：

```
-- Oracle、MySQL 以及 PostgreSQL
CREATE OR REPLACE VIEW view_name
AS select_statement;

-- Microsoft SQL Server
```

```
CREATE OR ALTER VIEW view_name
AS select_statement;
```

其中，CREATE OR REPLACE VIEW 表示如果视图不存在，则创建视图；如果视图已经存在，则替换视图。

Microsoft SQL Server 使用 CREATE OR ALTER VIEW 命令创建或者替换视图的定义。

例如，以下语句修改了视图 developers 的定义并删除了字段 hire_date 和 job_id：

```
-- Oracle 以及 MySQL
CREATE OR REPLACE VIEW developers
AS
SELECT emp_id, emp_name, sex, manager, email
FROM employee
WHERE dept_id = 4;

-- Microsoft SQL Server
CREATE OR ALTER VIEW developers
AS
SELECT emp_id, emp_name, sex, manager, email
FROM employee
WHERE dept_id = 4;
```

PostgreSQL 替换视图定义时只允许增加字段，不支持删除字段。

另外，MySQL 和 Microsoft SQL Server 还支持使用 ALTER VIEW 语句修改视图的定义。Oracle 和 PostgreSQL 中的 ALTER VIEW 语句则用于修改视图的其他属性。

SQLite 不支持修改视图，只能删除后重新创建视图。

15.2.4　删除视图

我们可以使用 DROP VIEW 命令删除一个视图，该语句的基本语法如下：

```
DROP VIEW view_name;
```

例如，以下语句可以用于删除视图 developers：

```
DROP VIEW developers;
```

15.3 可更新视图

视图主要用于查询数据，但是在某些情况下视图也可以用于修改数据，这种视图被称为可更新视图（Updatable View）。可更新视图指的是通过视图更新基础表中的数据，针对视图的 INSERT、UPDATE、DELETE 等操作会转换为针对基础表的相应操作。

注意： SQLite 中的视图是只读（Read Only）视图，无法通过视图对基础表执行 DML 操作。不过，我们可以利用触发器实现类似的功能，具体内容可参考第 17 章。

下面我们创建一个简单的视图 developers_updatable，该视图包含了员工表中除奖金外的所有字段：

```
CREATE VIEW developers_updatable
AS
SELECT emp_id, emp_name, sex, dept_id, manager,
       hire_date, job_id, salary, email, create_by, create_ts
FROM employee
WHERE dept_id = 4;
```

以下语句通过视图 developers_updatable 修改员工表中的 email 信息：

```
-- Oracle、MySQL、Microsoft SQL Server 以及 PostgreSQL
UPDATE developers_updatable
SET email = 'zhaoshi@shuguo.net'
WHERE emp_name = '赵氏';

SELECT emp_name, email
FROM employee
WHERE emp_name = '赵氏';

emp_name|email             |
--------|------------------|
赵氏     |zhaoshi@shuguo.net|
```

从查询的结果中可以看出，我们针对视图 developers_updatable 执行的更新操作最终修改了 employee 表中的数据。

需要注意，不包含在视图定义中的字段不能通过视图进行修改。例如，以下语句尝试通过视图 developers_updatable 修改员工表中的 bonus 字段：

```
UPDATE developers_updatable
SET bonus = 2000
```

```
WHERE emp_name = '赵氏';
```

如果我们执行以上语句，将会返回类似下面这样的错误：bonus 字段不存在或者无效。因为视图 developers_updatable 的定义中不包含 bonus 字段，这样可以实现敏感数据的隐藏和保护。

15.3.1　可更新视图的限制

可更新视图和普通视图不同，它需要满足许多限制条件，具体包括：

- 不能使用聚合函数或窗口函数，比如 AVG、SUM、COUNT 等。
- 不能使用 DISTINCT、GROUP BY、HAVING 子句。
- 不能使用集合运算符，比如 UNION ALL、INTERSECT 等。
- 修改操作只能涉及单个表中的字段，不能同时修改多个表。
- 具体数据库中的其他限制条件。

通常来说，可更新视图一般是简单视图。我们对视图的数据修改操作只有在能够映射为对基础表的相应操作时，数据库才能执行针对视图的数据更新。

15.3.2　通过视图修改数据

以下语句通过视图 developers_updatable 增加一名员工：

```
-- Oracle、MySQL、Microsoft SQL Server 以及 PostgreSQL
-- Microsoft SQL Server 需要使用 CAST(GETDATE() AS DATE)替换 CURRENT_DATE
INSERT INTO developers_updatable(emp_name, sex, dept_id, manager, hire_date,
                                 job_id, salary, email, create_by, create_ts)
VALUES ('张三', '男', 5, 18, CURRENT_DATE,
        10, 6000, 'zhangsan@shuguo.com', 'Admin', CURRENT_TIMESTAMP);
```

该新员工为销售部人员（dept_id 等于 5），不在视图 developers_updatable 的可见范围之内。不过，以上语句仍然能够执行成功，我们可以在员工表中找到该员工的信息：

```
SELECT emp_id, emp_name, sex
FROM employee
WHERE emp_name = '张三';

emp_id|emp_name|sex
------|--------|---
    30|张三     |男

SELECT emp_id, emp_name, sex
```

```
FROM developers_updatable
WHERE emp_name = '张三';

emp_id|emp_name|sex
------|--------|---
```

员工表中存在“张三”的信息，但是我们无法通过视图 developers_updatable 查询到该员工的信息。也就是说，我们通过视图创建了不在其可见范围之内的数据。

15.3.3 限制视图的操作

为了防止以上情况的发生，我们可以使用 WITH CHECK OPTION 选项创建视图。该选项限制了对视图的插入和更新操作，防止通过视图创建对其不可见的数据。

下面我们使用 WITH CHECK OPTION 选项重建视图 developers_updatable：

```
-- Oracle、MySQL 以及 PostgreSQL
CREATE OR REPLACE VIEW developers_updatable
AS
SELECT emp_id, emp_name, sex, dept_id, manager,
       hire_date, job_id, salary, email, create_by, create_ts
FROM employee
WHERE dept_id = 4 WITH CHECK OPTION;
```

对于 Microsoft SQL Server，我们可以使用 CREATE OR ALTER VIEW 语句重建该视图。

然后，我们再次为“销售部”增加一名员工：

```
-- Oracle、MySQL、Microsoft SQL Server 以及 PostgreSQL
INSERT INTO developers_updatable(emp_name, sex, dept_id, manager, hire_date,
                                 job_id, salary, email, create_by, create_ts)
VALUES ('李四', '男', 5, 18, CURRENT_DATE,
        10, 6000, 'lisi@shuguo.com', 'Admin', CURRENT_TIMESTAMP);

-- Oracle
SQL 错误 [1402] [44000]: ORA-01402: 视图 WITH CHECK OPTION where 子句违规


-- MySQL
SQL 错误 [1369] [HY000]: CHECK OPTION failed 'hrdb.developers_updatable'

-- Microsoft SQL Server
SQL 错误 [550] [S0001]: 试图进行的插入或更新已失败，原因是目标视图或者目标视图所跨越
```

```
的某一视图指定了 WITH CHECK OPTION，而该操作的一个或多个结果行又不符合 CHECK OPTION 约束。

    -- PostgreSQL
    SQL 错误 [44000]: 错误: 新行违反了视图"developers_updatable"的检查选项
      详细: 失败, 行包含(35, 李四, 男, 5, 18, 2019-10-01, 10, 6000.00, null,
lisi@shuguo.com, null, Admin, 2019-10-01 10:00:00, null, null).
```

以上是各种数据库中返回的错误信息，表示视图的数据检查选项失败，无法插入在视图范围之外的数据。

另外，WITH CHECK OPTION 选项也会对基于视图的 UPDATE 语句进行检查。

15.4　案例分析

下面我们介绍一个使用视图隐藏复杂查询并提供一致性接口的案例。以下语句创建了一个关于部门员工信息统计的视图 emp_statistic：

```
CREATE VIEW emp_statistic(dept_name, dept_count, emp_name, job_title,
                          hire_date, dept_rank, salary_rank)
AS
SELECT d.dept_name, COUNT(*) OVER (PARTITION BY d.dept_id),
       e.emp_name, j.job_title, e.hire_date,
       RANK() OVER (PARTITION BY d.dept_id ORDER BY e.hire_date),
       RANK() OVER (ORDER BY COALESCE(e.salary,0) DESC)
FROM department d
LEFT JOIN employee e ON (e.dept_id = d.dept_id)
LEFT JOIN job j ON (j.job_id = e.job_id);
```

我们在以上查询中连接了部门表、员工表以及职位表，返回了每个部门中的员工统计以及详细信息，同时我们还为视图中的字段指定了自定义的名称。

如果我们查询视图 emp_statistic，将会返回如下结果：

```
dept_name|dept_count|emp_name|job_title |hire_date |dept_rank|salary_rank
---------|----------|--------|----------|----------|---------|----------
行政管理部 |         3|刘备     |总经理      |2000-01-01|        1|          1
行政管理部 |         3|关羽     |副总经理    |2000-01-01|        1|          2
行政管理部 |         3|张飞     |副总经理    |2000-01-01|        1|          3
人力资源部 |         3|诸葛亮   |人力资源总监 |2006-03-15|        1|          3
...
```

假如现在业务需求发生了变化，统计员工的收入排名 salary_rank 时需要加上奖金。为此，我们可以将视图的定义 emp_statistic 修改如下：

```
DROP VIEW emp_statistic;

CREATE VIEW emp_statistic(dept_name, dept_count, emp_name, job_title,
                          hire_date, dept_rank, salary_rank)
AS
SELECT d.dept_name, COUNT(*) OVER (PARTITION BY d.dept_id),
       e.emp_name, j.job_title, e.hire_date,
       RANK() OVER (PARTITION BY d.dept_id ORDER BY e.hire_date),
       RANK() OVER (ORDER BY COALESCE(e.salary*12 + COALESCE(bonus,0),0) DESC)
FROM department d
LEFT JOIN employee e ON (e.dept_id = d.dept_id)
LEFT JOIN job j ON (j.job_id = e.job_id);
```

对于使用该视图的应用程序而言，由于 emp_statistic 的接口没有变化，因此无须进行任何代码修改。

如果我们再次查询视图 emp_statistic，返回的结果将会发生变化。例如，“诸葛亮”的收入排名 salary_rank 将会变成 4，而不是之前的 3。

15.5 小结

视图和子查询以及通用表表达式有类似之处，它们都可以作为查询的数据源。但是视图是存储在数据库中的对象，可以被重复使用。合理使用视图可以实现底层数据表的隐藏，对外提供一致接口，提高数据访问的安全性。同时，我们也需要注意复杂视图可能导致的维护和性能问题，在实际应用之前最好进行相关的性能测试。

除视图外，某些数据库还提供了另一种对象——物化视图（Materialized View）。物化视图是一种特殊的数据表，它存储了物理数据，可以定期进行数据更新。物化视图通常用于优化报表查询和实现数据的复制。

16

第 16 章 存储过程和存储函数

本章将会介绍数据库存储过程（Stored Procedure）和存储函数（Stored Function）的基本概念，以及如何创建、使用、修改、删除存储过程和存储函数。

本章涉及的主要知识点包括：

- 存储过程的概念和优缺点。
- 存储过程的管理。
- 存储函数和存储过程的区别。
- 存储函数的使用。

16.1 存储过程概述

编程语言（Java、C++等）为我们提供了开发应用程序所需的各种功能，比如变量定义、控制流结构（if-else、while、for）以及异常处理等。由于 SQL 是一种声明式的编程语言，它关注的是结果而不是过程；因此，为了在数据库服务器中实现类似于其他编程语言的功能，SQL 标准定义了过程语言（Procedural Language）扩展，也就是存储过程和存储函数。

注意：SQLite 不支持使用 SQL 语句编写存储过程和存储函数，本章内容不涉及 SQLite。

16.1.1 什么是存储过程

存储过程是一种存储在数据库中的程序，它可以包含多个 SQL 语句，并提供许多过程语言功能。我们在数据库中创建存储过程之后，应用程序或其他存储过程可以通过名称对其进行调用，如图 16.1 所示。

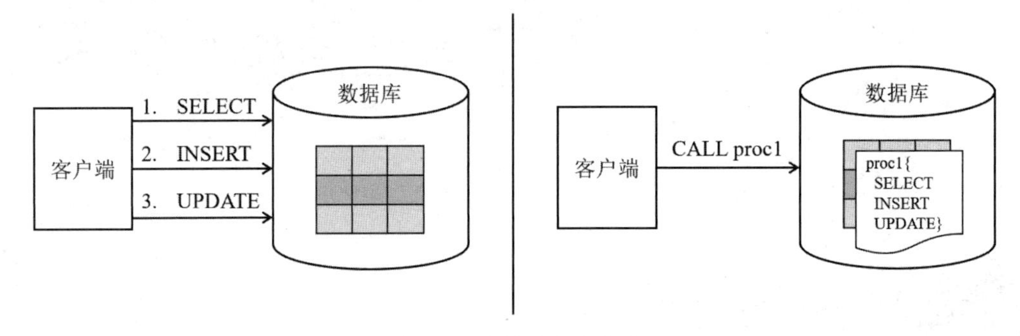

图 16.1 存储过程示意图

16.1.2 存储过程的优缺点

在使用存储过程之前，我们需要了解一下它的优缺点，以便在系统设计时决定是否使用存储过程。简单来说，存储过程的主要优点包括：

- 实现代码的重用性与可管理性。存储过程创建后可以被重复使用，不同的应用程序可以共享相同的存储过程。
- 实现业务的封装和隔离。应用程序通过接口访问存储过程，无须关心具体的实现。当业务逻辑发生变化时，只需修改存储过程的实现，应用程序源代码不受影响。
- 提高应用的执行效率。存储过程经过编译之后存储在数据库中，在执行时可以进行缓存，从而可提高执行的速度。
- 减少了应用程序与数据库之间的网络流量。我们执行存储过程时只需传递参数，这在一定程度上可以减轻网络负担。
- 存储过程可以提高安全性。应用程序通过存储过程进行数据操作，无须直接访问表，可以保证数据的安全。

存储过程也存在如下一些缺点：

- 存储过程在不同数据库中的实现不同。Oracle 称之为 PL/SQL，Microsoft SQL Server 称之为 T-SQL，其他数据库也都有各自的称呼和不同的语法实现。
- 存储过程需要占用数据库服务器的资源，包括 CPU、内存等，而数据库的可扩展性不如应用程序。
- 存储过程的开发和维护需要专业的技能，调试不如其他编程语言方便。

我们在系统开发过程中是否使用存储过程，需要考虑具体的应用场景和开发人员的技术能力。对于业务快速变化的互联网应用，我们通常倾向于将业务逻辑放在应用层，这样便于系统扩展。对于传统应用或者复杂的报表分析系统，合理地使用存储过程可以提高系统的效率。

无论如何，存储过程是数据库中的一个重要对象，我们有必要了解如何通过存储过程实现业务逻辑。

16.2　管理存储过程

16.2.1　创建存储过程

虽然不同数据库存在一些语法上的差异，但它们都可以使用 CREATE PROCEDURE 命令创建存储过程，其中主要的定义结构和 SQL 语句相似。

下面我们创建一个用于生成新员工记录的存储过程 add_employee，以下是 Oracle 数据库中的 PL/SQL 实现：

```
-- Oracle
CREATE OR REPLACE PROCEDURE add_employee(
  p_emp_name  IN VARCHAR2,
  p_sex       IN VARCHAR2,
  p_dept_id   IN INTEGER,
  p_manager   IN INTEGER,
  p_hire_date IN DATE,
  p_job_id    IN INTEGER,
  p_salary    IN NUMERIC,
  p_bonus     IN NUMERIC,
  p_email     IN VARCHAR2,
  p_comments  IN VARCHAR2,
  p_create_by IN VARCHAR2)
AS
```

```
  l_ts TIMESTAMP := CURRENT_TIMESTAMP;
BEGIN
  --创建新员工信息
  INSERT INTO employee (emp_name, sex, dept_id, manager, hire_date,
                        job_id, salary, bonus, email, comments,
                        create_by, create_ts, update_by, update_ts)
  VALUES (p_emp_name, p_sex, p_dept_id, p_manager, p_hire_date,
          p_job_id, p_salary, p_bonus, p_email, p_comments,
          p_create_by, CURRENT_TIMESTAMP, NULL, NULL);
END;
```

其中，CREATE OR REPLACE PROCEDURE 表示创建存储过程。如果该存储过程已经存在，就替换它的定义。add_employee 是存储过程的名称，括号内是参数，IN 表示输入参数。我们也可以使用 OUT 指定输出参数，或者使用 IN OUT 指定既是输入又是输出的参数。

AS（或者 IS）关键字之后可以定义存储过程内部使用的变量，BEGIN 表示存储过程操作的开始，END 表示存储过程操作的结束。以上存储过程的具体操作比较简单，就是利用输入参数创建一个新的员工记录。

接下来，我们在 MySQL 中实现该存储过程：

```
-- MySQL
DELIMITER $$

CREATE PROCEDURE add_employee(
  IN p_emp_name  VARCHAR(50),
  IN p_sex       VARCHAR(10),
  IN p_dept_id   INTEGER,
  IN p_manager   INTEGER,
  IN p_hire_date DATE,
  IN p_job_id    INTEGER,
  IN p_salary    NUMERIC(8,2),
  IN p_bonus     NUMERIC(8,2),
  IN p_email     VARCHAR(100),
  IN p_comments  VARCHAR(500),
  IN p_create_by VARCHAR(50))
BEGIN
  DECLARE l_ts timestamp DEFAULT CURRENT_TIMESTAMP;

  -- 创建新员工信息
  INSERT INTO employee (emp_name, sex, dept_id, manager, hire_date,
```

```
                    job_id, salary, bonus, email, comments,
                    create_by, create_ts, update_by, update_ts)
  VALUES (p_emp_name, p_sex, p_dept_id, p_manager, p_hire_date,
        p_job_id, p_salary, p_bonus, p_email, p_comments,
        p_create_by, l_ts, NULL, NULL);
END$$

DELIMITER ;
```

在 MySQL 中创建存储过程的整体结构与 Oracle 类似，其中的区别在于：

- DELIMITER 不属于存储过程的内容。由于许多 MySQL 客户端将分号（;）作为 SQL 语句的终止符，而存储过程中可能包含多个语句；因此，为了将存储过程的定义整体发送给服务器，我们需要将终止符临时修改为其他符号（例如$$），最后再将其改回分号。
- CREATE PROCEDURE 表示创建存储过程，MySQL 不支持替换存储过程，只能删除后再重新创建。
- IN 表示输入参数，需要写在参数之前。我们也可以使用 OUT 指定输出参数，或者使用 INOUT 指定既是输入又是输出的参数。MySQL 中的参数需要明确指定长度和精度。
- 如果我们需要在存储过程中定义局部变量，可以使用 DECLARE 语句。

Microsoft SQL Sever 中创建相同存储过程的语法如下：

```
-- SQL Sever
CREATE OR ALTER PROCEDURE add_employee
( @p_emp_name  VARCHAR(50),
  @p_sex       VARCHAR(10),
  @p_dept_id   INTEGER,
  @p_manager   INTEGER,
  @p_hire_date DATE,
  @p_job_id    INTEGER,
  @p_salary    NUMERIC(8,2),
  @p_bonus     NUMERIC(8,2),
  @p_email     VARCHAR(100),
  @p_comments  VARCHAR(500),
  @p_create_by VARCHAR(50))
AS
BEGIN
  DECLARE @l_ts DATETIME2 = CURRENT_TIMESTAMP;

  -- 创建新员工信息
  INSERT INTO employee(emp_name, sex, dept_id, manager, hire_date,
```

```
                    job_id, salary, bonus, email, comments,
                    create_by, create_ts, update_by, update_ts)
  VALUES (@p_emp_name, @p_sex, @p_dept_id, @p_manager, @p_hire_date,
         @p_job_id, @p_salary, @p_bonus, @p_email, @p_comments,
         @p_create_by, @l_ts, NULL, NULL);
END;
```

在 Microsoft SQL Sever 中创建存储过程与 Oracle 的区别在于：

- CREATE OR ALTER PROCEDURE 表示创建或者替换存储过程。
- Microsoft SQL Server 中的参数和变量必须以@符号开头，同时需要明确指定长度和精度。默认为输入参数。输出参数需要在数据类型后面加上 OUT 关键字。
- DECLARE 用于定义存储过程中的局部变量。

在 PostgreSQL 中创建相同存储过程的语法如下：

```
-- PostgreSQL
CREATE OR REPLACE PROCEDURE add_employee
( p_emp_name  IN VARCHAR,
  p_sex       IN VARCHAR,
  p_dept_id   IN INTEGER,
  p_manager   IN INTEGER,
  p_hire_date IN DATE,
  p_job_id    IN INTEGER,
  p_salary    IN NUMERIC,
  p_bonus     IN NUMERIC,
  p_email     IN VARCHAR,
  p_comments  IN VARCHAR,
  p_create_by IN VARCHAR)
LANGUAGE plpgsql
AS $$
  DECLARE l_ts TIMESTAMP := CURRENT_TIMESTAMP;
BEGIN
  -- 创建新员工信息
  INSERT INTO employee (emp_name, sex, dept_id, manager, hire_date,
                    job_id, salary, bonus, email, comments,
                    create_by, create_ts, update_by, update_ts)
  VALUES (p_emp_name, p_sex, p_dept_id, p_manager, p_hire_date,
         p_job_id, p_salary, p_bonus, p_email, p_comments,
         p_create_by, CURRENT_TIMESTAMP, NULL, NULL);
END;
$$
```

PostgreSQL 支持多种编程语言实现的存储过程，包括 SQL、Java、C、Perl、Python 等。示例中的 LANGUAGE 指定了 PL/pgSQL 语言，它与 Oracle 中的 PL/SQL 非常类似。$$符号的作用是将存储过程的定义作为一个整体发送给服务器，也可以使用其他符号。DECLARE 用于定义存储过程中的局部变量。PostgreSQL 14 开始支持 OUT 类型的输出参数。

通过以上示例可以看出，虽然不同数据库定义存储过程的语法格式存在一些差异；不过，它们的整体结构类似，实现业务逻辑的主要 SQL 语句则几乎相同。

16.2.2　执行存储过程

自定义的存储过程可以被应用程序或者其他存储过程/函数调用，SQL 标准使用 CALL 命令执行存储过程，大部分数据库遵循该标准。

以下示例通过执行存储过程 add_employee 增加了一名员工：

```
-- Oracle、MySQL 以及 PostgreSQL
CALL add_employee ('李四', '男', 5, 18, CURRENT_DATE, 10,
                   6000, NULL, 'lisi@shuguo.com', '增加新员工', '管理员');

SELECT emp_name, sex, email
FROM employee
WHERE emp_name = '李四';

emp_name|sex|email
--------|---|---------------
李四    |男 |lisi@shuguo.com
```

从查询的结果中可以看出，我们通过存储过程提供的接口操作了表中的数据。

Oracle 也可以使用 EXEC 或者 EXECUTE 命令执行存储过程。

Microsoft SQL Server 使用 EXEC 或者 EXECUTE 命令执行存储过程，但是传递参数时无须使用括号，例如：

```
-- Microsoft SQL Server
EXEC add_employee '李四', '男', 5, 18, '2021-10-01', 10,
                  6000, NULL, 'lisi@shuguo.com', '增加新员工', '管理员';
```

提示： 数据库系统通常为用户预定义了大量的存储过程和存储函数，具体内容可以参考相关的数据库文档。

16.2.3 修改存储过程

存储过程的修改主要包括替换定义和修改属性。

Oracle 使用 CREATE OR REPLACE PORCEDURE 语句替换存储过程的定义和修改属性。

Microsoft SQL Server 使用 CREATE OR ALTER PORCEDURE 或者 ALTER PORCEDURE 语句替换存储过程的定义和修改属性。

MySQL 不支持存储过程的替换，只能删除后重新创建存储过程。MySQL 可以使用 ALTER PROCEDURE 语句修改存储过程的属性，例如：

```
-- MySQL
ALTER PROCEDURE add_employee
COMMENT '增加新员工';
```

以上语句表示为存储过程 add_employee 增加一个注释信息。

PostgreSQL 使用 CREATE OR REPLACE PORCEDURE 或者 ALTER PORCEDURE 语句替换存储过程的定义和修改属性，例如：

```
-- PostgreSQL
ALTER PROCEDURE add_employee
RENAME TO insert_employee;
```

以上语句表示将存储过程 add_employee 重命名为 insert_employee。

提示：关于特定数据库支持的其他操作，可以查看具体的数据库文档。

16.2.4 删除存储过程

我们可以使用 DROP PROCEDURE 语句删除数据库中的存储过程。例如，以下语句用于删除存储过程 add_employee：

```
DROP PROCEDURE add_employee;
```

16.3 使用存储函数

除存储过程外，SQL 标准还定义了另一个类似的对象：存储函数。存储函数在某些数据库中也被称为用户自定义函数（User Defined Function）。

实际上我们已经使用了许多内置的存储函数，例如 ABS、UPPER、SUM 等。除这些系统函数外，我们也可以通过创建自定义的函数来实现业务数据的处理。

16.3.1　存储函数和存储过程的区别

存储函数和存储过程非常类似，不过它们之间也存在一些区别：

- 存储函数通常接收输入参数并且返回一个结果，存储过程则需要通过输出参数返回数据。
- 存储函数可以像系统函数一样在 SQL 语句中直接调用，存储过程则需要使用 CALL 或者 EXEC 命令进行调用。
- 存储函数一般用于执行数据的计算，不会修改数据库中的内容。存储过程通常用于实现业务逻辑，常常会修改数据。

下面我们就来介绍一下存储函数的管理和使用。

16.3.2　创建存储函数

我们创建一个返回部门月薪总和的函数 getDeptTotalSalary，输入参数为部门编号。以下是 Oracle 中的语法实现：

```
-- Oracle
CREATE OR REPLACE FUNCTION getDeptTotalSalary (pn_dept_id INTEGER)
  RETURN NUMERIC
AS
  ln_total_salary NUMERIC;
BEGIN
  SELECT SUM(salary) -- 查询部门的月薪总和
  INTO ln_total_salary
  FROM employee
  WHERE dept_id = pn_dept_id;

  RETURN ln_total_salary; -- 返回查询结果
END;
```

其中，CREATE OR REPLACE FUNCTION 表示创建或者替换存储函数。pn_dept_id 为输入参数，代表了部门编号。RETURN NUMERIC 表示返回一个数字类型的结果。该函数通过一个 SELECT INTO 语句查找指定部门的月薪总和，并且使用 RETURN 语句返回查询结果。

MySQL 实现 getDeptTotalSalary 函数的语法如下：

```
-- MySQL
DELIMITER $$
```

```
CREATE FUNCTION getDeptTotalSalary (pn_dept_id INTEGER)
  RETURNS NUMERIC
  READS SQL DATA -- 表示只读取数据，不修改数据
BEGIN
  DECLARE ln_total_salary NUMERIC;

  SELECT SUM(salary) -- 查询部门的月薪总和
  INTO ln_total_salary
  FROM employee
  WHERE dept_id = pn_dept_id;

  RETURN ln_total_salary; -- 返回查询结果
END$$

DELIMITER ;
```

其中，CREATE FUNCTION 表示创建存储函数。pn_dept_id 为输入参数，代表了部门编号。RETURNS NUMERIC 表示返回一个数字类型的结果。READS SQL DATA 属性表示该函数只会读取数据，不会修改数据。函数的具体操作和 Oracle 相同，也是返回了指定部门的月薪总和。

Microsoft SQL Server 实现 getDeptTotalSalary 函数的语法如下：

```
-- Microsoft SQL Server
CREATE OR ALTER FUNCTION getDeptTotalSalary (@pn_dept_id INTEGER)
  RETURNS NUMERIC
AS
BEGIN
  DECLARE @ln_total_salary NUMERIC;

  SELECT @ln_total_salary = SUM(salary) -- 查询部门的月薪总和
  FROM employee
  WHERE dept_id = @pn_dept_id;

  RETURN @ln_total_salary; -- 返回查询结果
END;
```

其中，CREATE OR ALTER FUNCTION 表示创建或者替换存储函数。@pn_dept_id 为输入参数，代表了部门编号。RETURNS NUMERIC 表示返回一个数字类型的结果。函数的具体操作和 Oracle 相同，也是返回了指定部门的月薪总和。

PostgreSQL 实现 getDeptTotalSalary 函数的语法如下：

```
-- PostgreSQL
CREATE OR REPLACE FUNCTION getDeptTotalSalary (pn_dept_id INTEGER)
```

```
  RETURNS NUMERIC
  LANGUAGE PLPGSQL
AS $$
  DECLARE ln_total_salary NUMERIC;
BEGIN
  SELECT SUM(salary) -- 查询部门的月薪总和
  INTO ln_total_salary
  FROM employee
  WHERE dept_id = pn_dept_id;

  RETURN ln_total_salary; -- 返回查询结果
END;
$$
```

其中，CREATE OR REPLACE FUNCTION 表示创建或者替换存储函数。pn_dept_id 为输入参数，代表了部门编号。RETURNS NUMERIC 表示返回一个数字类型的结果。LANGUAGE PLPGSQL 表示使用 PL/pgSQL 语言实现该函数。函数的具体操作和 Oracle 相同，也是返回了指定部门的月薪总和。

16.3.3 调用存储函数

自定义的存储函数可以像系统函数一样在 SQL 语句中直接使用，我们执行以下语句获取每个部门的总月薪值：

```
-- Oracle、MySQL 以及 PostgreSQL
SELECT dept_name, getDeptTotalSalary(dept_id) AS total_salary
FROM department;

-- Microsoft SQL Server
SELECT dept_name, dbo.getDeptTotalSalary(dept_id) AS total_salary
FROM department;

dept_name|total_salary
---------|------------
行政管理部 |       80000
人力资源部 |       39500
财务部    |       18000
研发部    |       68200
销售部    |       40100
保卫部    |
```

16.3.4 修改存储函数

与存储过程类似，存储函数的修改主要包括替换定义和修改属性。

Oracle 使用 CREATE OR REPLACE FUNCTION 语句替换存储函数的定义和修改属性。

Microsoft SQL Server 使用 CREATE OR ALTER FUNCTION 或者 ALTER FUNCTION 语句替换存储函数的定义和修改属性。

MySQL 不支持存储函数的替换，只能删除后重新创建存储函数。MySQL 可以使用 ALTER FUNCTION 语句修改存储函数的属性，例如：

```
-- MySQL
ALTER FUNCTION getDeptTotalSalary
COMMENT '返回部门月薪总和';
```

以上语句表示为存储函数 getDeptTotalSalary 增加一个注释信息。

PostgreSQL 使用 CREATE OR REPLACE FUNCTION 或者 ALTER FUNCTION 语句替换存储函数的定义和修改属性，例如：

```
-- PostgreSQL
ALTER FUNCTION getDeptTotalSalary
RENAME TO getDeptSalary;
```

以上语句表示将存储函数 getDeptTotalSalary 重命名为 getDeptSalary。

提示：关于特定数据库支持的其他操作，可以查看具体的数据库文档。

16.3.5 删除存储函数

我们可以使用 DROP FUNCTION 语句删除数据库中的存储函数。例如，以下语句可用于删除存储函数 getDeptTotalSalary：

```
DROP FUNCTION getDeptTotalSalary;
```

16.4 案例分析

我们以银行转账为例，创建一个实现转账功能的存储过程。本节案例使用的示例表如下：

```
-- 银行卡信息
CREATE TABLE bank_card(
  card_id   VARCHAR(20) NOT NULL PRIMARY KEY, -- 卡号
```

```
  user_name VARCHAR(50) NOT NULL, -- 用户名
  balance   NUMERIC(10,4) NOT NULL, -- 余额
  CHECK (balance >= 0)
);

INSERT INTO bank_card VALUES ('62220801', 'A', 1000);
INSERT INTO bank_card VALUES ('62220802', 'B', 0);

-- 交易流水表
CREATE TABLE transaction_log
(
  log_id  INT AUTO_INCREMENT PRIMARY KEY, -- 交易流水编号，MySQL
  log_id  INT GENERATED ALWAYS AS IDENTITY PRIMARY KEY, -- Oracle 和 PostgreSQL
  log_id  INT IDENTITY PRIMARY KEY, -- Microsoft SQL Server
  log_ts  TIMESTAMP NOT NULL, -- 交易时间戳
  log_ts  DATETIME2 NOT NULL, -- Microsoft SQL Server
  txn_type   VARCHAR(10) NOT NULL, -- 交易类型
  card_id    VARCHAR(20) NOT NULL, -- 交易卡号
  target_card VARCHAR(20), -- 对方卡号
  amount     NUMERIC(10,4) NOT NULL, -- 金额
  remark     VARCHAR(200), -- 备注
  CHECK (txn_type IN('存款','取现','汇入','转出')),
  CHECK (amount > 0)
);
```

其中，bank_card 表用于存储银行卡信息，包含两个初始账户。transaction_log 表用于存储交易流水，注意不同数据库中的字段类型差异。

我们创建一个用于转账的存储过程 transfer_accounts，以下是 Oracle 数据库中的实现：

```
-- Oracle
CREATE OR REPLACE PROCEDURE transfer_accounts(
  p_from_card IN VARCHAR2, -- 转账卡号
  p_to_card   IN VARCHAR2, -- 对方卡号
  p_amount    IN NUMERIC, -- 转账金额
  p_remark    IN VARCHAR2 -- 备注信息
)
AS
  ln_cnt INTEGER := 0;
BEGIN
  -- 转账金额必须大于零
  IF (p_amount IS NULL OR p_amount <= 0) THEN
    RAISE_APPLICATION_ERROR(-20001, '转账金额必须大于零！');
```

```
    END IF;

    -- 检测交易卡号
    SELECT COUNT(*)
    INTO ln_cnt
    FROM bank_card
    WHERE card_id = p_from_card;
    IF (ln_cnt = 0) THEN
      RAISE_APPLICATION_ERROR(-20002, '交易卡号不存在!');
    END IF;

    -- 检测对方卡号
    SELECT COUNT(*)
    INTO ln_cnt
    FROM bank_card
    WHERE card_id = p_to_card;
    IF (ln_cnt = 0) THEN
      RAISE_APPLICATION_ERROR(-20003, '对方卡号不存在!');
    END IF;

    -- 扣除交易卡号内的金额
    UPDATE bank_card
    SET balance = balance - p_amount
    WHERE card_id = p_from_card;

    -- 增加对方卡号内的金额
    UPDATE bank_card
    SET balance = balance + p_amount
    WHERE card_id = p_to_card;

    -- 记录转账交易流水
    INSERT INTO transaction_log(log_ts, txn_type, card_id, target_card,
                                amount, remark)
    VALUES (current_timestamp, '转出', p_from_card, p_to_card,
            p_amount, p_remark);
    INSERT INTO transaction_log(log_ts, txn_type, card_id, target_card,
                                amount, remark)
    VALUES (current_timestamp, '汇入', p_to_card, p_from_card,
           p_amount, p_remark);

    COMMIT;
    EXCEPTION
      WHEN OTHERS THEN
```

```
        ROLLBACK;
        RAISE;
END;
```

存储过程 transfer_accounts 包含 4 个输入参数，用于传递转账信息。在存储过程中，我们首先使用 IF 条件语句对转账金额、交易卡号以及对方卡号进行检查。如果不满足业务约束，则调用系统存储过程 RAISE_APPLICATION_ERROR 抛出异常。除 IF 语句外，存储过程还支持 CASE 语句、LOOP 循环语句以及 FOR 循环语句等。

在检查之后，扣除交易账户中的金额并增加对方账户中的金额，最后记录 2 条转账交易流水。完成所有操作之后使用 COMMIT 语句提交事务。如果存在任何其他异常，则使用 ROLLBAKC 语句回滚事务并抛出异常。

需要注意的是，我们假设示例中的两个账户属于同一个数据库系统。如果是跨系统或者跨行转账，则需要处理分布式数据库事务（本书不涉及这一部分内容）。

下面我们测试一些转账场景，首先使用一个负数转账金额：

```
-- Oracle
CALL transfer_accounts('62220801', '62220802', -100, '转账测试');

SQL 错误 [20001] [72000]: ORA-20001: 转账金额必须大于零!
ORA-06512: 在 "TONY.TRANSFER_ACCOUNTS", line 63
ORA-06512: 在 "TONY.TRANSFER_ACCOUNTS", line 12
```

当转账金额小于或等于零时，Oracle 返回了预定义的错误 ORA-20001。

然后我们转账给一个不存在的账户：

```
-- Oracle
CALL transfer_accounts('62220801', '000001', 800, '转账测试');

SQL 错误 [20003] [72000]: ORA-20003: 对方卡号不存在!
ORA-06512: 在 "TONY.TRANSFER_ACCOUNTS", line 63
ORA-06512: 在 "TONY.TRANSFER_ACCOUNTS", line 39
```

Oracle 同样返回了预定义的错误 ORA-20003。

当所有参数都正确时：

```
-- Oracle
CALL transfer_accounts('62220801', '62220802', 800, '转账测试');


SELECT card_id, user_name, balance
```

```
FROM bank_card;

CARD_ID |USER_NAME|BALANCE
--------|---------|-------
62220801|A        |    200
62220802|B        |    800

SELECT *
FROM transaction_log;

LOG_ID|LOG_TS             |TXN_TYPE|CARD_ID |TARGET_CARD|AMOUNT|REMARK
------|-------------------|--------|--------|-----------|------|------
     1|2021-04-24 14:40:20|转出    |62220801|62220802   |   800|转账测试
     2|2021-04-24 14:40:20|汇入    |62220802|62220801   |   800|转账测试
```

转账成功之后，账户 A 的余额变成了 200 元，账户 B 的余额变成了 800 元，同时数据库记录了 2 条交易流水。

如果我们再次执行以上转账操作：

```
-- Oracle
CALL transfer_accounts('62220801', '62220802', 800, '转账测试');

SQL 错误 [2290] [23000]: ORA-02290: 违反检查约束条件 (TONY.SYS_C008022)
ORA-06512: 在 "TONY.TRANSFER_ACCOUNTS", line 63
ORA-06512: 在 "TONY.TRANSFER_ACCOUNTS", line 43
```

由于账户 A 的余额不足，Oracle 返回了一个违反检查约束条件的错误 ORA-02290。对于存储过程返回的错误，应用程序可以基于错误编号和信息进行处理，比如在前端显示余额不足等。

除 Oracle 外，MySQL、Microsoft SQL Server 以及 PostgreSQL 也都可以实现类似的存储过程，具体脚本可以通过“读者服务”获取。

16.5 小结

存储过程和存储函数是数据库内部提供的编程语言，它们可以在数据库服务器中实现业务逻辑的处理。我们只是介绍了几个简单的示例，存储过程和存储函数支持的功能还包括条件判断（IF、CASE WHEN）、循环处理（FOR、WHILE）、游标（CURSOR）、异常处理（EXCEPTION）、动态 SQL 语句等。

17

第 17 章
一触即发的触发器

在第 16 章中，我们讨论了如何利用存储过程和存储函数在数据库服务器中实现业务逻辑。本章将会介绍一种特殊的存储过程/函数：触发器（Trigger）。触发器是一种由特定事件自动触发的程序，合理利用触发器可以帮助我们实现特定的数据处理和业务需求。

本章涉及的主要知识点包括：

- 触发器的原理和分类。
- 触发器的管理。
- 触发器的使用案例。

17.1 触发器概述

17.1.1 触发器的原理

数据库的触发器是一种特殊的存储过程或者存储函数，它不能被直接调用，而是当某个事件发生时自动触发并执行预定义的操作。常见的触发事件包括修改数据的 DML 语句、定义数据库对象的 DDL 语句以及系统级别的事件，比如用户的登录操作等。

提示： 虽然 SQLite 不支持使用 SQL 语句编写存储过程和存储函数，但是它提供了简单的触发器功能。

数据库触发器的常见用途包括：

- 记录并审核用户对表中数据的修改操作，实现审计功能。
- 实现比 CHECK 约束更加复杂的完整性约束，比如禁止非业务时间的数据操作。
- 实现某种业务逻辑，比如在增加或删除员工时，自动更新部门中的人数。
- 使用触发器生成序列号的值，为字段提供默认的数据。
- 实现数据的同步复制。

虽然触发器可以帮助我们实现许多功能，但是它也存在一些缺点：

- 触发器增加了数据库结构的复杂度和系统维护的难度。
- 触发器由数据库服务器运行，需要占用更多的数据库资源。
- 触发器也是一种存储过程，所以不同数据库之间的可移植性比较差。
- 触发器不能接收参数，只能基于当前的触发对象进行操作。

总之，合理利用触发器可以为我们的业务实现带来便利，但是不要过度依赖触发器，避免造成数据库的性能下降和维护困难。

17.1.2 触发器的分类

触发器可以按照触发的事件和时间分为不同的类型：

- DML 触发器和 DDL 触发器。DML 触发器在表中的数据发生变化时触发，可以按照 INSERT、UPDATE 以及 DELETE 语句进一步细分为插入、更新以及删除触发器。DDL 触发器由数据定义语句（比如 CREATE、DROP 语句等）触发。
- BEFORE 触发器和 AFTER 触发器。BEFORE 触发器在触发事件之前运行，AFTER 触发器在触发事件之后运行。另外，还有一种 INSTEAD OF 触发器，它可以用于替代针对表或视图执行的 DML 语句。
- 行级触发器（Row-level Trigger）和语句级触发器（Statement-level Trigger）。行级触发器对于受影响的每一行记录触发一次，语句级触发器针对每个语句触发一次。例如，一个语句更新了 100 行数据，行级触发器将会执行 100 次，语句级触发器则执行 1 次。

我们可以按照触发事件和时间的组合创建不同的触发器，比如语句级 BEFORE 插入触发器。目前 5 种主流数据库对于常用触发器的支持情况如表 17.1 所示。

表 17.1　常用触发器以及主流数据库实现

触发器类型	Oracle	MySQL	Microsoft SQL Server	PostgreSQL	SQLite
行级触发器	支持	支持	不支持	支持	支持
语句级触发器	支持	不支持	支持	支持	不支持
BEFORE触发器	支持	支持	不支持	支持	支持
AFTER触发器	支持	支持	支持	支持	支持
INSTEAD OF触发器	支持	不支持	支持	支持	支持
DDL触发器	支持	不支持	支持	支持	不支持

其中，MySQL 不支持语句级触发器、INSTEAD OF 触发器以及 DDL 触发器，Microsoft SQL Server 不支持行级触发器和 BEFORE 触发器，SQLite 不支持语句级触发器和 DDL 触发器。

17.2　管理触发器

接下来我们介绍如何创建和管理触发器，在日常应用中最常见的是 DML 触发器。

17.2.1　创建触发器

SQL 标准使用 CREATE TRIGGER 语句创建触发器，该语句的基本语法如下：

```
CREATE TRIGGER trigger_name
{BEFORE | AFTER | INSTEAD OF} triggering_event ON table_name
[FOR EACH ROW] | [FOR EACH STATEMENT]
trigger_body;
```

其中，CREATE TRIGGER 表示创建触发器，trigger_name 是触发器的名称。BEFORE 和 AFTER 用于指定触发的时间，INSTEAD OF 表示替代触发器。triggering_event 定义了触发的事件，包括 INSERT、UPDATE 以及 DELETE。table_name 表示与触发事件相关的表。FOR EACH ROW 表示行级触发器，FOR EACH STATEMENT 表示语句级触发器。trigger_body 定义了触发器执行的操作，具体的实现与存储过程或存储函数类似。

通常，我们可针对同一个表创建多个不同类型的触发器，某些数据库甚至支持创建针对同一个表的多个相同类型的触发器。另外我们需要注意，并非 5 种数据库都支持以上完整的语法选项。例如，MySQL 和 SQLite 不支持 FOR EACH STATEMENT 选项。

我们来看一个具体的例子。由于员工的薪水属于重要的隐私信息，因此我们需要记录薪水的修改历史。首先创建一个审计表 salary_audit：

```
CREATE TABLE salary_audit (
  id INTEGER GENERATED ALWAYS AS IDENTITY, -- Oracle 和 PostgreSQL
  id INTEGER AUTO_INCREMENT, -- MySQL
  id INTEGER IDENTITY, -- Microsoft SQL Server
  id INTEGER, -- SQLite
  emp_id INTEGER NOT NULL,
  old_salary NUMERIC(8,2) NULL,
  new_salary NUMERIC(8,2) NULL,
  change_date TIMESTAMP NOT NULL,
  change_date DATETIME2 NOT NULL, -- Microsoft SQL Server
  change_by VARCHAR(50) NOT NULL,
  CONSTRAINT pk_salary_audit PRIMARY KEY (id)
);
```

其中，id 字段是一个自增主键，emp_id 代表员工编号，old_salary 和 new_salary 分别用于存储修改前和修改后的月薪，change_date 存储了数据的修改时间，change_by 存储了执行修改操作的用户。如果使用 MySQL、Microsoft SQL Server 或者 SQLite，我们需要相应地修改某些字段的类型。

然后我们创建一个触发器 tri_audit_salary，用于记录员工的月薪修改历史。以下是该触发器在 Oracle 数据库中的代码实现：

```
-- Oracle
CREATE OR REPLACE TRIGGER tri_audit_salary
  AFTER UPDATE OF salary ON employee
  FOR EACH ROW
DECLARE
BEGIN
  -- 当月薪发生变化时，记录审计数据
  INSERT INTO salary_audit(emp_id, old_salary, new_salary,
                           change_date, change_by)
  VALUES(:OLD.emp_id, :OLD.salary, :NEW.salary,
                           CURRENT_TIMESTAMP, :NEW.update_by);
END;
```

其中，CREATE OR REPLACE TRIGGER 表示创建或者替换触发器。AFTER UPDATE OF salary ON employee 表示当员工表的月薪字段发生变化时触发该触发器。FOR EACH ROW 表示触发器针对被更新的每行数据都会触发一次。:NEW 和:OLD 是 Oracle 触发器中的特殊变量，分别包含了修改后的新数据和修改前的旧数据。CURRENT_TIMESTAMP 函数是 Oracle 提供的系统函数，用于返回当前系统时间。

对于 MySQL，我们可以使用以下语句实现相同的触发器：

```
-- MySQL
DELIMITER $$

CREATE TRIGGER tri_audit_salary
  AFTER UPDATE ON employee
  FOR EACH ROW
BEGIN
  -- 当月薪发生变化时，记录审计数据
  IF (NEW.salary <> OLD.salary) THEN
   INSERT INTO salary_audit(emp_id, old_salary, new_salary,
                            change_date, change_by)
   VALUES(OLD.emp_id, OLD.salary, NEW.salary,
                            CURRENT_TIMESTAMP, NEW.update_by);
  END IF;
END$$

DELIMITER ;
```

其中，DELIMITER 用于修改 SQL 语句的结束符，我们在第 16 章中已经有所了解。CREATE TRIGGER 表示创建触发器。AFTER UPDATE ON employee 表示当员工表的数据被更新时触发该触发器。FOR EACH ROW 表示触发器针对被更新的每行数据都会触发一次。NEW 和 OLD 是 MySQL 触发器中的特殊变量，分别包含了修改后的新数据和修改前的旧数据。IF 条件语句用于判断月薪是否发生变化并记录历史信息。CURRENT_TIMESTAMP 函数是 MySQL 提供的系统函数，用于返回当前系统时间。

Microsoft SQL Server 不支持行级触发器，但是我们可以通过两个特殊的系统变量实现类似的功能，例如：

```
-- Microsoft SQL Server
CREATE OR ALTER TRIGGER tri_audit_salary
  ON employee AFTER UPDATE
AS
BEGIN
  -- 当月薪发生变化时，记录审计数据
  INSERT INTO salary_audit(emp_id, old_salary, new_salary,
                           change_date, change_by)
```

```
  SELECT OLD.emp_id, OLD.salary, NEW.salary,
         CURRENT_TIMESTAMP, NEW.update_by
  FROM INSERTED NEW
  JOIN DELETED OLD ON (NEW.emp_id = OLD.emp_id)
  WHERE NEW.salary <> OLD.salary;
END;
```

其中，CREATE OR ALTER TRIGGER 表示创建或者替换触发器。ON employee AFTER UPDATE 表示当员工表的数据被更新时触发该触发器。INSERTED 和 DELETED 是 Microsoft SQL Server 触发器中的两个虚拟表，分别代表了修改后的新数据和修改前的旧数据，通过连接这两个表可以返回被更新的记录。CURRENT_TIMESTAMP 函数是 Microsoft SQL Server 提供的系统函数，用于返回当前系统时间。

在 PostgreSQL 中创建触发器包含两个步骤：

```
-- PostgreSQL
-- 1. 创建一个函数，返回类型为 trigger
CREATE OR REPLACE FUNCTION sf_audit_salary()
  RETURNS trigger
  LANGUAGE plpgsql
AS
$$
BEGIN
  INSERT INTO salary_audit (emp_id, old_salary, new_salary,
                            change_date, change_by)
  VALUES(OLD.emp_id, OLD.salary, NEW.salary,
         CURRENT_TIMESTAMP, NEW.update_by);

  -- 返回更新后的记录
  RETURN NEW;
END; $$

-- 2. 创建一个触发器
CREATE TRIGGER tri_audit_salary
  AFTER UPDATE OF salary ON employee
  FOR EACH ROW
  WHEN (NEW.salary <> OLD.salary) -- 当月薪改变时，记录审计数据
  EXECUTE PROCEDURE sf_audit_salary();
```

第一步我们创建了一个触发器函数 sf_audit_salary()，语法和第 16 章介绍的存储函数相同，函数的返回类型为 trigger。NEW 和 OLD 是 PostgreSQL 触发器中的特殊变量，分别包含了修改

后的新数据和修改前的旧数据。CURRENT_TIMESTAMP 函数是 PostgreSQL 提供的系统函数，用于返回当前系统时间。

第二步我们使用 CREATE TRIGGER 语句创建了一个触发器 tri_audit_salary，AFTER UPDATE OF salary ON employee 表示当员工表的月薪数据被更新时触发该触发器。FOR EACH ROW 表示触发器针对被更新的每行数据都会触发一次。WHEN 子句为触发器定义了一个额外的触发条件。最后我们通过 EXECUTE PROCEDURE 命令调用了前面创建的函数。

在 SQLite 中实现触发器 tri_audit_salary 的语句如下：

```
-- SQLite
CREATE TRIGGER tri_audit_salary
  AFTER UPDATE OF salary ON employee
  FOR EACH ROW
  WHEN (NEW.salary <> OLD.salary) -- 当月薪发生变化时，记录审计数据
BEGIN
  INSERT INTO salary_audit(emp_id, old_salary, new_salary,
                          change_date, change_by)
  VALUES(OLD.emp_id, OLD.salary, NEW.salary,
         CURRENT_TIMESTAMP, NEW.update_by);
END;
```

其中，CREATE TRIGGER 表示创建触发器。AFTER UPDATE OF salary ON employee 表示当员工表的月薪数据被更新时触发该触发器。FOR EACH ROW 表示触发器针对被更新的每行数据都会触发一次。WHEN 子句为触发器定义了一个额外的触发条件。NEW 和 OLD 是 SQLite 触发器中的两个特殊变量，分别代表了修改后的新数据和修改前的旧数据。CURRENT_TIMESTAMP 函数是 SQLite 提供的系统函数，用于返回当前系统时间。

提示： 在触发器的定义中有两个重要的系统变量，其中 NEW（:NEW、INSERTED）代表了 INSERT 或者 UPDATE 语句插入或修改后的新数据，OLD（:OLD、DELETED）代表了 UPDATE 或者 DELETE 语句更新前或删除的旧数据。

17.2.2　验证触发器

接下来我们执行一些修改数据的操作，验证一下触发器 tri_audit_salary 的作用：

```
UPDATE employee
SET email = 'sunqian@shuguo.net',
    salary = salary,
    update_by = '管理员'
```

```
WHERE emp_name = '孙乾';

UPDATE employee
SET salary = salary * 1.1,
    update_by = '管理员'
WHERE emp_name = '孙乾';

SELECT *
FROM salary_audit;

audit_id|emp_id|old_salary|new_salary|change_date          |change_by
--------|------|----------|----------|-------------------|---------
       1|    25 |      4700|      5170|2021-06-18 10:16:36|管理员
```

以上示例中的第一个 UPDATE 语句只修改了“孙乾”的电子邮箱，月薪保持不变，所以不会触发 tri_audit_salary。第二个 UPDATE 语句修改了“孙乾”的月薪字段，触发了 tri_audit_salary。因此审计表 salary_audit 中包含一条数据，记录了月薪变化前后的情况。

17.2.3 查看触发器

常见的触发器管理操作包括查看和启用/禁用触发器。数据库管理和开发工具通常都会提供图形化的操作方式，我们在此介绍一些相关的 SQL 命令。

Oracle 数据库提供了系统视图 user_triggers，该视图可以用于查看当前用户的触发器信息：

```
-- Oracle
SELECT trigger_name, trigger_type, triggering_event, table_name, status
FROM user_triggers;

TRIGGER_NAME     |TRIGGER_TYPE   |TRIGGERING_EVENT|TABLE_NAME|STATUS
-----------------|---------------|----------------|----------|-------
TRI_AUDIT_SALARY|AFTER EACH ROW|UPDATE          |EMPLOYEE  |ENABLED
```

另外，我们也可以通过系统视图 all_triggers 和 dba_triggers 来查看更多的触发器信息。

MySQL 和 PostgreSQL 提供了系统视图 information_schema.triggers，该视图可以用于查看触发器的信息：

```
-- MySQL 和 PostgreSQL
SELECT trigger_name, event_manipulation, event_object_table,
       action_orientation, action_timing
FROM information_schema.triggers
```

```
WHERE event_object_table = 'employee';

trigger_name|event_manipulation|event_object_table|action_orientation|
action_timing
---------------|---------------|----------------|---------------|-------------
tri_audit_salary|UPDATE         |employee        |ROW            |AFTER
```

另外，在 MySQL 中也可以使用 SHOW TRIGGERS 命令查看触发器。

Microsoft SQL Server 提供了系统视图 sys.triggers，该视图可以用于查看触发器的信息：

```
-- Microsoft SQL Server
SELECT name, is_disabled, is_instead_of_trigger
FROM sys.triggers;

name            |is_disabled|is_instead_of_trigger
----------------|-----------|----------------------
tri_audit_salary|          0|                     0
```

SQLite 可以通过系统表 sqlite_master 查询关于触发器的信息。

17.2.4 启用、禁用触发器

默认情况下创建的触发器处于启用状态。在某些数据库中我们也可以将其禁用，此时触发器仍然存在，但是不会被触发。

在 Oracle 中，我们可以使用 ALTER TRIGGER 命令修改触发器的状态。例如，以下语句可以禁用触发器 tri_audit_salary：

```
-- Oracle
ALTER TRIGGER tri_audit_salary DISABLE;
```

如果将 DISABLE 换成 ENABLE，可以再次启用该触发器。

在 Microsoft SQL Server 中，实现相同功能的命令如下：

```
-- Microsoft SQL Server
DISABLE TRIGGER tri_audit_salary ON employee;
```

如果将 DISABLE 换成 ENABLE，可以再次启用该触发器。

在 PostgreSQL 中，实现相同功能的命令如下：

```
-- PostgreSQL
ALTER TABLE employee DISABLE TRIGGER tri_audit_salary;
```

如果将 DISABLE 换成 ENABLE，可以再次启用该触发器。

MySQL 和 SQLite 不支持禁用触发器，只能将其删除。

17.2.5 删除触发器

我们可以使用 DROP TRIGGER 语句删除数据库中的触发器。例如，以下语句可以用于删除员工表上的触发器 tri_audit_salary：

```
-- Oracle、MySQL、Microsoft SQL Server 以及 SQLite
DROP TRIGGER tri_audit_salary;
```

对于 PostgreSQL，删除触发器时需要指定表名：

```
-- PostgreSQL
DROP TRIGGER tri_audit_salary ON employee;
```

17.3 案例分析

17.3.1 案例一：禁止 DDL 操作

为了防止因恶意攻击或者用户误操作而导致删除数据表，我们可以在系统日常运行时禁止执行某些数据库命令，比如 DROP TABLE 语句。DDL 触发器可以用于监控和防止针对数据库对象的修改命令。以下是 Oracle 数据库中的一个示例：

```
-- Oracle
CREATE OR REPLACE TRIGGER disable_ddl
  BEFORE ALTER OR DROP ON DATABASE
BEGIN
  raise_application_error(-20001, '禁止修改数据库对象！');
END;
```

disable_ddl 是一个 DDL 触发器，Oracle 称之为系统触发器。BEFORE ALTER OR DROP 表示在修改或者删除数据库对象之前触发，ON DATABASE 表示任何数据库用户执行的操作都会触发 disable_ddl。创建这种触发器需要管理员权限。触发器的具体操作就是返回一个错误信息。

此时，如果我们尝试执行修改或者删除表的 SQL 命令，将会返回一个错误信息：

```
-- Oracle
DROP TABLE job_history;
```

```
SQL 错误 [4088] [42000]: ORA-04088: 触发器 'TONY.DISABLE_DDL' 执行过程中出错
ORA-00604: 递归 SQL 级别 1 出现错误
ORA-20001: 禁止修改数据库对象!
ORA-06512: 在 line 2
```

在必要时（比如系统部署升级时），我们可以使用前面介绍的 ALTER TRIGGER 命令禁用触发器 disable_ddl，完成 DDL 命令之后可以再次启用该触发器。

提示： Oracle 提供了触发系统触发器的大量 DDL 事件和数据库事件，具体内容可以参考官方文档。

Microsoft SQL Server 可以使用以下 DDL 触发器禁止执行修改和删除表的 SQL 命令：

```
-- Microsoft SQL Server
CREATE OR ALTER TRIGGER disable_ddl
ON DATABASE
FOR ALTER_TABLE, DROP_TABLE
AS
BEGIN
  ROLLBACK;
  RAISERROR('禁止修改数据库对象!', 11, 1);
END;
```

其中，ON DATABASE 表示只有针对当前数据库的操作才会触发 disable_ddl 触发器，FOR ALTER_TABLE, DROP_TABLE 用于定义触发事件。触发器的具体操作就是回滚修改或者删除表的操作，并返回一个错误信息。

同样，如果我们尝试执行修改或者删除表的 SQL 命令，将会返回一个错误信息：

```
-- Microsoft SQL Server
DROP TABLE job_history;

SQL 错误 [50000] [S0001]: 禁止修改数据库对象!
```

在必要时，我们可以使用以下命令禁用触发器 disable_ddl：

```
-- Microsoft SQL Server
DISABLE TRIGGER disable_ddl ON DATABASE;
```

如果将 DISABLE 换成 ENABLE，可以再次启用该触发器。

提示： Microsoft SQL Server 提供了触发 DDL 触发器的大量事件和事件组，具体内容可以参考官方文档。

PostgreSQL 支持事件触发器（Event Trigger），可以用于捕捉 DDL 语句事件。以下示例创建了一个禁止各种 DDL 命令的触发器：

```
-- PostgreSQL
CREATE OR REPLACE FUNCTION stop_command()
RETURNS event_trigger
LANGUAGE plpgsql
AS $$
BEGIN
  RAISE EXCEPTION '禁止修改数据库对象！';
END;
$$;

CREATE EVENT TRIGGER disable_ddl
ON ddl_command_start
EXECUTE FUNCTION stop_command();
```

我们首先创建了一个触发器函数 stop_command，它的返回类型为 event_trigger，该函数直接返回了一个错误信息。然后，我们使用 CREATE EVENT TRIGGER 语句创建了一个事件触发器 disable_ddl，ON ddl_command_start 表示在 DDL 命令执行之前触发，触发器的操作就是调用前面定义的函数。

同样，如果我们尝试执行修改或者删除表的 SQL 命令，将会返回一个错误信息：

```
-- PostgreSQL
DROP TABLE job_history;

SQL 错误 [P0001]: 错误: 禁止修改数据库对象!
  在位置: 在 RAISE 的第 3 行的 PL/pgSQL 函数 stop_command()
```

ddl_command_start 事件不会针对修改共享对象（数据库、用户、表空间等）的 DDL 语句触发相应的操作，也不会针对修改当前触发器自身的 DDL 语句触发相应的操作。因此，在必要时，我们可以使用以下命令禁用触发器 disable_ddl：

```
-- PostgreSQL
ALTER EVENT TRIGGER disable_ddl DISABLE;
```

如果将 DISABLE 换成 ENABLE，可以再次启用该触发器。

提示： 除 ddl_command_start 事件外，PostgreSQL 还支持 ddl_command_end、table_rewrite 以及 sql_drop 事件，它们包含的触发命令可以参考官方文档。

MySQL 和 SQLite 目前还不支持 DDL 触发器。

17.3.2　案例二：替换视图的 DML 操作

INSTEAD OF 触发器可以用于替代针对视图执行的 DML 语句。当视图是不可更新视图时，我们可以通过这种方法实现针对视图的数据修改。

首先创建一个视图 emp_detail：

```
CREATE VIEW emp_detail
AS SELECT e.emp_id, e.emp_name, e.sex, e.dept_id, d.dept_name,
        e.manager, e.hire_date, j.job_id, j.job_title, e.salary,
        e.bonus, e.email, e.comments, e.create_by, e.create_ts,
        e.update_by, e.update_ts
FROM employee e
JOIN department d ON (d.dept_id = e.dept_id)
JOIN job j ON (j.job_id = e.job_id);
```

视图 emp_detail 包含了 employee、department 以及 job 表中的关联数据。

我们尝试通过该视图更新员工的信息，比如：

```
UPDATE emp_detail
SET salary = 12000,
   job_id = 7,
   update_by = '管理员'
WHERE emp_id = 10;

-- Oracle
SQL 错误 [1776] [42000]: ORA-01776: 无法通过连接视图修改多个基表

-- MySQL
SQL 错误 [1393] [HY000]: 无法通过连接视图'hrdb.emp_detail'修改多个基表


-- Microsoft SQL Server
SQL 错误 [4405] [S0001]: 视图或函数 'emp_detail' 不可更新，因为修改会影响多个基表。

-- PostgreSQL
SQL 错误 [55000]: 错误: 无法更新视图"emp_detail"
  详细：不来自单表或单视图的视图不能自动更新。
  建议：启用对视图的更新操作，需要提供 INSTEAD OF UPDATE 触发器或者一个无条件的 ON
```

```
UPDATE DO INSTEAD 规则。
```

```
-- SQLite
SQL 错误 [1]: [SQLITE_ERROR] SQL error or missing database (cannot modify
emp_detail because it is a view)
```

由于 employee 和 job 表都包含了 job_id 字段，因此数据库无法执行以上 UPDATE 语句。对于 SQLite 而言，视图都是只读的，不支持数据更新操作。

为了实现针对以上视图的更新，我们可以创建一个 INSTEAD OF 触发器。以下是 Oracle 数据库中的代码实现：

```
-- Oracle
CREATE OR REPLACE TRIGGER tri_emp_detail_update
INSTEAD OF UPDATE ON emp_detail
BEGIN
  UPDATE employee
  SET emp_name = :NEW.emp_name, sex = :NEW.sex,
      dept_id = :NEW.dept_id, manager = :NEW.manager,
      hire_date = :NEW.hire_date, job_id = :NEW.job_id,
      salary = :NEW.salary, bonus = :NEW.bonus,
      email = :NEW.email, comments = :NEW.comments,
      create_by = :NEW.create_by, create_ts = :NEW.create_ts,
      update_by = :NEW.update_by, update_ts = :NEW.update_ts
  WHERE emp_id = :NEW.emp_id;
END;
```

其中，INSTEAD OF 表示替代触发器，tri_emp_detail_update 替代了针对视图 emp_detail 上的数据更新操作，将其修改为针对 employee 表的数据更新。

Microsoft SQL Server 中创建替代触发器的代码如下：

```
-- Microsoft SQL Server
CREATE OR ALTER TRIGGER tri_emp_detail_update
ON emp_detail INSTEAD OF UPDATE
AS
BEGIN
  SET emp_name = NEW.emp_name, sex = NEW.sex,
      dept_id = NEW.dept_id, manager = NEW.manager,
      hire_date = NEW.hire_date, job_id = NEW.job_id,
      salary = NEW.salary, bonus = NEW.bonus,
      email = NEW.email, comments = NEW.comments,
      create_by = NEW.create_by, create_ts = NEW.create_ts,
```

```
        update_by = NEW.update_by, update_ts = NEW.update_ts
    FROM employee e
    JOIN INSERTED NEW ON (e.emp_id = NEW.emp_id);
  END;
```

其中，INSTEAD OF UPDATE 表示替代更新操作的触发器，INSERTED 代表了更新之后的新数据。另外，Microsoft SQL Server 可以基于表创建替代触发器。

PostgreSQL 中实现替代触发器同样包含两个步骤：

```
-- PostgreSQL
CREATE OR REPLACE FUNCTION sf_update_emp_detail()
  RETURNS trigger
  LANGUAGE plpgsql
AS
$$
BEGIN
  UPDATE employee
  SET emp_name = NEW.emp_name, sex = NEW.sex,
      dept_id = NEW.dept_id, manager = NEW.manager,
      hire_date = NEW.hire_date, job_id = NEW.job_id,
      salary = NEW.salary, bonus = NEW.bonus,
      email = NEW.email, comments = NEW.comments,
      create_by = NEW.create_by, create_ts = NEW.create_ts,
      update_by = NEW.update_by, update_ts = NEW.update_ts
  WHERE emp_id = NEW.emp_id;

  RETURN NEW;
END;
$$

CREATE TRIGGER tri_emp_detail_update
INSTEAD OF UPDATE ON emp_detail
FOR EACH ROW
EXECUTE FUNCTION sf_update_emp_detail();
```

第一步我们创建了一个触发器函数 sf_update_emp_detail，第二步我们创建了一个替代触发器，调用该函数执行具体的操作。

SQLite 中创建替代触发器的代码如下：

```
-- SQLite
CREATE TRIGGER tri_emp_detail_update
```

```
INSTEAD OF UPDATE ON emp_detail
BEGIN
  UPDATE employee
  SET emp_name = NEW.emp_name, sex = NEW.sex,
      dept_id = NEW.dept_id, manager = NEW.manager,
      hire_date = NEW.hire_date, job_id = NEW.job_id,
      salary = NEW.salary, bonus = NEW.bonus,
      email = NEW.email, comments = NEW.comments,
      create_by = NEW.create_by, create_ts = NEW.create_ts,
      update_by = NEW.update_by, update_ts = NEW.update_ts
  WHERE emp_id = NEW.emp_id;
END;
```

其中，INSTEAD OF UPDATE 表示替代更新操作的触发器，特殊变量 NEW 代表了更新之后的新数据。

如果再次执行上面的 UPDATE 语句，不会返回错误，而是会更新 employee 表中的数据。我们使用以下查询语句进行验证：

```
SELECT emp_id, salary, job_id
FROM employee
WHERE emp_id = 10;

emp_id|salary|job_id
------|------|------
    10| 12000|    87
```

17.4 小结

触发器是一种由特定事件自动触发的存储过程/函数，合理利用触发器可以帮助我们实现特定的数据处理和业务需求。

18

第 18 章 超越关系

经过几十年的发展，SQL 早就不再局限于关系模型，无论是面向对象特性（比如复合类型、自定义类型）、文档数据存储（比如 XML、JSON）、复杂事件和流数据处理，还是数据科学中的多维数组及图形存储等已经或即将成为 SQL 标准中的一部分。

本章涉及的主要知识点包括：

- SQL 与文档存储。
- SQL 与复杂事件。
- SQL 与多维数组。
- SQL 与图形存储。

18.1 文档存储

JSON（JavaScript Object Notation）是一种轻量级的数据交换格式，采用完全独立于编程语言的文本格式存储和表示数据。JSON 具有简洁和清晰的层次结构，易于阅读和编写，方便机器解析和生成，并且能够有效地提升网络传输效率。因此，JSON 在网络传输和数据交换领域中已经成为 XML 强有力的替代者。

此外，文档数据库也是 JSON 广泛使用的场景。例如，著名的文档数据库 MongoDB 就是采用 BSON（二进制 JSON）格式进行数据存储的。

为了适应技术发展的需求，SQL 标准于 2016 年增加了以下 JSON 功能：

- JSON 对象的存储与检索。
- 将 JSON 对象表示成 SQL 数据。
- 将 SQL 数据表示成 JSON 对象。

如今，主流关系型数据库都增加了原生 JSON 数据类型和相关函数的支持，这使得我们可以将 SQL 的强大功能与 JSON 文档存储的灵活性相结合。当我们需要为应用程序增加文档存储功能时，可以考虑直接在现有的关系型数据库中使用 JSON 数据类型。

18.1.1 JSON 数据类型

1. 创建 JSON 字段

我们首先创建一个新的员工表 employee_json，使用 JSON 字段存储员工的信息。以下是各种数据库中的实现：

```
-- Oracle 21c
CREATE TABLE employee_json(
  emp_id    INTEGER GENERATED ALWAYS AS IDENTITY PRIMARY KEY,
  emp_info  JSON NOT NULL
);

-- MySQL
CREATE TABLE employee_json(
  emp_id    INTEGER AUTO_INCREMENT PRIMARY KEY,
  emp_info  JSON NOT NULL
);
-- Microsoft SQL Server
CREATE TABLE employee_json(
  emp_id    INTEGER IDENTITY PRIMARY KEY,
  emp_info  VARCHAR(MAX) NOT NULL CHECK ( ISJSON(emp_info)>0 )
);
```

```
-- PostgreSQL
CREATE TABLE employee_json(
  emp_id   INTEGER GENERATED ALWAYS AS IDENTITY PRIMARY KEY,
  emp_info  JSONB NOT NULL
);

-- SQLite
CREATE TABLE employee_json(
  emp_id   INTEGER PRIMARY KEY,
  emp_info  TEXT NOT NULL CHECK ( JSON_VALID(emp_info)=1 )
);
```

Oracle 21c 开始支持原生的 JSON（二进制格式）类型。对于以前的版本，我们可以使用 VARCHAR2 或者 CLOB 类型，并且利用 CHECK 约束和 IS JSON 表达式验证数据格式。

MySQL 提供了原生的 JSON（二进制格式）类型。

Microsoft SQL Server 没有提供原生的 JSON 类型。我们可以使用 VARCHAR 类型存储数据，并且利用 CHECK 约束和 ISJSON 函数验证数据格式。

PostgreSQL 提供了原生的 JSONB（二进制格式）类型以及 JSON（文本格式）数据类型，但是 JSON 支持的功能不如 JSONB 强大。

SQLite 使用动态数据类型，我们可以利用 CHECK 约束和 JSON_VALID 函数验证数据格式。

2. 使用 SQL 语句插入 JSON 数据

我们可以使用 INSERT 语句将文本数据插入 JSON 字段。首先插入一条不符合 JSON 规范（缺失一个大括号）的记录：

```
INSERT INTO employee_json(emp_info) VALUES ('{"emp_name": "刘备" ');

-- Oracle
SQL Error [5] [23000]: JZN-00005: Syntax error

-- MySQL
SQL Error [3140] [22001]: Data truncation: Invalid JSON text: "Missing a comma or '}' after an object member." at position 23 in value for column 'employee_json.emp_info'.

-- Microsoft SQL Server
SQL Error [547] [23000]: The INSERT statement conflicted with the CHECK constraint "CK__employee___emp_i__1E3A7A34". The conflict occurred in database
```

```
"hrdb", table "dbo.employee_json", column 'emp_info'.

    -- PostgreSQL
    SQL Error [22P02]: ERROR: invalid input syntax for type json
      Detail: The input string ended unexpectedly.
      Position: 37
      Where: JSON data, line 1: {"emp_name":  "刘备"

    -- SQLite
    SQL Error [19]: [SQLITE_CONSTRAINT_CHECK]  A CHECK constraint failed (CHECK
constraint failed: json_valid(emp_info)=1)
```

由于数据库执行了 JSON 格式校验，因此，以上不符合规范的数据无法成功插入。如果我们使用以下有效的 JSON 数据，可以成功插入：

```
    INSERT INTO employee_json(emp_info)
    VALUES ('{"emp_name": "刘备", "sex": "男", "dept_id": 1, "manager": null,
"hire_date": "2000-01-01", "job_id": 1, "income": [{"salary":30000}, {"bonus":
10000}], "email": "liubei@shuguo.com"}');
```

其中，income 节点是一个数组，包含了 salary 和 bonus 两个对象。

3. 使用 SQL 语句查询 JSON 数据

在 SQL 语句中查询 JSON 字段的方式与普通字段相同，我们主要介绍如何查询 JSON 内部的元素。SQL 标准使用 JSON_VALUE 函数查询 JSON 元素的值，使用 JSON_QUERY 函数查询元素中的对象和数组。

例如，以下语句从 emp_info 字段中获取员工的姓名和月薪：

```
    -- Oracle 和 Microsoft SQL Server
    SELECT emp_id,
           JSON_VALUE(emp_info, '$.emp_name') emp_name,
           JSON_VALUE(emp_info, '$.income[0].salary') salary,
           JSON_VALUE(JSON_QUERY(emp_info, '$.income[0]'),'$.salary') salary
    FROM employee_json
    WHERE JSON_VALUE(emp_info, '$.emp_name') = '刘备';

    emp_id|emp_name|salary|salary
    ------|--------|------|------
         1|刘备     |30000 |30000
```

JSON_VALUE 和 JSON_QUERY 函数使用 SQL/JSON 路径表达式查找数据中的元素。其中，

$代表整个文档，$.emp_name 表示获取 JSON 对象的 emp_name 元素，$.income[0].salary 表示获取 income 数组中第一个对象的 salary 元素，数组的下标从 0 开始。JSON_QUERY 函数使用 $.income[0]返回了一个 JSON 对象，然后使用 JSON_VALUE 函数返回该对象的 salary 元素。

MySQL 8.0.21 开始支持 JSON_VALUE 函数，但不支持 JSON_QUERY 函数。

MySQL 和 SQLite 可以使用 JSON_EXTRACT 函数获取 JSON 文档中的元素值，例如：

```
-- MySQL 和 SQLite
SELECT emp_id,
       JSON_EXTRACT(emp_info, '$.emp_name') emp_name,
       JSON_EXTRACT(emp_info, '$.income[0].salary') salary
FROM employee_json
WHERE JSON_EXTRACT(emp_info, '$.emp_name') = '刘备';

-- MySQL
emp_id|emp_name|salary
------|--------|------
     1|"刘备"  |30000

-- SQLite
emp_id|emp_name|salary
------|--------|------
     1|刘备    | 30000
```

其中，MySQL 中返回的数据类型是 JSON，SQLite 中返回的数据类型是字符串。该函数同样使用 SQL/JSON 路径表达式查找 JSON 文档中的元素值。

PostgreSQL 使用 JSONB_EXTRACT_PATH_TEXT 函数获取 JSON 文档中的元素值，例如：

```
-- PostgreSQL
SELECT emp_id,
       JSONB_EXTRACT_PATH_TEXT(emp_info, 'emp_name') emp_name,
       JSONB_EXTRACT_PATH_TEXT(emp_info, 'income', '0', 'salary') salary
FROM employee_json
WHERE JSONB_EXTRACT_PATH_TEXT(emp_info, 'emp_name') = '刘备';

emp_id|emp_name|salary
------|--------|------
     1|刘备    |30000
```

其中，函数的第一个参数是 JSONB 数据，其他的参数表示元素的路径，多层路径使用逗号分隔。另外，PostgreSQL 还提供了 JSONB_EXTRACT_PATH 函数以及->、#>、->>、#>>等运算符来获取 JSON 文档中的元素值。

4. 使用 SQL 语句对 JSON 数据进行 DML 操作

如果我们需要更新表中的 JSON 字段，可以使用 UPDATE 语句更新整个文档。

另外，MySQL 和 SQLite 提供了用于插入或者修改 JSON 元素的 JSON_SET 函数。例如，以下语句表示为“刘备”增加 10%的月薪：

```
-- MySQL 和 SQLite
UPDATE employee_json
SET emp_info = JSON_SET(emp_info, '$.income[0].salary',
                    JSON_EXTRACT(emp_info, '$.income[0].salary') *1.1);

SELECT JSON_EXTRACT(emp_info, '$.income')
FROM employee_json;

JSON_EXTRACT(emp_info, '$.income')
----------------------------------------
[{"salary": 33000.0}, {"bonus": 10000}]
```

另外，MySQL 和 SQLite 还提供了 JSON_INSERT、JSON_REPLACE 以及 JSON_REMOVE 函数，分别用于插入、替换和删除 JSON 数据中的元素。

Oracle 提供了增加、修改或者删除 JSON 元素的 JSON_MERGEPATCH 函数，例如：

```
-- Oracle
UPDATE employee_json
SET  emp_info  =  JSON_MERGEPATCH(emp_info,'{"income":  [{"salary":33000},
{"bonus": 10000}]}');
```

另外，Oracle 21c 还提供了更加高效的 JSON_TRANSFORM 函数。MySQL 提供了类似的 JSON_MERGE_PATCH 函数，SQLite 提供了类似的 JSON_PATCH 函数。

Microsoft SQL Server 提供了修改 JSON 元素的 JSON_MODIFY 函数，例如：

```
-- Microsoft SQL Server
UPDATE employee_json
SET emp_info = JSON_MODIFY(emp_info, '$.income[0].salary',
        CAST(JSON_VALUE(emp_info, '$.income[0].salary') AS NUMERIC) *1.1);
```

如果修改的节点不存在，JSON_MODIFY 函数就会增加相应的节点。如果将节点设置为 NULL，就会删除相应的节点。

PostgreSQL 提供了用于插入或者修改 JSON 元素的 JSONB_SET 函数，例如：

```
-- PostgreSQL
UPDATE employee_json
SET emp_info = JSONB_SET(emp_info, '{income,0,salary}',
                TO_JSONB((emp_info#>>'{income, 0, salary}')::numeric*1.1));
```

JSONB_SET 函数设置的对象必须是 JSONB 类型，所以我们使用 TO_JSONB 函数进行类型转换。另外，PostgreSQL 还提供了用于插入 JSONB 元素的 JSONB_INSERT 函数。

18.1.2　将 JSON 对象表示成 SQL 数据

JSON_TABLE 函数可以将 JSON 对象转换为 SQL 数据行。例如，以下语句将 employee_json 表中的 JSON 数据转换为行格式：

```
-- Oracle 和 MySQL
SELECT emp_id, jt.*
FROM employee_json,
       JSON_TABLE(emp_info, '$'
         COLUMNS (emp_name  VARCHAR(50) PATH '$.emp_name',
                  sex       VARCHAR(10) PATH '$.sex',
                  hire_date DATE PATH '$.hire_date',
                  salary    INTEGER PATH '$.income[0].salary',
                  bonus     INTEGER PATH '$.income[1].bonus',
                  email     VARCHAR(100) PATH '$.email')
       ) jt;

EMP_ID|EMP_NAME|SEX|HIRE_DATE          |SALARY|BONUS|EMAIL
------|--------|---|-------------------|------|-----|-----------------
     1|刘备     |男  |2000-01-01 00:00:00| 33000|10000|liubei@shuguo.com
```

其中，函数参数中的$表示将整个 emp_info 作为数据行的来源，COLUMNS 定义了字段的类型及其数据来源，PATH 同样使用 SQL/JSON 路径表达式指定元素值。

Microsoft SQL Server 目前没有提供该函数，可以利用 JSON_VALUE 或者 JSON_QUERY 函数获取 JSON 文档中的元素值。

PostgreSQL 目前没有提供该函数，可以利用 JSONB_EXTRACT_PATH_TEXT 函数获取 JSON 文档中的元素值。

SQLite 目前没有提供该函数，可以利用 JSON_EXTRACT 函数获取 JSON 文档中的元素值。

18.1.3　将 SQL 数据表示成 JSON 对象

JSON_OBJECT 和 JSON_ARRAY 函数分别用于构造 JSON 对象和数组。例如，以下语句使用员工表中的字段构造 JSON 对象：

```
-- Oracle
SELECT JSON_OBJECT('name' VALUE emp_name,
                   'sex' VALUE '男',
                   'income' VALUE JSON_ARRAY(JSON_OBJECT('salary' VALUE 30000),
                                             JSON_OBJECT('bonus' VALUE 10000))
                   ) jo
FROM employee
WHERE emp_id = 1;

JO
--------------------------------------------------------------------------
{"name":"刘备","sex":"男","income":[{"salary":30000},{"bonus":10000}]}

-- MySQL 和 SQLite
SELECT JSON_OBJECT('name', emp_name,
                   'sex', sex,
                   'income', JSON_ARRAY(JSON_OBJECT('salary', salary),
                                        JSON_OBJECT('bonus', bonus))
                   ) AS jo
FROM employee
WHERE emp_id = 1;
jo
--------------------------------------------------------------------------
{"sex":"男","name":"刘备","income":[{"salary":30000},{"bonus":10000}]}
```

Oracle、MySQL 以及 SQLite 提供了这两个构造函数，但是输入参数的方式略有不同。

PostgreSQL 使用 JSONB_BUILD_OBJECT 和 JSONB_BUILD_ARRAY 函数构造 JSON 对象和数组，例如：

```
-- PostgreSQL
SELECT JSONB_BUILD_OBJECT('name', emp_name,
                          'sex', sex,
                          'income', JSONB_BUILD_ARRAY(
                                        JSONB_BUILD_OBJECT('salary', salary),
                                        JSONB_BUILD_OBJECT('bonus', bonus))
                        ) AS jo
```

```
    FROM employee
    WHERE emp_id = 1;

    jo
    ---------------------------------------------------------------------------
    {"sex": "男", "name": "刘备", "income": [{"salary": 30000.00}, {"bonus":
10000.00}]}
```

Microsoft SQL Server 提供了将数据行转换为 JSON 数组的选项 FOR JSON PATH，例如：

```
    -- Microsoft SQL Server
    SELECT emp_name AS name, sex,
           salary AS "income.salary", bonus AS "income.bonus"
    FROM employee
    WHERE emp_id = 1
    FOR JSON PATH;

    JSON_F52E2B61-18A1-11d1-B105-00805F49916B
    ---------------------------------------------------------------------------
    [{"name": "刘备", "sex": "男", "income": {"salary": 30000.00, "bonus":
10000.00}}]
```

其中，FOR JSON PATH 选项用于构造嵌套的对象。

提示： 除以上函数外，还有许多我们没有介绍的 JSON 函数和功能，包括基于 JSON 元素值的索引，具体内容可以参考相关的数据库文档。

提示： 如果使用 MongoDB 作为文档存储，我们可以通过 MongoDB Connector for BI 组件使用 SQL 语句来查询文档数据。

18.2 复杂事件

18.2.1 行模式识别

SQL 标准于 2016 年增加了一个新的功能：行模式识别（Row Pattern Recognition）。

行模式识别使用 MATCH_RECOGNIZE 子句表示，通过指定一个正则表达式查找匹配特定模式的一组数据行，同时还可以对这些数据进行过滤、分组以及聚合等操作。

行模式识别可以用于数据流中的复杂数据处理（Complex Event Processing），常见的应用场景包括股票行情实时分析、金融欺诈检测或者传感器数据分析等。

提示： 行模式识别用于查找多行数据之间的规律，与查询条件中的 LIKE 操作符模式匹配是两个不同的概念。

目前只有 Oracle 12c 以上版本实现了 MATCH_RECOGNIZE 子句，因此本节示例仅适用于 Oracle 数据库，示例表和数据可以通过“读者服务”获取。

18.2.2 分析股票曲线图

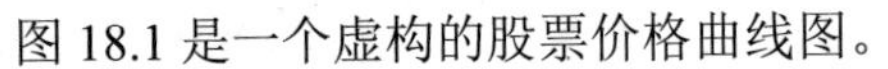

图 18.1 是一个虚构的股票价格曲线图。

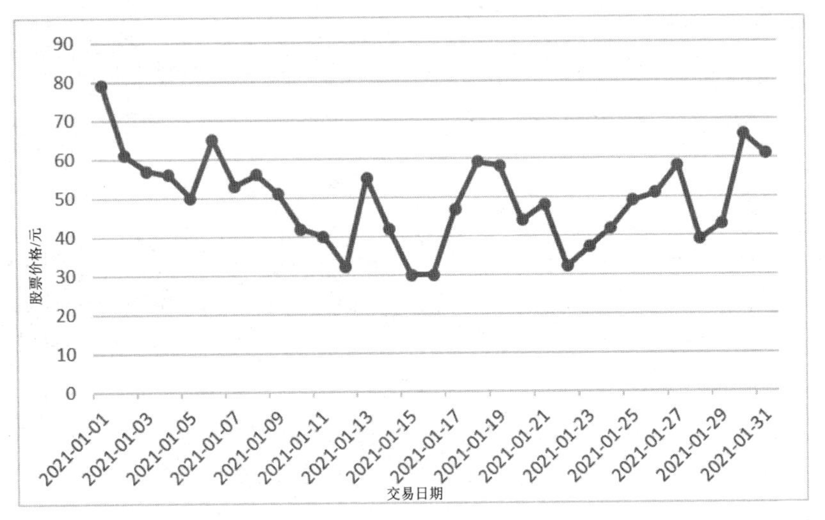

图 18.1 股票价格曲线图

图 18.1 中的数据来源于股票价格表（stock），表中的字段包括股票代码（scode）、交易日期（tradedate）和收盘价格（price），以下是该表中的部分数据：

```
SCODE|TRADEDATE          |PRICE
-----|-------------------|-----
S001 |2021-01-01 00:00:00|   79
S001 |2021-01-02 00:00:00|   61
S001 |2021-01-03 00:00:00|   57
...
```

我们可以在查询中使用 MATCH_RECOGNIZE 子句识别股票曲线中的各种变化模式，例如 V 型曲线或 W 型曲线：

```
-- Oracle
```

```
SELECT *
FROM stock MATCH_RECOGNIZE (
    PARTITION BY scode
    ORDER BY tradedate
    MEASURES STRT.tradedate AS start_date,
             LAST(DOWN.tradedate) AS bottom_date,
             LAST(UP.tradedate) AS end_date
    ONE ROW PER MATCH
    AFTER MATCH SKIP TO LAST UP
    PATTERN (STRT DOWN+ UP+)
    DEFINE
      DOWN AS DOWN.price < PREV(DOWN.price),
      UP AS UP.price > PREV(UP.price)
  ) MR
ORDER BY MR.scode, MR.start_date;
```

其中，MATCH_RECOGNIZE 子句比较复杂，它的执行过程如下：

- 首先执行 PARTITION BY scode 选项，按照股票代码进行分区，支持同时分析多只股票数据。如果省略该选项，所有的数据作为一个整体进行分析，这一点与窗口函数类似。
- 然后执行 ORDER BY tradedate 选项，按照交易日期进行排序，可以分析股票价格随着时间变化的规律。
- 下一步执行 DEFINE 选项，定义模式变量以及它们需要满足的条件。变量 DOWN 表示 V 型曲线的下降部分，当前股票的价格比上一次（前一天）的价格要低，PREV 函数表示上一行。变量 UP 表示 V 型曲线的上升部分，当前股票的价格比上一次的价格要高。
- 接着执行 PATTERN (STRT DOWN+ UP+)选项，定义需要识别的正则表达式模式。从起点（STRT）开始下降一次或多次（DOWN+）后上升一次或多次（UP+），也就是 V 型曲线。变量 STRT 没有预先定义，表示任意数据行都可以作为 V 型曲线的起点。
- 另外，ONE ROW PER MATCH 选项表示每次匹配只输出一个汇总结果，也就是每个 V 型曲线输出一条记录。如果我们使用 ALL ROWS PER MATCH 选项，每个 V 型曲线都会输出构成曲线的所有节点。
- AFTER MATCH SKIP TO LAST UP 选项表示找到匹配的数据后，从当前 V 型曲线的最后一个上升点（UP）重新开始下一次查找。
- 最后，执行 MEASURES 选项，定义输出值。STRT.tradedate 表示 V 型曲线的起始日期。LAST(DOWN.tradedate)表示下降部分中的最后一个日期，也就是最低点的日期。LAST(UP.tradedate)表示上升部分中的最后一个日期，也就是结束日期。

以上语句返回的结果如下：

```
SCODE|START_DATE          |BOTTOM_DATE         |END_DATE
-----|--------------------|--------------------|--------------------
S001 |2021-01-01 00:00:00|2021-01-05 00:00:00|2021-01-06 00:00:00
S001 |2021-01-06 00:00:00|2021-01-07 00:00:00|2021-01-08 00:00:00
S001 |2021-01-08 00:00:00|2021-01-12 00:00:00|2021-01-13 00:00:00
S001 |2021-01-18 00:00:00|2021-01-20 00:00:00|2021-01-21 00:00:00
S001 |2021-01-21 00:00:00|2021-01-22 00:00:00|2021-01-27 00:00:00
S001 |2021-01-27 00:00:00|2021-01-28 00:00:00|2021-01-30 00:00:00
```

该查询返回了 6 条记录，分别对应了图 18.2 中的 6 个 V 型曲线。

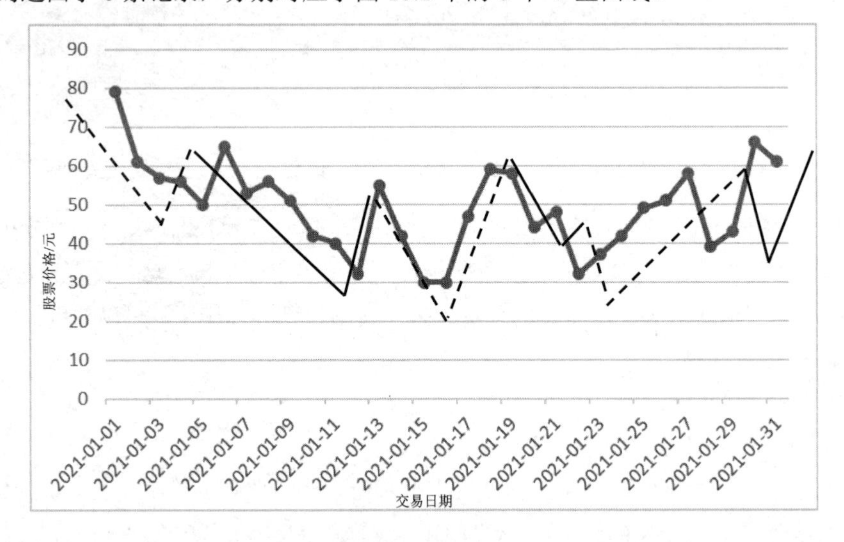

图 18.2　V 型曲线

从以上示例中可以看出 MATCH_RECOGNIZE 子句支持许多选项，尤其是通过 DEFINE 选项定义的变量和通过 PATTERN 选项定义的正则表达式模式可以用于实现各种复杂的事件分析，包括检测每次数据的变化幅度和连续变化的次数等。

18.2.3　监控可疑的银行转账

银行等金融机构需要根据国家监管要求监控异常的货币支付交易，防范利用银行支付结算进行洗钱等违法犯罪活动。其中，关键的问题是如何识别可疑的交易行为，例如，短期内资金分散转入、集中转出或集中转入、分散转出，短期内累计 100 万元以上的累积转账，以及相同收付款人之间短期内频繁地发生资金收付等情况。

本书第 10 章中的银行交易日志表（bank_log）包括日志编号（log_id）、交易时间戳（ts）、银行账户（from_user）、交易金额（amount）、交易类型（type）以及目标账户（to_user）的信息，以下是该表中的部分数据：

```
LOG_ID|TS                 |FROM_USER     |AMOUNT|TYPE|TO_USER
------|-------------------|--------------|------|----|--------------
     1|2021-01-02 10:31:40|62221234567890| 50000|存款 |
     2|2021-01-02 10:32:15|62221234567890|100000|存款 |
     3|2021-01-03 08:14:29|62221234567890|200000|转账 |62226666666666
```

我们采用一个简化的监控模式，使用以下语句检测 5 天之内累积转账超过 100 万元的账户：

```
-- Oracle
SELECT from_user, first_t, last_t, total_amount
FROM (SELECT * FROM bank_log WHERE type = '转账') t MATCH_RECOGNIZE(
    PARTITION BY from_user
    ORDER BY ts
    MEASURES FIRST(x.ts) AS first_t, y.ts AS last_t,
           SUM(x.amount) + y.amount AS total_amount
    PATTERN ( x{1,}? y)
    DEFINE y AS (y.ts - FIRST(x.ts) <= 5
              AND SUM(x.amount) + y.amount >= 1000000)
   );
```

其中，子查询 t 用于获取所有的转账记录。MATCH_RECOGNIZE 用于识别转账记录中的特定模式，PARTITION BY 选项表示按照不同的账户分别进行分析，ORDER BY 选项表示按照交易时间进行排序，MEASURES 选项表示输出所有匹配模式中的第一次交易时间（FIRST(x.ts)）、最后一次交易时间（y.ts）以及累计转账金额（SUM(x.amount)）。除 SUM 函数外，COUNT、AVG、MAX 以及 MIN 等函数也可用于 MEASURES 和 DEFINE 选项。

另外，PATTERN 选项表示变量 x 出现一次以上并且变量 y 出现一次的情况，？表示懒惰匹配（只要累计金额达到 100 万元，立即停止本次匹配，同时开始下一次匹配）。

DEFINE 选项定义了变量 y 满足的条件为转账并且与最早的 x 相差不超过 5 天，同时所有的 x 累计金额加上 y 的金额大于或等于 1 000 000 元。变量 x 没有定义，默认为每一次的转账记录。

以上查询返回的结果如下：

```
FROM_USER     |FIRST_T            |LAST_T             |TOTAL_AMOUNT
--------------|-------------------|-------------------|------------
62221234567890|2021-01-05 13:55:38|2021-01-10 07:46:02|     1050000
```

查询结果表明，账户 62221234567890 从 2021 年 1 月 5 日 13 时 55 分 38 秒到 2021 年 1 月 10 日 7 时 46 分 02 秒，累计向其他账户转账 1 050 000 元，这是一个可疑的频繁大额转账。

18.3 多维数组

多维数组（Multi-Dimensional Array）是各种科学和工程数据的核心基础结构，应用场景包括一维传感器数据、二维卫星和显微镜扫描图像、三维图像时间序列和地球物理数据，以及四维气候和海洋数据等。大多数编程语言（例如 C/C++、Java、Python、R、MATLAB 等）都提供了数组类型和相关操作的支持。

早在 1999 年，SQL 标准就已经提供了数组的一些基本支持，2019 年 SQL 标准增加了第 15 部分：ISO/IEC 9075-15:2019 多维数组（SQL/MDA）。最新的 SQL/MDA 允许存储、访问和处理大规模的多维数组，比如 *N* 通道的卫星图像。这意味着 SQL 可以用于解码图像，并且通过像素坐标直接访问和处理图像区域。

SQL/MDA 标准支持的数组操作包括：

- 数组数据的提取和存储。
- 更新存储的数组数据。
- 导出数组数据。
- 数组和关系数据的集成查询。

目前，Oracle Spatial GeoRaster、基于 PostgreSQL 的扩展 PostGIS Raster 以及基于 SQLite 的扩展 SpatiaLite 都提供了存储、索引、查询和分析 GIS、空间数据以及栅格数据（多维数组）的功能，Microsoft SQL Server Spatial 和 MySQL Spatial 扩展提供了基本的空间数据类型和函数支持。由于这些功能出现得比 SQL/MDA 标准早，因此它们的实现没有遵循这个标准。

另外，rasdaman 数组数据库管理系统提供了完善的多维数组支持，应用场景包括地球、空间和生命科学等领域的传感器、图像、仿真数据和统计数据等。同时，它还定义了一个类似于 SQL 的数组查询语言，并最终形成了 SQL/MDA 标准。

下面我们以 PostgreSQL 为例介绍如何使用 SQL 语句操作和查询基本的数组类型。注意，它们不是标准 SQL/MDA 语法，而是 PostgreSQL 专有的实现。

18.3.1 数组的存储和访问

PostgreSQL 允许将字段定义为多维数组类型，数组的元素可以是任何内置类型、自定义类型、枚举类型、复合类型等，例如：

```
-- PostgreSQL
CREATE TABLE emp_array
(
   emp_id        INTEGER GENERATED ALWAYS AS IDENTITY PRIMARY KEY,
   emp_name      VARCHAR(10),
   hobby         VARCHAR(10) ARRAY,
   monthly_income NUMERIC(8,2)[][]
);
```

其中，hobby 字段是一个一维数组，数组的元素是一个字符串，用于存储员工的个人爱好。除 ARRAY 关键字外，我们也可以使用方括号（[]）定义一维数组。monthly_income 字段是一个二维数组，使用两个方括号定义，数组的元素是一个数字，用于存储员工每个月的收入，包括月薪和奖金。

我们在定义数组字段时也可以指定一个具体的大小，例如：

```
hobby        VARCHAR(10) ARRAY[5]
```

目前 PostgreSQL 会忽略数组定义中的大小参数，相当于没有指定大小的数组。

PostgreSQL 数组类型的构造方式也有两种，例如：

```
-- PostgreSQL
INSERT INTO emp_array(emp_name, hobby, monthly_income)
VALUES('张三', ARRAY['音乐', '游泳'],
           ARRAY[[7000, 500], [7000, 500], [7000, 800], [8000, NULL],
                 [8000, 500], [8000, 500], [8000, 500], [8000, 900],
                 [9000, NULL], [9000, 300], [9000, 300], [9000, 500]]);
INSERT INTO emp_array(emp_name, hobby, monthly_income)
VALUES('李四', '{"阅读", "篮球", "爬山"}',
            '{{6000, NULL}, {6000, 300}, {6000, 300}, {6000, 500},
             {6000, 500}, {6000, 800}, {7000, NULL}, {7000, 300},
             {7000, 300}, {7000, 500}, {8000, 300}, {8000, 800}}');
```

第一个 INSERT 语句使用 ARRAY 关键字和方括号构造数组数据，数组元素使用逗号进行分隔。第二个 INSERT 语句使用字符串和大括号构造数组数据，数组元素使用逗号进行分隔。

PostgreSQL 数组字段的查询方法和普通字段相同，例如：

```
-- PostgreSQL
SELECT hobby, monthly_income
FROM emp_array
```

```
WHERE emp_name = '张三';

hobby      |monthly_income
-----------|------------------------------------------------------------
{音乐,游泳}|{{7000.0,500.0},{7000.0,500.0},{7000.0,800.0},{8000.0,},{8000
.0,500.0},{8000.0,500.0},{8000.0,500.0},{8000.0,900.0},{9000.0,},{9000.0
,300.0},{9000.0,300.0},{9000.0,500.0}}
```

以上查询返回了“张三”的个人爱好和每个月的收入。

PostgreSQL 数组元素的访问和通用编程语言类似，也是使用下标进行标识，例如：

```
-- PostgreSQL
SELECT emp_name, hobby[1]
FROM emp_array;

emp_name|hobby
--------|-----
张三     |音乐
李四     |阅读
```

以上查询返回了员工的第一个爱好，PostgreSQL 数组下标从 1 开始。

另外，我们也可以通过指定下标的下限和上限来获得数组的切片（子数组），例如：

```
-- PostgreSQL
SELECT monthly_income[1:3][2:2]
FROM emp_array
WHERE emp_name = '张三';

monthly_income
-------------------------
{{500.0},{500.0},{800.0}}
```

以上查询返回了“张三”前 3 个月的奖金，第一个下标[1:3]表示数组第一个维度中的前 2 个元素，也就是前 3 个月的数据，第二个下标[2:2]表示数组第二个维度中的第 2 个元素，也就是奖金信息。

PostgreSQL 数组字段可以整体进行更新，例如：

```
-- PostgreSQL
UPDATE emp_array
SET hobby = ARRAY['音乐', '游泳', '阅读']
WHERE emp_name = '张三';
```

以上语句修改了“张三”的个人爱好。

另外，我们也可以修改数组中的某个元素或者切片信息，例如：

```
-- PostgreSQL
UPDATE emp_array
SET monthly_income[1:2][2:2] = ARRAY[300, 600]
WHERE emp_name = '张三';
```

以上语句更新了“张三”前 2 个月的奖金。

18.3.2　数组处理函数

PostgreSQL 提供了许多用于处理数组数据的函数和运算符。ANY/SOME 和 ALL 运算符可以用于判断数组中是否存在某个元素，例如：

```
-- PostgreSQL
SELECT emp_name
FROM emp_array
WHERE '游泳' = ANY(hobby);

emp_name
--------
张三
```

该查询返回了爱好“游泳”的员工。

&&运算符可以用于判断两个数组中是否存在相同的元素，例如：

```
-- PostgreSQL
SELECT e1.emp_name,e2.emp_name
FROM emp_array e1
JOIN emp_array e2
ON (e1.hobby && e2.hobby
AND e1.emp_id < e2.emp_id);

emp_name|emp_name
--------|--------
张三     |李四
```

以上查询返回了具有任何相同爱好的员工：“张三”和“李四”都爱好“阅读”。

连接运算符（||）和 ARRAY_PREPEND、ARRAY_APPEND 以及 ARRAY_CAT 函数都可

以用于连接两个数组或者为数组增加元素，例如：

```
-- PostgreSQL
SELECT ARRAY[[1,2],[3,4]] || ARRAY[5,6] AS arr,
       ARRAY_APPEND(ARRAY[1,2], 3),
       ARRAY_PREPEND(1, ARRAY[2,3]),
       ARRAY_CAT(ARRAY[[1,2],[3,4]], ARRAY[5,6]);

arr                |array_append|array_prepend|array_cat
-------------------|------------|-------------|-------------------
{{1,2},{3,4},{5,6}}|{1,2,3}     |{1,2,3}      |{{1,2},{3,4},{5,6}}
```

其中，ARRAY_PREPEND 和 ARRAY_APPEND 函数只支持一维数组。

ARRAY_REPLACE 和 ARRAY_REMOVE 函数分别用于替换和删除数组中等于指定数据的元素，例如：

```
-- PostgreSQL
SELECT ARRAY_REPLACE(ARRAY[[1,2],[3,2]], 2, 4),
       ARRAY_REMOVE(ARRAY[1,2,3,2], 2);

array_replace|array_remove
-------------|------------
{{1,4},{3,4}}|{1,3}
```

其中，ARRAY_REMOVE 函数只支持一维数组。

ARRAY_TO_STRING 和 STRING_TO_ARRAY 函数可以用于实现数组和字符串之间的相互转换，例如：

```
-- PostgreSQL
SELECT ARRAY_TO_STRING(ARRAY[1, 2, 3, NULL, 5], ',', 'N/A'),
       STRING_TO_ARRAY('1,2,3,N/A,5', ',', 'N/A');

array_to_string|string_to_array
---------------|---------------
 1,2,3,N/A,5   |{1,2,3,,5}
```

UNNEST 函数可以用于将数组元素展开为多行数据，例如：

```
-- PostgreSQL
SELECT emp_name, UNNEST(hobby)
FROM emp_array;
```

```
emp_name|unnest
--------|------
李四      |阅读
李四      |篮球
李四      |爬山
张三      |音乐
张三      |游泳
张三      |阅读
```

ARRAY_POSITION 和 ARRAY_POSITIONS 函数可以用于查找指定数据在数组中的位置，前一个函数返回数据第一次出现的位置，后一个函数返回数据出现的全部位置，例如：

```
-- PostgreSQL
SELECT emp_name, ARRAY_POSITIONS(hobby , '阅读')
FROM emp_array;

emp_name|array_positions
--------|---------------
李四      |{1}
张三      |{3}
```

“阅读”是“李四”的第一个爱好，也是“张三”的第三个爱好。

提示：除以上介绍的函数外，PostgreSQL 还提供了其他的数组函数和运算符，具体可以参考官方文档。

提示：PostgreSQL 还为数组字段提供了 GiST 和 GIN 类型的索引，可以用于优化数组数据的查询。

18.4　图形存储

图形数据库（Graph Database）属于 NoSQL 数据库的一种，使用节点（Node）或者顶点（Vertice）、边缘（Edge）或者关系（Relationship）以及它们的属性（Property）来表示和存储数据。其中，节点表示实体（例如某个人或事物），边缘表示两个节点之间的关系（例如朋友或爱好），节点和边缘都可能包含一些属性（例如人的姓名或好友的亲密度）。

图形数据库非常适合社交网络、人工智能、欺诈检测、推荐系统等领域中的复杂关系处理。Neo4j 是著名的图形数据库。

图 18.3 是一个模拟的好友关系图。

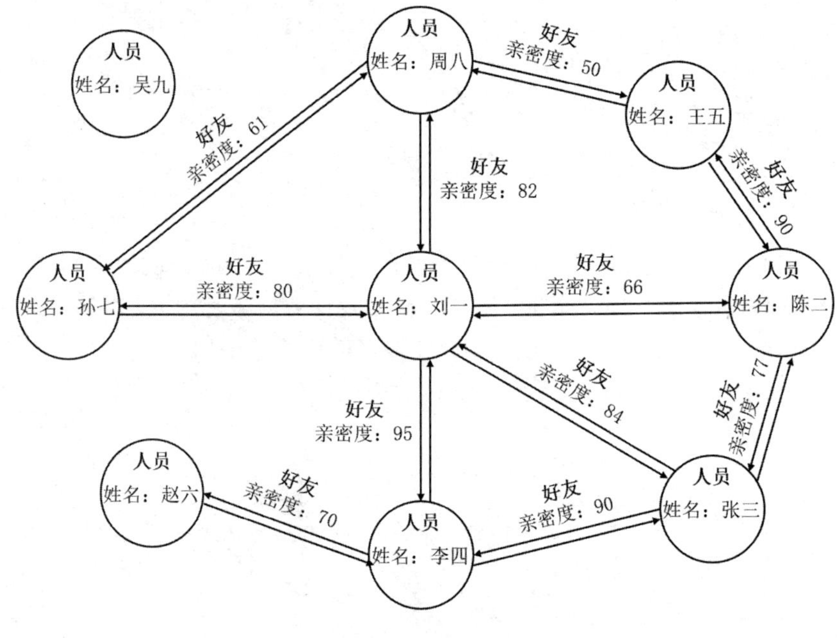

图 18.3　好友关系图

图 18.3 中的“人员”是节点，“好友”是边缘，“姓名”和“亲密度”分别是节点和边缘的属性。

18.4.1　图形查询语言与 SQL/PGQ

2019 年 9 月 GQL（Graph Query Language、图形查询语言）正式开始标准化工作，即将成为继 SQL 之后另一种新的 ISO 标准数据库查询语言。GQL 基于 Cypher（Neo4j）、PGQL（Oracle）以及 GSQL（TigerGraph）等查询语言，它不是 SQL 的扩展，而是专门为处理图形结构而设计的一种新语言。尽管如此，SQL 和 GQL 之间仍存在一些交叉引用。一方面，GQL 将通过引用 SQL 标准“继承”SQL 的一些属性。另一方面，SQL 标准将会出现新的第 16 部分：属性图查询（SQL/PGQ），从而在 SQL 中直接提供一些 GQL 查询功能。

SQL/PGQ 使得我们可以在关系型数据库中存储属性图结构数据，并且利用 SQL 查询进行属性图模式匹配，例如最短路径查找和最佳路径查找。SQL/PGQ 的另一个优势就是，可以支持分组（GROUP BY）、聚合（AVG、SUM、COUNT 等）、排序（ORDER BY）以及许多其他的 SQL 功能。

目前，Oracle Graph 扩展和 Microsoft SQL Server 都提供了图形存储和相关算法的支持。

AgensGraph 是一款基于 PostgreSQL 的多模型数据库，支持关系型存储和图形存储，可以同时使用 SQL 和 openCypher（Neo4j Cypher 图形查询语言的开源版本）查询和处理数据。与此同时，Apache AGE 以扩展插件的方式为 PostgreSQL 提供了图形数据库的功能。

MySQL 和 SQLite 目前没有提供图形存储，不过 MariaDB（一个 MySQL 开源分支版本）通过 OQGRAPH 存储引擎提供了存储和搜索属性图的功能。

下面我们以 Microsoft SQL Server 为例，介绍如何存储图形数据，以及如何使用 SQL 语句分析社交网络关系。

18.4.2　社交网络关系分析

基于图 18.3 中的好友关系图，我们可以在 Microsoft SQL Server 中创建以下数据表：

```
-- Microsoft SQL Server
CREATE TABLE Person (
  id INTEGER NOT NULL PRIMARY KEY,
  name VARCHAR(50)
) AS NODE;

INSERT INTO Person(id, name)
VALUES (1, '刘一'),(2, '陈二'),(3, '张三'), (4, '李四'),(5, '王五'),
       (6, '赵六'), (7, '孙七'),(8, '周八'),(9, '吴九');

CREATE TABLE friend (
  degree INTEGER
) AS EDGE;

INSERT INTO friend($from_id, $to_id, degree)
VALUES((SELECT $node_id FROM Person WHERE id = 1), (SELECT $node_id FROM Person
WHERE id = 2), 66);
INSERT INTO friend($from_id, $to_id, degree)
VALUES((SELECT $node_id FROM Person WHERE id = 2), (SELECT $node_id FROM Person
WHERE id = 1), 66);
...
```

其中，Person 是一个节点表，拥有 id 和 name 属性，Microsoft SQL Server 自动为该表创建一个隐藏的字段$node_id。friend 是一个边缘表，存储了用户之间的好友关系，拥有 degree 属性，Microsoft SQL Server 自动为该表创建三个隐藏的字段$edge_id、$from_id 以及$to_id。

我们在为 friend 表插入数据时需要指定关系的$from_id 和$to_id 字段值，完整的插入脚本可以通过“读者服务”获取。

1. 查看好友列表

Microsoft SQL Server 使用 MATCH 子句匹配搜索模式或遍历关系图。例如，我们可以使用以下语句查找“王五”（id=5）的好友列表：

```
-- Microsoft SQL Server
SELECT P2.name, f.degree
FROM Person P1, friend f, Person P2
WHERE MATCH(P1-(f)->P2)
AND P1.id = 5;

name|degree
----|------
陈二 |    90
周八 |    50
```

其中，P1-(f)->P2 表示从 P1 到 P2 之间存在关系 f。查询结果显示“陈二”和“周八”是“王五”的好友。

Microsoft SQL Server MATCH 子句的语法和 Neo4j Cypher 查询语言中的 MATCH 子句类似，后者实现相同查询的语句如下：

```
-- Neo4j
MATCH (p1:Person { id:5 })-[f:friend]->(p2:Person)
RETURN p2.name
```

2. 查看共同好友

我们还可以通过 MATCH 子句获取更多的关联信息。例如，以下语句表示查找“张三”和“李四”的共同好友：

```
-- Microsoft SQL Server
SELECT P0.name
FROM Person P1, friend f1, Person P2, friend f2, Person P0
WHERE MATCH(P1-(f1)->P0<-(f2)-P2)
AND P1.id = 3 AND P2.id = 4;

name
----
刘一
```

其中，P1-(f1)->P0<-(f2)-P2 表示 P1 到 P0 之间存在好友关系 f1，同时 P2 到 P0 之间也存在好友关系 f2，因此 P0 是他们的共同好友。查询结果显示，“刘一”是他们的共同好友。

3. 可能认识的人

我们可以通过图形遍历查找好友的好友，作为可能认识的人推荐给用户。例如，以下语句返回了可以推荐给“陈二”的用户：

```
-- Microsoft SQL Server
SELECT P2.name
FROM Person P1, friend f1, Person P2, friend f2, Person P0
WHERE MATCH(P1-(f1)->P0<-(f2)-P2)
AND P1.id = 2 AND P2.id != P1.id
ORDER BY P2.id;

name
----
刘一
张三
李四
李四
孙七
周八
周八
```

P1 和 P2 都是 P0 的好友，因为可以将 P2 推荐给 P1。查询条件中的 P2.id != P1.id 是为了避免将“陈二”推荐给自己。查询结果中的“刘一”和“张三”已经是“陈二”好友，可以通过 EXCEPT 集合运算符和上文中的“查看好友列表”查询语句排除这些直接好友。另外，“李四”和“周八”出现了 2 次，表示他们和“陈二”拥有 2 个共同好友。

4. 最短路径

Microsoft SQL Server 提供了 SHORTEST_PATH 函数，可以用于查找节点之间的最大路径。例如，以下查询返回了“赵六”和“孙七”之间的最短关系链：

```
-- Microsoft SQL Server
SELECT name, link, cnt
FROM (
  SELECT P1.name,
        STRING_AGG(P2.name, '->') WITHIN GROUP (GRAPH PATH) AS link,
        COUNT(P2.name) WITHIN GROUP (GRAPH PATH) AS cnt,
        LAST_VALUE(P2.id) WITHIN GROUP (GRAPH PATH) AS last_id
```

```
    FROM Person P1,
         friend FOR PATH AS f,
         Person FOR PATH  AS P2
    WHERE MATCH(SHORTEST_PATH(P1(-(f)->P2)+))
    AND P1.id = 6
  ) AS l
  WHERE l.last_id = 7;

  name |link              |cnt
  -----|------------------|---
  赵六  |李四->刘一->孙七|  3
```

其中，SHORTEST_PATH 函数表示查找最短路径。(-(f)->P2)+表示重复模式 1 次或多次，也就是遍历查找好友的好友，外部查询中的 WHERE 条件用于终止图的遍历。聚合函数 STRING_AGG、COUNT 以及 LAST_VALUE 分别用于获取关系链、跳跃次数以及最后一个节点的数据。除这些聚合函数外，也可以使用 SUM、AVG、MIN 以及 MAX 函数。

提示： 我们也可以使用 CTE 实现图形结构的遍历，具体内容可参考本书第 9 章。从这个角度来说，5 种主流数据库都可以用于图形存储。

提示： 如果使用 Neo4j 作为图形数据库，我们可以通过 Neo4j Connector for BI 组件使用 SQL 语句来查询图形数据。

18.5 小结

本章介绍了 SQL 标准的一些最新发展趋势，包括 JSON 数据类型和处理函数（SQL/JSON）、行模式识别（MATCH_RECOGNIZE 子句）、多维数组（SQL/MDA）以及图形存储（SQL/PGQ）。从这些最新的趋势中可以看出，SQL 并不仅仅是用于处理关系型数据的标准语言，而已逐渐成为支持各种存储模型的通用数据处理语言。

附录 A SQL 常用语句速查表

本附录列举了常用 SQL 语句的语法说明和对应的章节，方便读者快速查找相应的内容。其中|符号表示二选一，[]符号表示可选项，{}表示必选项。

本附录涉及的主要知识点如下：

- 数据定义语句。
- 数据操作语句。
- 数据查询语句。
- 事务控制语句。

A.1 数据定义语句

数据定义语句（DDL 语句）用于定义数据库中的对象（数据库、表、索引、视图等），包括创建（CREATE）、修改（ALTER）和删除（DROP）对象等操作。

创建数据库

CREATE DATABASE 语句用于创建一个新的数据库，基本的语法如下：

```
CREATE DATABASE name;
```

详细介绍可以参考 13.4 节。

删除数据库

DROP DATABASE 语句用于删除一个已有的数据库，基本的语法如下：

```
DROP DATABASE name;
```

详细介绍可以参考 13.4 节。

创建模式

CREATE SCHEMA 语句用于创建一个新的模式，基本的语法如下：

```
CREATE SCHEMA name
[AUTHORIZATION user_name];
```

详细介绍可以参考 13.4 节。

注意，Oracle 数据库使用 CREATE USER 命令创建新用户以及同名的模式。

删除模式

DROP SCHEMA 语句用于删除一个已有的模式，基本的语法如下：

```
DROP SCHEMA name;
```

详细介绍可以参考 13.4 节。

注意，Oracle 数据库使用 DROP USER 命令删除已有用户以及同名的模式。

创建表

CREATE TABLE 语句用于创建一个新的数据表，基本的语法如下：

```
CREATE TABLE table_name
(
 column1 data_type column_constraint,
 column2 data_type,
```

```
  ...
  table_constraint,
  ...
);
```

除通过定义表的结构创建表外，我们也可以基于其他表或者查询结果创建一个新表：

```
CREATE TABLE table_name
AS
SELECT ...;
```

详细介绍可以参考 13.4 节。

修改表

ALTER TABLE 语句用于修改表的结构，基本的语法如下：

```
ALTER TABLE table_name action;
```

其中 action 表示需要执行的修改操作，比如 ADD COLUMN、DROP COLUMN、ADD CONSTRAINT、DROP CONSTRAINT 等。详细介绍可以参考 13.4 节。

删除表

DROP TABLE 语句用于删除一个已有的数据表，基本的语法如下：

```
DROP TABLE table_name;
```

详细介绍可以参考 13.4 节。

截断表

TRUNCAT TABLE 语句可以用于快速删除表中的全部数据（截断表），基本的语法如下：

```
TRUNCATE TABLE table_name;
```

详细介绍可以参考 11.3 节。

创建索引

CREATE INDEX 语句用于创建一个新的索引，基本的语法如下：

```
CREATE [UNIQUE] INDEX index_name
ON table_name(col1 [ASC | DESC], ...);
```

详细介绍可以参考 14.3 节。

删除索引

DROP INDEX 语句用于删除一个已有的索引，基本的语法如下：

```
DROP INDEX index_name;
```

对于 MySQL 和 Microsoft SQL Server，删除索引时需要指定表名：

```
DROP INDEX index_name ON table_name;
```

详细介绍可以参考 14.3 节。

创建视图

CREATE VIEW 语句用于创建一个新的视图，基本的语法如下：

```
CREATE VIEW view_name
AS select_statement;
```

详细介绍可以参考 15.2 节。

另外，Oracle、MySQL 以及 PostgreSQL 支持使用 CREATE OR REPLACE VIEW 语句修改视图的定义，Microsoft SQL Server 支持使用 CREATE OR ALTER VIEW 语句修改视图的定义。

删除视图

DROP VIEW 语句用于删除一个已有的视图，基本的语法如下：

```
DROP VIEW view_name;
```

详细介绍可以参考 15.2 节。

创建存储过程/函数

CREATE PROCEDURE 语句用于创建一个新的存储过程，基本的语法如下：

```
CREATE PROCEDURE procedure_name([parameter1, parameter2, ...])
BEGIN
  ...
END;
```

详细介绍可以参考 16.2 节。

CREATE FUNCTION 语句用于创建一个新的存储函数，基本的语法如下：

```
CREATE FUNCTION function_name([parameter1, parameter2, ...])
  {RETURN | RETURNS} data_type
BEGIN
  ...
END;
```

详细介绍可以参考 16.3 节。

另外，Oracle 以及 PostgreSQL 支持使用 CREATE OR REPLACE PORCEDURE/FUNCTION 语句修改存储过程/函数的定义，Microsoft SQL Server 支持使用 CREATE OR ALTER PORCEDURE/FUNCTION 语句修改存储过程/函数的定义。

删除存储过程/函数

DROP PROCEDURE/FUNCTION 语句用于删除已有的存储过程/函数，基本的语法如下：

```
DROP {PROCEDURE | FUNCTION} name;
```

详细介绍可以参考 16.2 节和 16.3 节。

创建触发器

CREATE TRIGGER 语句用于创建一个新的触发器，基本的语法如下：

```
CREATE TRIGGER trigger_name
{BEFORE | AFTER | INSTEAD OF} triggering_event ON table_name
[FOR EACH ROW] | [FOR EACH STATEMENT]
trigger_body;
```

详细介绍可以参考 17.2 节。

删除触发器

DROP TRIGGER 语句用于删除已有的触发器，基本的语法如下：

```
-- Oracle、MySQL、Microsoft SQL Server 以及 SQLite
DROP TRIGGER tri_audit_salary;
```

对于 PostgreSQL，删除触发器时需要指定表名：

```
-- PostgreSQL
DROP TRIGGER tri_audit_salary ON employee;
```

详细介绍可以参考 17.2 节。

A.2 数据操作语句

数据操作语句（DML 语句）用于对表中的数据进行插入（INSERT）、更新（UPDATE）、删除（DELETE）以及合并（MERGE）操作。

插入数据

INSERT 语句用于插入数据，基本的语法如下：

```
INSERT INTO t(col1, col2, ...)
VALUES (value1, value2, ...);

INSERT INTO t(col1, col2, ...)
SELECT ...;
```

详细介绍可以参考 11.1 节。

更新数据

UPDATE 语句用于更新表中的数据，基本的语法如下：

```
UPDATE t
SET col1 = expr1,
    col2 = expr2,
    ...
[WHERE condition];
```

详细介绍可以参考 11.2 节。

删除数据

DELETE 语句用于删除表中的数据，基本的语法如下：

```
DELETE FROM t
[WHERE conditions];
```

详细介绍可以参考 11.3 节。

合并数据

MERGE 语句用于合并数据，基本的语法如下：

```
-- Oracle 和 Microsoft SQL Server
MEGRE INTO target_table [AS t_alias]
USING source_table [AS s_alias]
ON (conditions)
WHEN MATCHED THEN
  UPDATE
  SET col1 = expr1,
      col2 = expr2,
      ...
WHEN NOT MATCHED THEN
  INSERT (col1, col2, ...)
  VALUES (expr1, expr2, ...);
```

另外，MySQL 使用 INSERT ON DUPLICATE KEY UPDATE 语句合并数据，PostgreSQL 和 SQLite 使用 INSERT ON CONFLICT DO UPDATE 语句合并数据。

详细介绍可以参考 11.4 节。

A.3　数据查询语句

数据查询语句（DQL 语句），也就是 SELECT 语句，用于查询数据和信息。

单表查询

SELECT 语句查询单个表的语法如下：

```
SELECT [DISTINCT | ALL] col1, col2, agg_func(col3) AS alias
FROM t
[WHERE where_conditions]
[GROUP BY col1, col2]
[HAVING having_condition]
[ORDER BY col1 ASC, col2 DESC]
[OFFSET m ROWS FETCH NEXT num_rows ROWS ONLY | LIMIT num_rows OFFSET m];
```

详细介绍可以参考第 2 章到第 5 章。

多表连接

多表连接查询的基本语法如下：

```
SELECT ...
FROM table1
{INNER JOIN | LEFT JOIN | RIGHT JOIN | FULL JOIN | CROSS JOIN} table2
ON conditions;
```

详细介绍可以参考第 6 章。

子查询

子查询的基本语法如下：

```
SELECT col1, (SELECT c2 FROM ...) AS col2 -- 标量子查询
FROM t;

SELECT col1, col2, ... -- 行子查询
FROM t
WHERE (col1, col2) = (SELECT c1, c2 FROM ...);

SELECT table1.col1, table2.c2, ...
FROM table1
JOIN (SELECT c1, c2 FROM ...) table2 -- 表子查询
ON conditions;

SELECT table1.col1, table1.col2, ...
FROM table1
WHERE EXISTS (
SELECT 1
FROM table2
WHERE table2.c1 = table1.col1); -- 关联子查询
```

详细介绍可以参考第 7 章。

集合运算

集合运算符用于将两个查询的结果集合并成一个结果集，基本的语法如下：

```
SELECT col1, col2, ...
FROM table1
{UNION | INTERSECT | EXCEPT} [DISTINCT | ALL]
SELECT c1, c2, ...
```

```
FROM table2;
```

详细介绍可以参考第 8 章。

A.4　事务控制语句

事务控制语句（TCL 语句）用于管理数据库事务，包括开始事务（START TRANSACTION）、提交事务（COMMIT）、撤销事务（ROLLBACK）和设置保存点（SAVEPOINT）等。

开始事务

START TRANSACTION 或者 BEGIN 语句用于开始一个新的事务，基本的语法如下：

```
-- MySQL、PostgreSQL 以及 SQLite
BEGIN;

-- Microsoft SQL Server
BEGIN TRANSACGION;
```

Oracle 无须执行 BEGIN 语句，详细介绍可以参考 12.3 节。

提交事务

COMMIT 语句用于提交当前事务，语法如下：

```
COMMIT;
```

详细介绍可以参考 12.3 节。

撤销事务

ROLLBACK 语句用于撤销当前事务，基本的语法如下：

```
ROLLBACK [TO savepoint];
```

Microsoft SQL Server 使用 ROLLBACK TRANSACTION 语句撤销事务。详细介绍可以参考 12.3 节。

设置保存点

SAVEPOINT 语句用于设置事务保存点，基本的语法如下：

```
SAVEPOINT name;
```

Microsoft SQL Server 使用 SAVE TRANSACTION 语句设置事务保存点。详细介绍可以参考 12.3 节。

释放保存点

RELEASE SAVEPOINT 语句用于释放事务保存点，基本的语法如下：

```
-- MySQL、PostgreSQL 以及 SQLite
RELEASE SAVEPOINT name;
```

Oracle 和 Microsoft SQL Server 由系统管理保存点的释放。详细介绍可以参考 12.3 节。